三峡工程气候效应综合评估报告

主编 矫梅燕

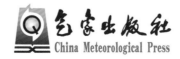

气象出版社
China Meteorological Press

内 容 简 介

三峡工程是举世瞩目的特大型水利水电工程,对我国经济建设具有深远而重要的意义。三峡水库建设以来,国内外都非常关注大坝建立之后是否会对周边气候造成影响。本书根据气象观测资料对比分析,结合卫星遥感监测和数值模拟试验,对三峡水库周边气候的影响进行了评估,分析了近些年发生在三峡库区及周边地区极端天气气候事件的成因,研究了三峡工程建成运行与长江流域气候变化和极端天气气候事件的关联性。

本书可供气象、水文、经济、地理等领域的科研与教学人员参考使用,也可为政府或有关部门进行重大水利工程的决策、气候可行性论证和影响评估作参考。

图书在版编目(CIP)数据

三峡工程气候效应综合评估报告/矫梅燕主编.
—北京:气象出版社,2014.8
ISBN 978-7-5029-5974-6

Ⅰ.①三…　Ⅱ.①矫…　Ⅲ.①三峡水利工程-气候效应-研究报告②长江流域-气候变化-研究报告
Ⅳ.①P468.25

中国版本图书馆 CIP 数据核字(2014)第 169675 号

出版发行:气象出版社

地　　址:北京市海淀区中关村南大街 46 号	**邮政编码:**100081
总 编 室:010-68407112	**发 行 部:**010-68409198
网　　址:http://www.cmp.cma.gov.cn	**E-mail:**qxcbs@cma.gov.cn
责任编辑:陈　红　李香淑	**终　审:**黄润恒
封面设计:博雅思企划	**责任技编:**吴庭芳
印　　刷:北京地大天成印务有限公司	
开　　本:787 mm×1092 mm　1/16	**印　张:**15
字　　数:368 千字	
版　　次:2014 年 8 月第 1 版	**印　次:**2014 年 8 月第 1 次印刷
定　　价:70.00 元

本书如存在文字不清、漏印以及缺页、倒页、脱页等,请与本社发行部联系调换

《三峡工程气候效应综合评估报告》
编写专家委员会

(1)编委会

主　任：矫梅燕　中国气象局　副局长

委　员：李泽椿　中国气象局　院士

　　　　丁一汇　中国气象局　院士

　　　　王　俊　水利部长江委水文局　局长

　　　　潘家华　中国社会科学院城市发展与环境研究所　所长

　　　　周　维　国务院三峡办水库管理司　副司长

　　　　胡兴娥　中国长江三峡集团公司枢纽管理局　副局长

　　　　陈振林　中国气象局应急减灾与公共服务司　司长

　　　　罗云峰　中国气象局科技与气候变化司　司长

　　　　张　强　中国气象局预报与网络司　副司长

　　　　崔讲学　湖北省气象局　局长

　　　　宋连春　国家气候中心　主任

(2)编写专家组

组　长：宋连春

副组长：巢清尘　张　强　柯怡明

成　员：王　俊　水利部长江委水文局

　　　　周天军　中科院大气物理研究所

　　　　刘　敏　湖北省气象局

　　　　祝昌汉　国家气候中心

　　　　张存杰　国家气候中心

　　　　姜　彤　国家气候中心

　　　　陈鲜艳　国家气候中心

　　　　徐　影　国家气候中心

(3)编写专家组办公室

　　　　张培群　张存杰　陈鲜艳　魏　超　许红梅　周波涛

(4) 编写专家

第一章

领衔专家：祝昌汉

执笔专家：祝昌汉　张　强　徐　影　姜　彤　许红梅　陈鲜艳　高学杰
　　　　　廖要明　叶殿秀

第二章

领衔专家：王　俊　王国庆

执笔专家：王国庆　沈浒英　程海云　郑　静　李海英　刘翠善　郑　艳
　　　　　周新春　闵要武　杨文发　邹冰玉　刘艳艳　刘　颖　程炳岩
　　　　　姜　彤　杨启红

第三章

领衔专家：柯怡明　刘　敏

执笔专家：刘　敏　陈正洪　程炳岩　叶殿秀　柳艳菊　高阳华　廖要明
　　　　　陈鲜艳　马德栗　温泉沛　高　媛　张天宇　孙　佳　王　勇
　　　　　白莹莹　林丽燕　任永建

第四章

领衔专家：张存杰　陈鲜艳

执笔专家：张存杰　陈鲜艳　唐世浩　王先伟　吴立广　翟盘茂　程炳岩
　　　　　高学杰　郑运斌　张宏升　高阳华

第五章

领衔专家：周天军　柳艳菊

执笔专家：周天军　柳艳菊　林壬萍　江志红　韩振宇　李　多　邹立维
　　　　　满文敏　郭　准　张存杰

第六章

领衔专家：徐　影

执笔专家：徐　影　许崇海　石　英　徐宗学　刘绿柳　初　祁

第七章

领衔专家：姜　彤

执笔专家：曾小凡　许红梅　郑　艳　隋　欣　刘　波　苏布达　翟建青
　　　　　刘艳艳　曹丽格

(5) 编辑统稿专家

张培群　张存杰　姜　彤　陈正洪　祝昌汉　陈鲜艳

序　言

　　举世瞩目的三峡工程对我国经济社会发展和生态环境都具有重要的影响。无论是建设前，还是 2003 年 6 月逐步蓄水后，三峡工程对周边气候环境的影响一直都是国内外关注的焦点问题，特别是近年来长江流域及其周边地区发生的极端天气气候事件，如 2006 年川渝大旱，2009—2010 年西南地区干旱以及 2011 年长江中下游春季严重干旱等，使得社会更加关注三峡工程与这些极端天气气候事件之间的关系问题。

　　三峡工程建设之前，中国科学院与长江水资源保护科学研究所曾开展过"长江三峡水利枢纽的环境影响评估"，并认为，三峡建库后对库区和邻域地区气候有一定影响，但影响范围不大。三峡工程建成后，中国气象局曾多次组织气候学、水文学、社会学等相关领域的专家，对三峡工程的气候效应和区域影响进行分析评估，回答公众关注的问题，解释三峡库区附近极端气候事件的成因，并阐述了这些极端天气气候事件不能归咎于三峡工程的理由。

　　随着我国经济社会的快速发展以及社会对生态环境保护意识的不断增强，大型工程建设的气候环境影响问题越来越成为社会关注的热点问题。当然，三峡工程作为我国一项极具代表性的重大工程，是否对周边地区气候环境产生不利影响，社会更为关注，特别需要科学的数据和可信的科学研究成果来回应社会的关切。为此，中国气象局组织国家气候中心牵头，联合相关单位，成立了专家团队。通过大量的气象观测资料分析，利用长时间序列的卫星遥感监测和气象数值模拟试验，并借鉴国外重大水利工程气候影响评估的方法与成果，专家团队全面系统地研究了三峡工程建成运行对长江流域气候变化的可能影响以及与周边地区发生的极端天气气候事件的关联性，科学评估了三峡工程的气候效应。在此基础上，完成了《三峡工程气候效应综合评估报告》。这项工作还得到了世界气象组织的关心和帮助，组织多次科学报告会和专题讨论，其评估方法和基本结论得到国外同行专家们的认同和赞赏。可以说，这份报告具有很强的科学基础和可信的科学结论，无论是回应社会的关切，还是对政府和有关部门科学认识重大建设工程气候评估工作的重要性，都具有很重要的价值和作用。

历时两年,编写专家委员会付出了许多艰辛,终于使《三峡工程气候效应综合评估报告》付梓出版。我很高兴为此书撰写序言,衷心感谢编写专家委员会和气象出版社,并将此书推荐给各级政府部门、科技人员和广大读者。

中国气象局局长　郑国光

2014 年 6 月

前　　言

　　三峡工程自筹建以来,关于工程对气候环境的影响就备受瞩目。近年来,在全球气候变化的背景下,发生在长江流域的一系列极端气候事件,引发了社会各界对三峡工程气候生态环境效应问题的广泛关注。开展三峡工程气候效应的科学评估,既是客观认识三峡工程对气候环境影响的需要,也是对社会各界关切的回应。

　　应三峡集团公司要求,2012年4月,中国气象局组成了由国家气候中心以及相关科研、业务和管理部门的气候、水文、社会环境等领域专家学者参加的专家团队,启动了三峡工程气候效应评估工作。经过两年多的合作,形成了这本《三峡工程气候效应综合评估报告》。

　　本项评估工作以回应近年来社会各界关注的热点问题为出发点,力求围绕如下三个方面展开:一是三峡工程建成之后,三峡库区及周边地区乃至更大范围的长江流域基本气候特征是否发生变化;二是近年来长江流域发生的极端气候事件是否与三峡工程的影响有关联;三是未来长江流域乃至三峡库区的气候变化趋势及三峡工程的应对之策。

　　近年来,针对国内外有关三峡工程气候效应问题的关注和质疑,中国气象局组织专家开展了相应的专题分析和有关研究,国内相关部门和海外专家学者也有各自不同的研究,为本次评估工作奠定了良好的科学基础。评估工作充分吸收了这些研究成果,包括不同的学术观点,并综合考虑了社会科学领域专家关于三峡工程对防洪减灾和适应气候变化作用的分析评估成果,力求体现评估报告的系统性和综合性。

　　本次评估工作将近年来中国气候业务现代化建设成果与国际气候科技发展新技术新手段有机结合,充分应用于评估工作:基于过去50年的长序列气候历史资料、卫星遥感数据以及三峡水库建成前后的气象观测数据,系统分析了三峡库区过去50年的气候演变特征,对比分析了三峡水库蓄水前后的气候变化特征。应用气候动力学理论及动力和统计相结合的技术方法与数值模拟等手段,分析了近年来发生在长江流域以及三峡库区的洪涝、干旱及高温等典型极端气候事件的成因,并研究了三峡工程建成运行与长江流域气候变化及出现的极端气候事件之间的关联性。运用气候模式预估了未来50年三峡库区及其上游地区的平均温度、降水的可能变化趋势,并对未来可能的极端气候事件做了展望,据此提出未来气候变化对三峡工程的有利与不利影响以及宏观与微观的适应对策。可以说,报告以科学研究成果和先进的气候监测预测技术为基础,体现了评估报告的科学性和权威性。

在两年多的编写过程中,编委会、专家组多次深入交流研讨。此间,来自水利部、国务院三峡工程建设委员会办公室、中国社会科学院、北京大学、南京大学、北京师范大学、兰州大学、南京信息工程大学、中国水利水电科学研究院、中国环境监测总站、水利部水工程生态研究所等有关专家对报告编写予以鼎力支持和热心帮助,在此谨致诚挚谢意!

特别值得提到,报告形成之后,我们利用世界气象组织(WMO)在瑞士召开政府间气候服务委员会(IBCS)的机会,组织召开了三峡气候服务边会,正式发布了英文版《三峡工程气候效应评估报告决策者摘要》,使国际社会能在第一时间了解三峡工程气候效应评估工作进展与结果,也展示了中国气象局在应对气候变化和提供气候服务方面富有特色的工作。出席会议的 WMO 秘书处气候与水司司长 Bruce Stewart 博士、WMO 水文学委员会主席代表 Jan Danhelka、WMO 副秘书长 Elena Manaenkova、WMO 农业气象学委员会主席等有关专家官员对此项工作给予了高度评价。

人类需要在不断的实践中更好地认识自然规律,适应自然环境。三峡工程的建设运行也需要我们对其周边的气候生态环境有一个进一步认识的过程,这并非一蹴而就。三峡工程自 2010 年实现 175 米试验性蓄水至今不过几年,而三峡水库的气候效应则是一个长期调节和累积的过程。因此,以现有的监测数据和评估方法,得到的结果必然存在一定的局限性和不确定性。我们希望,在气象资料的日积月累和技术手段的持续提高基础上,继续深入研究,不断完善形成更加全面、准确的评估报告。

中国气象局副局长

2014 年 6 月

摘　要

　　三峡工程全称为长江三峡水利枢纽工程,是当今世界上最大水利枢纽工程之一。三峡工程地处四川盆地与长江中下游平原的结合部,跨越鄂中山区峡谷及川东岭谷地带,北屏大巴山、南依川鄂高原。三峡工程大坝位于三峡西陵峡内的宜昌市夷陵区三斗坪,并和其下游不远的葛洲坝水电站形成梯级调度电站,控制流域面积 100 万 km², 占长江总流域面积的 55.6%。

　　三峡工程由拦江大坝和水库、发电站、通航建筑物等部分组成。大坝为混凝土重力坝,总长 3035 m, 坝顶高程 185 m, 设计正常蓄水水位为 175 m, 防洪限制水位为 145 m, 总库容 393 亿 m³, 其中防洪库容 221.5 亿 m³。三峡电站装机 34 台,装机总容量 2250 万 kW, 年发电量 882 亿 kW·h。大坝通航设施年单向通航能力 5000 万 t, 包括双线 5 级船闸 1 座,可通过万吨级船队;垂直升船机 1 座,可快速通过 3000 t 级轮船。

　　三峡水库,是三峡水电站建立后蓄水形成的人工湖泊。当蓄水位高程为 175 m 时,三峡水库淹没陆地面积 632 km², 形成了一个长 600 多千米,宽 1~2 km, 总面积达 1084 km² 的人工湖泊。

　　三峡工程自建设以来,受到国内外的广泛关注,关于三峡工程建设和影响的争议不断。2003 年 6 月三峡水库蓄水以来,三峡库区及周边地区是先后发生多次极端天气气候事件,如 2004 年 9 月上旬川渝地区发生的暴雨和洪涝灾害,2006 年的川渝大旱,2007 年夏初重庆遭遇特大暴雨,2009—2010 年西南地区干旱以及 2011 年长江中下游冬春严重干旱等。因此,部分观点认为,这与三峡水利工程建设有关。

　　三峡库区及其周边地区,乃至更大范围的长江流域基本气候特征发生了哪些变化?究竟如何科学、客观、定量地评估三峡水利工程的气候效应?近年来发生的这些重大天气气候事件与三峡水利工程有没有关系?有多大关系?这些都是科学家和政府非常关注关心的问题。因此,三峡工程的气候效应评估对于三峡水利工程正常运行,和社会及公众对三峡水利工程的正确认识有着重要的意义。

　　三峡工程通过对长江上游洪水进行调控,使长江中下游荆江河段防洪标准达到百年一遇,配合长江中下游分蓄洪区的运用,可以抵御千年一遇洪水。在近几年的实时中小洪水调度中,依据准确的水文气象预报成果,三峡工程及时拦蓄洪水,有效地削峰、错峰,减轻中下游干流沿线防洪压力,发挥了重要的防洪作用。三峡工程在中小洪水调度方面发挥了三个方面的关键作用,即减轻下游防洪压力、有效减少泥沙淤积、有效保证河床正常发育和河道维护,是防洪功能的进一步延伸。2010 年、2012 年汛期,通过科学调度,有效地调控了长江上游洪水,减轻了中下游防洪压力。抗旱作用主要体现在对长江中下游地区干旱缺水时的补水作用。2009 年 8 月以后,长江干支流来水偏少,中下游干流出现历史同期罕见枯水位,通过首次对三峡水库(水电站)实施枯水期水量统一调度,有效缓解了长江中下游干流及湖区水位快速下降的趋势。2011 年冬春季长江中下游发生特大干旱,三峡工程再次通过科学调度,及时为下游补充水量 200 多亿 m³, 缓解了湖北、湖南、江西等地的旱情,并在保障长江航运安全方面发挥了积极的作用。节能减排作用主要体现在水电替代煤电、船舶运输能耗降低,以及水运替代公路运输等方面。截至 2011 年底,三峡工程累计发电量相当于节约标准煤 17683 万 t,减少 CO_2 排放约 44208 万 t,其发电减排量对全国 CO_2 排放减排贡献率为 0.72%。

三峡库区地处亚热带季风气候区,受秦巴山脉地形的影响,较我国东部同纬度地区气候偏暖,冬季温和、夏季炎热、雨热同季、雨量适中。年平均气温 17～19℃,气温季节变化特征与长江流域相同,但气温年较差和日较差小,冬季温暖,是三峡库区较为独特的气候特点。年降雨量 1000～1300 mm,自西向东呈多一少一多的分布格局。受季风影响,气候季节性变化明显,降水主要集中在 4—10 月,其中 5 月和 10 月降雨日数最多,呈现双峰型分布,与长江流域其他大多数地区的单峰型分布形成明显差异。区域内气候的空间分布复杂,气候垂直差异显著,河谷地区冬季温暖,山地夏凉冬寒,雾多湿重,小气候特征明显。

近 50 多年来(1961—2011 年),三峡库区年平均气温整体呈升温趋势,近 10 年增幅最大,但增幅明显低于长江流域。三峡库区和长江流域的年降水量变化趋势均不显著,但年代际变化明显。三峡库区年降水量在 20 世纪 60—90 年代变化均不大,但近 10 年减少明显,而长江流域在 20 世纪 90 年代降水偏多,其他各年代降水均偏少。三峡库区和长江流域年降水日数、年平均风速、相对湿度均呈减少趋势,但与长江流域相比,三峡库区下降趋势较缓慢。

近 50 多年来,三峡库区旱涝等气候事件的总体变化趋势与长江中上游基本一致。库区年连阴雨过程次数、连阴雨日数、连阴雨总量均有显著减少趋势,年干旱日数显著增加,干旱化趋势严重,洪涝趋势不明显。整个长江流域高温日数呈不显著增多的趋势,但三峡库区高温日数增多,增温幅度最大。三峡库区年雷暴日数和雾日数均呈明显减少趋势。

近 100 多年来(1883—2011 年),长江流域年平均气温呈升温趋势,但长江上游和三峡库区呈降温趋势。三峡库区和长江流域经历了明显的暖一冷一暖的阶段性变化,但三峡库区 20 世纪 90 年代的增暖明显滞后于全国其他地区。三峡库区旱涝变化与长江流域变化趋势基本一致,与长江流域上游相关关系显著。

近 500 多年来(1470—2011 年),三峡库区及长江流域均呈现明显的旱涝交替特征,尤其是 20 世纪后旱涝交替频率有所加剧。三峡库区旱涝与长江全流域和流域上、中、下游均存在正相关关系,特别与长江全流域及上游旱涝变化具有良好的协同变化关系。

三峡水库蓄水后(2004—2011 年),库区大部分地区气温较蓄水前(1996—2003 年)有所升高,年平均气温 17.9～18.9℃,平均增加 0.2℃左右。升温最明显的区域位于三峡水库以南的黔江(增幅 0.47℃)、来凤(增幅 0.39℃)等地,但未通过 0.05 的显著性水平检验。其中,冬春季月平均气温增高 0.3～1.1℃,夏季月平均气温增高 0.1～0.4℃;库区极端最高和最低气温年际波动大,但平均最高气温和最低气温整体呈现升高,分别升高 0.3℃和 0.6℃左右。相比而言,三峡水库沿江各站的升温幅度略小于库区其他站点,三峡大坝附近地区有降温趋势;通过近库区与远库区气温变化对比发现,蓄水后受水域扩大影响近库地区的气温发生了一定变化,表现出冬季有增温效应,夏季有弱的降温效应。蓄水后库区大部分地区年降水量均有不同程度的减少,减少量在 3%～4%,且库区东段比西段减少明显,但降水分布没有明显变化。利用 TRMM 卫星遥感资料分析表明,库区西北部秦岭南部和大巴山区附近降水量增加明显,而库区下游和东南部地区降水量减少明显,干流区站点的降水差别增大;从更大范围对比分析发现,三峡库区处于北部降水增多区和南部降水减少之间的过渡区,三峡库区降水的变化是更大范围气候变化的区域体现。

三峡水库蓄水后,库区年平均相对湿度为 74%~78%,年际变化不大,较蓄水前平均减少 2.4% 左右,夏季减少 1%~3%,冬季变化量在 1% 以内。绝对湿度略有增加。库区地面年平均风速 0.4~2.1 m/s,呈下降趋势,但水域附近风速与距离水域较远地区的风速相对变化幅度小,水库影响不大。

三峡水库蓄水后,三峡库区高温日数较蓄水前平均增加 32%,低温日数平均减少 21%,雾日数平均减少 29%,均通过了 0.05 的显著性水平检验;年干旱日数总体略减少,但伏旱日数略增加;暴雨日数减少,但暴雨强度增加;连阴雨过程和雷电天气呈减少趋势,但霾日增加。

利用区域气候模式模拟分析表明,三峡水库对附近气候有一定影响,但影响范围最大不超过 20 km,水库仅对水面上方的气温有明显降低作用,冬、夏季分别为 1.0℃ 和 1.5℃ 左右,而紧邻水体的陆地降温仅有 0.1℃。由于水体引起的蒸发冷却作用,会引起空气下沉,从而导致降水减少,但冬季降水的减少量很小,在距水面 10 km 以内的减少程度仅在 1%~2%,夏季降水减少稍大一些,在水面上为 10% 左右,而到 10 km 的地方则衰减至 3%,20 km 处为 1%。

长江三峡库区处于大娄山、七曜山、巫山的北坡,夏季盛行气流背风下沉增温明显,加之高山阻挡,热量不易与外界交换,增加了沿江河谷干热的程度,形成全国有名的盛夏高温区。由于库区特殊的地理环境和独特的气候条件以及人类活动的影响,也造成三峡多雾的显著气候特征。近年来由于气候变暖,雾呈减少趋势,但由于人类活动的加强,霾呈显著增加趋势。三峡库区及周边地区的极端气候事件也与东亚大气环流、北极海冰变化、热带海表温度变化以及青藏高原热力异常的关系密切。

三峡库区和长江流域发生重大旱涝事件主要是由影响我国的大尺度气候因子异常变化所致。例如,2007 年夏季重庆严重暴雨洪涝、2008 年初南方低温雨雪冰冻灾害、2008 年秋季库区上游 50 年一遇的秋季连阴雨、2011 年春季长江中下游干旱及入夏旱涝急转等重大旱涝事件的原因都是由于热带太平洋和印度洋海温、青藏高原积雪以及欧亚大气环流持续异常造成的。研究分析表明,当三峡库区以南有显著的西南水汽输送,西太平洋副热带高压偏南,西风急流位置偏南时,三峡库区容易发生洪涝;相反,当西南暖湿水汽向库区输送减弱,西太平洋副热带高压控制库区,西风急流位置偏北,则不利于三峡库区降水形成。

基于 IPCC AR4 和 AR5 组织的国际气候模式比较计划(CMIP3 和 CMIP5)所提供的多个全球气候模式的模拟结果,并结合动力降尺度(区域气候模式)和统计降尺度方法,综合分析了在不同温室气体排放情景(SRES 和 RCPs)下,三峡库区及其上游地区在 2011—2050 年气温、降水及极端气候事件的未来变化(相对于 1961—2000 年气候平均值),并对未来变化预估结果的不确定性进行了讨论。

预计三峡库区及其上游地区年平均气温将持续上升,且随着时间的推移,升温逐渐增大,在 2011—2020 年、2021—2030 年、2031—2040 年和 2041—2050 年,将分别增温 0.7~1.3℃、1.0~1.7℃、1.3~2.3℃、1.5~2.7℃。2011—2050 年,三峡库区及其上游地区气温变化的线性趋势将为 0.23~0.5℃/10a。其中冬季变暖趋势最为明显,增温幅度和变暖趋势大于年平均变化,而夏季气温变化略小于年平均变化。从区域分布来看,增温幅度表现出一定的纬向特征,由东南向西北逐渐增大,但存在空间不均匀性,长江上游源区升温最显著。

三峡库区及其上游地区平均年降水量的未来变化与温度变化相比,一致性较差,具有较大的不确定性,相对于 1961—2000 年的气候平均值,在 2040 年以前变化趋势不明显,但年际变率较大,2040 年以后,平均年降水量则表现出增加趋势,但空间分布不均匀。2011—2050 年三峡库区及其上游地区降水变化的线性趋势约为 0.1‰/10a～1.4‰/10a。

预计未来三峡库区及其上游地区平均热浪指数将增强,连续 5 d 最大降水量将增强,大于 10 mm 降水日数在 2045 年以前略有减少,2045 年以后将呈增加的趋势,降水强度将增加。从区域分布来看,未来连续 5 d 最大降水量在整个三峡库区表现为增加和减少的相间分布,增加、减少值大都在±5％～±25％。

长江上游流域 21 世纪中期(2046—2065 年)最高气温、最低气温呈现上升趋势,其中,最高气温将上升 1.92℃,最低气温将上升 1.5℃。

此外,还利用 ECHAM5/MPI-OM 气候模式对长江流域降水极值(极端强降水和干旱)重现期的变化进行了模拟和不同情景的预估,结果表明,1951—2000 年间三峡库区观测到的 50 年一遇的极端强降水和干旱,在 2001—2050 年期间预估可能发生的更为频繁。

全球气候模式由于其分辨率较粗,对区域尺度过去气候变化的再现能力非常有限,区域气候模式分辨率较高,考虑了更详细的地形分布特征,具有更高的可靠性。

但由于对气候系统描述能力的限制,无论是全球模式还是区域模式,对气候系统内部变率的模拟还存在一定的误差,气候变化预估的不确定性则更大(尤其是在区域尺度上),如土地利用和植被的改变、气溶胶强迫等,都会对区域和局地尺度气候产生很大影响。

温室气体排放情况,包括温室气体排放情景估算方法、政策因素、技术进步和新能源开发等方面的不确定性也是未来气候变化预估不确定性的一个重要来源。

相对于气温,降水变化的预估结果具有更大的不确定性。

气候变化对三峡工程的可能影响主要表现在:三峡库区年内降水变率增加,将引起三峡工程以上流域来水的波动变化,增大入库水量变动范围,加剧水库运行的不稳定性;极端天气事件发生频率及强度可能增加,将引发超标洪水的产生,对三峡工程造成防洪压力;秋季降水减少可能导致枯水期干旱事件增加,影响三峡水库的蓄水、发电、航运以及水环境;气温持续变暖,高温、旱涝等气象灾害的发生更加频繁,使三峡库区自然生态系统的脆弱性有所增加。

区域气候变化,尤其是极端气候事件频发,对三峡库区乃至更大区域的社会经济发展既可能带来积极影响,也可能造成不利影响。积极影响主要表现为:2050 年前,若三峡库区以及整个长江上游地区的水资源比较丰沛,则三峡工程的防洪、发电航运等综合效益将持续发挥,促进区域乃至全国经济发展;通过水资源的优化调度,将促进长江流域特别是重庆至九江地区的社会经济发展,加快经济布局由东部向中西部地区的战略转移。不利影响主要有:三峡工程安全运行的不稳定性将增加,造成供电不稳、成本升高等问题,直接影响区域经济发展;三峡库区主要农作物(尤其是对降水和温度敏感性强的经济作物)的产量和质量将受到影响;高度依赖交通运输和天气气候条件的商业贸易活动、旅游产业将受到较大影响;三峡工程防洪、抗旱、减灾等功能的发挥也会受到一定影响。

气候变化对三峡工程及库区的影响涉及防洪抗旱、防灾减灾、能源供应、水资源管理、生态环境保护、区域社会经济发展等诸多方面,需从区域经济发展到国家宏观战略、从工程技术措施到政策管理和制度设计等方面进行全面统筹考虑。

为减缓气候变化对三峡工程及库区带来的不利影响,在微观政策层面,应建立和完善库区的适应性管理体系,确保水库运行安全;在宏观政策层面,应加强国家和地方层面的适应规划与政策支持,将适应气候变化与灾害风险管理纳入三峡库区的发展规划,保障三峡地区社会经济的可持续发展。

　　具体举措主要包括:积极开展三峡库区气象灾害致灾阈值研究;加强改善区域气象站网和交通基础设施的建设;加强三峡库区水污染防治工作;优化三峡工程调度,加强长江上游水利工程联合调度;加强不同预见期的水情预报技术研究;优化调整三峡工程的抗旱调度方案;采取积极的行业适应措施;加强库区生态环境保护。

目　　录

序言

前言

摘要

第1章　概述 ··· (1)

1.1　长江三峡水利枢纽工程 ··· (1)

1.2　国内外大型水库(湖泊)气候效应评估综述 ································· (4)

1.3　长江三峡工程与三峡水库气候效应的影响机理及科学问题 ····· (6)

1.4　长江三峡工程局地气候监测系统 ·· (8)

1.5　评估方法和内容 ··· (11)

第2章　三峡工程在防洪、抗旱和减排中的作用 ······························· (13)

2.1　三峡工程的防洪效益 ··· (13)

2.2　三峡工程的供水效益 ··· (18)

2.3　三峡工程的节能减排功能及其效果 ·· (21)

2.4　三峡工程对社会经济发展的影响 ··· (26)

2.5　小结 ··· (28)

第3章　三峡库区气候演变特征 ··· (29)

3.1　三峡库区近50年气候变化特征 ·· (29)

3.2　三峡库区近100年气候变化特征 ·· (62)

3.3　三峡库区近500年旱涝演变特征 ··· (67)

第4章　三峡水库蓄水前后气候对比分析 ·· (73)

4.1　引言 ··· (73)

4.2　三峡水库蓄水前后淹没面积和库容变化分析 ···························· (74)

4.3　三峡水库蓄水前后重力变化分析 ··· (76)

4.4　三峡水库蓄水前后气象要素变化分析 ·· (80)

4.5　三峡水库蓄水前后主要气候事件变化分析 ······························ (101)

4.6　三峡水库气候效应数值模拟分析 ··· (118)

第5章　三峡库区及周边地区极端气候事件成因分析 ······················ (129)

5.1　资料和方法介绍 ··· (129)

5.2　三峡库区及周边地区重大洪涝事件成因分析 ··························· (132)

5.3 三峡库区及周边地区重大干旱事件成因分析 ……………………………… (142)

5.4 三峡库区及周边地区极端高温事件成因分析 ……………………………… (154)

5.5 中国夏季雨带的变化及成因分析 …………………………………………… (163)

第6章　三峡库区及其上游未来气候变化预估 ………………………………… (169)

6.1 气候模式及其模拟能力检验 ………………………………………………… (169)

6.2 未来 50 年平均温度预估 …………………………………………………… (177)

6.3 未来 50 年降水预估 ………………………………………………………… (184)

6.4 未来 50 年极端气候事件预估 ……………………………………………… (189)

6.5 不确定性分析 ………………………………………………………………… (192)

第7章　未来气候变化对三峡工程的影响与适应对策 ………………………… (193)

7.1 2050 年前气候变化对三峡工程的可能影响 ……………………………… (193)

7.2 三峡工程适应气候变化的对策措施 ………………………………………… (198)

参考文献 …………………………………………………………………………… (208)

第1章 概 述

1.1 长江三峡水利枢纽工程

1.1.1 工程概况

长江三峡工程全称为长江三峡水利枢纽工程,是当今世界上已建的最大水利枢纽工程之一。三峡工程地处四川盆地与长江中下游平原的结合部,跨越鄂中山区峡谷及川东岭谷地带,北屏大巴山、南依川鄂高原。三峡工程大坝位于三峡西陵峡内的宜昌市夷陵区三斗坪,并和其下游不远的葛洲坝水电站形成梯级调度电站,控制流域面积100万 km^2 ,占长江总流域面积的55.6%。工程分布在重庆市到湖北省宜昌市的长江干流上及其支流上,三峡工程也是中国迄今为止建设规模最大的水电项目(图1.1)。

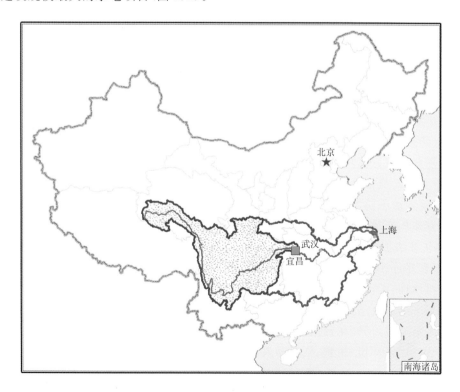

图1.1 长江三峡水利枢纽工程地理位置示意图

长江三峡工程由拦江大坝和水库、发电站、通航建筑物等部分组成。大坝为混凝土重力坝,大坝总长 3035 m,坝顶高程 185 m,设计正常蓄水水位为 175 m,防洪限制水位为 145 m,总库容 393 亿 m^3,其中防洪库容 221.5 亿 m^3。三峡电站装机 34 台,装机总容量 2250 万 kW;年发电量 882 亿 kW·h。大坝通航设施为双线 5 级船闸 1 座,可通过万吨级船队;垂直升船机 1 座,可快速通过 3000 t 级轮船;年单向通航能力 5000 万 t。

三峡水库,是三峡水电站建立后蓄水形成的人工湖泊,淹没陆地面积 632 km^2,范围涉及湖北省和重庆市的 21 个县区,当蓄水位高程为 175 m 时,三峡水库形成了一个总面积达 1084 km^2 的人工湖泊。

三峡库区是三峡工程建设中的一个专用名词,它包含了长江流域因三峡水电站的修建从而被淹没的湖北省所辖的夷陵县、秭归县、兴山县、恩施州所辖的巴东县;重庆市所辖的巫山县、巫溪县、奉节县、云阳县、开县、万州区、忠县、涪陵区、丰都县、武隆县、石柱县、长寿区、渝北区、巴南区、江津区及重庆核心城区(包括渝中区、沙坪坝区、南岸区、九龙坡区、大渡口区和江北区)(图 1.2)。

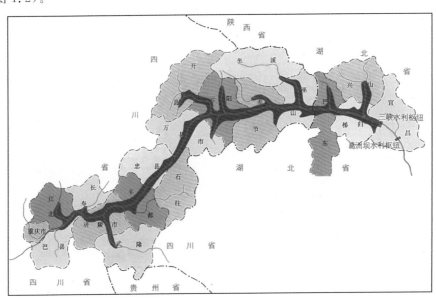

图 1.2　长江三峡工程库区淹没示意图

根据三峡水库淹没处理的规划方案,三峡水库共淹没耕地 1.7 万 hm^2,涉及移民 124.55 万人。淹没万州、涪陵两座城市和 8 个县城、116 个集镇,移民是三峡工程最大的难点。

迄今,三峡水库已是一座长 662.9 km,最宽处达 2000 m,面积达 1084 km^2,水面平静风光旖旎的峡谷型水库。三峡库区不仅可以蓄洪,并为长江流域的灌溉提供丰富的水源,也是目前世界上规模最大的水电站,为华中、华东、西南等地区提供电力,将对繁荣长江沿岸经济,促进西部地区的经济发展,平衡东西差异,产生巨大的作用。

三峡工程对库区环境、生物、气候和人们生活的影响非常广泛。

1.1.2　建设阶段

三峡工程采用"一级开发,一次建成,分期蓄水,连续移民"的开发方案,分为三个阶段施工建设,2003 年开始蓄水发电,2009 年全部完工,总工期为 17 年。第一阶段的主要任务是修建右岸导流明渠和左岸的施工期通航船闸,以实现大江截流为结束标志;第二阶段工程以修建中央泄洪坝段、左岸大坝、左岸发电厂房和双线连续五级船闸为核心,以实现初期蓄水航运发电为标志;第三阶段工程以修建右岸大坝及右岸发电厂房为核心,至工程最后完建。

一期工程从1993年初开始,利用江中的中堡岛,围护住其右侧后河,筑起土石围堰深挖基坑,并修建导流明渠。在此期间,大江继续过流,同时在左侧岸边修建临时船闸。1997年导流明渠正式通航,同年11月8日实现大江截流,标志着一期工程达到预定目标。

二期工程从大江截流后的1998年开始,在大江河段浇筑土石围堰,开工建设泄洪坝段、左岸大坝、左岸电厂和永久船闸。在这一阶段,水流通过导流明渠下泄,船舶可从导流明渠或者临时船闸通过。到2002年中,左岸大坝上下游的围堰先后被打破,三峡大坝开始正式挡水。2002年11月6日实现导流明渠截流,标志着三峡全线截流,江水只能通过泄洪坝段下泄。2003年6月1日起,三峡大坝开始下闸蓄水,到6月10日蓄水至135 m,永久船闸开始通航。7月10日,第一台机组并网发电,到当年11月,首批4台机组全部并网发电,标志着三峡二期工程结束。

三期工程在二期工程的导流明渠截流后就开始了,首先是抢修加高一期时在右岸修建的土石围堰,并在其保护下修建右岸大坝、右岸电站和地下电站、电源电站,同时继续安装左岸电站,将临时船闸改建为泄沙通道。第三期蓄水至正常蓄水位175 m。2008年10月开始试验性蓄水工作,2010年实现175 m的蓄水目标。整个工程已全部完工。

在国务院三峡办的组织协调和有关部委的大力支持下,1996年"长江三峡工程生态环境监测系统"至今已运行了17年,其中局地气候监测子系统在库区及周边地区设立多个气象观测站,积累了大量的观测数据,编制了各类技术报告,在三峡水库建设的各阶段做了大量的工作。

1.1.3　长江三峡工程对局地气候专题论证预评估

三峡工程建设前,由中国科学院与长江水资源保护科学研究所共同完成了《长江三峡水利枢纽环境影响报告书》,国家环保局审查通过了该报告。报告采用多种方法对三峡水库形成后的气候问题进行了科学分析,其基本结论是:

建库后对库区和邻域气候有一定影响,但是影响范围不大,对温度、湿度、风和雾的水平影响范围一般不超过10 km;对降水的影响范围略广,可达十几千米,但表现明显的仍在库区附近。各气象要素建库前后均有一定变化,但增减幅度不大。

具体结论为:对气温影响垂直方向不超过400 m,两岸水平方向约1~2 km。年平均气温18.0~19.8℃,增加0.1~0.2℃。冬春季月平均增高0.3~1.3℃,夏季月平均可降低0.9~1.2℃,年极端最高气温可降低4.5℃左右,年极端最低气温可升高3.0℃左右。年平均相对湿度为67%~81%,夏季增加3%~6%,冬季减少2%。库区100 m高度以下年平均风速0.7~2.2 m/s,增加15%~40%,极大风速25~30 m/s,影响不大。降水分布略有改变,沿江地带可能减少3%~5%,周围山地及迎风坡可能增加4%~6%。预测库周辐射雾的水平和垂直影响范围增大约10%~20%,雾日约增加2 d。冬季温度升高对喜温经济植物,如柑橘、油桐等有利,夏季气温降低使低海拔河谷高温危害减轻,使重庆、万县等地的气候有所改善。

1.2 国内外大型水库(湖泊)气候效应评估综述

1.2.1 水库建设的环境效应

水库是因建造坝、闸、堤、堰等水利工程拦蓄河川径流而形成的水体。水库可以用于供水、灌溉、发电、防洪、航运、旅游以及改善环境等,但是随着全球水水资源和能源的需求增加,以及水库数量和规模的激增,其产生的环境效应及社会影响也逐渐被认识。

所有水库在建设前都要进行价值评估以确定水库是否值得建设。但是,这类分析常常忽视了大坝或水库建设所带来的环境效应。有些环境效应,诸如大坝或水库建设中混凝土使用所产生的温室气体是相对容易估算的,但是其对自然环境的影响,及其社会和文化效应确实比较难以评估和权衡的,而这又是这类工程建设中不可回避的问题。

水库的环境效应涉及气候变化、小气候、生物、湖沼、地震活动等领域。水库的环境效应在水库及其上游、大坝以下以及水库本身之外各有不同。在水库及其上游,由于水库建设而堰塞成水面的陆地面积超过 40 万 km²,水面增加导致蒸发量的加大在有些气候区可达 2100 mm;水库建设还导致河流生态系统的破碎化,如大坝的建设阻挡了上下游水生生物的洄游(Mann C & Mark P,2000);大坝建设还导致水库沉积物增加,影响水库库容、降低水利发电能力,减少灌溉供水量。在大坝以下,由于大坝阻挡导致下游沉积物减少,会影响河岸线和海岸侵蚀;水库建设导致水温变化对下游水生生物也会产生影响;此外水库的环境效应还包括诸如疾病、移民以及依赖于洪水泛滥的生态和农业。水库的气候效应主要体现在地表下垫面由原来陆地改变为水体,所带来的热力性质、辐射平衡、热量平衡和表面粗糙度等诸方面的差异对库区及周围的局地小气候所产生的影响。首先,裸地或植被地表改为水面之后,将显著改变表面的反射率和表面粗糙度,进而影响区域热循环和风速,同时,由于水域面积的增大,实际蒸发量也将大大增大,大气中的水分相应增加。其次,下垫面由热容小的陆地变为比热容大的水体后,会引起区域温度的变化。一般来说,夏季水面温度低于陆面温度,水库为一吸热体,能量从周边向库区的交换得以加强;而冬季由于水面温度高于陆面温度,水库为一热源,能量从库区向周边的交换得以加强。库区与周边能量交换的加强,将使得大气层结构的不稳定性增加,进而可能会引起降水的变化,使水库周围降水的地理分布发生改变。虽然国际社会在特大型水库的生态和环境影响问题上还存在较大的争议,但就目前有关水库气候效应的研究报告来看,一般认为水库的建成蓄水对大范围气候的影响并不明显。

1.2.2 国内外大型水库和湖泊的气候效应评估

1.2.2.1 国外大型水库

(1)加纳的沃尔特水库(Lake Volta)

加纳的沃尔特水库(Lake Volta)位于西非半干旱半湿润的稀树草原区,于 1961—1963 年在沃尔特(Volta)河上由阿科松博坝(Akosombo Dam)拦截形成,是一座多目标开发沃尔特河水资源的工程,具有发电、防洪、灌溉、航运、渔业等多种效益。水库水面面积约为 8482 km²,最大坝高 141 m,水库总库容 1480 亿 m³,电站总装机容量 88.2 万 kW,年发电量 56.25 亿 kW·h。

由于大坝建设将原来的裸地或植被改为水体,导致了地表反照率的变化,因此,也改变了局地的热平衡;地表粗糙度的改变对风速也有影响,在一定程度上导致了局地小气候的变化。据报道(Moxon,1984),沃尔特水库及其周边地区的风速发生了改变。相关的观测结果也证明了这种局地风速的变化(Sam,1993)。临近和远离沃尔特水库的月降水量都没有显著的变化。月平均最高温自 1964 年以来低于水库建设前 10 年的平均值,而最低温高于建库前 10 年的平均值(De-Heer Amissah,1969)。从降水的年代际变化来看,建库后,1986—1995 年期间降水量减少,但是强降雨日数增加。观测结果表明,自 1980 年以来沃尔特水库(Lake Volta)水面阶段性下降,对沃尔特流域降雨量分析表明,1970 年以来降雨量明显减少,这种减少与西非的森林和稀树草原带降雨量的减少具有一致性(Gyau-Boakye,2000);此外,受气候自然变率影响,两个主要支流的来水量也显著减少(Servat 等,1997;Paturel 等,1997)。对流域温度变化分析表明,1945—1993 年期间,沃尔特流域温度增加近 1℃,温度升高导致蒸发量加大。对沃尔特流域降水和径流减少归因主要为:升温导致蒸发量增加,气候变化,降雨和径流的长期趋势以及大坝建设导致的小气候变化。

(2)纳赛尔水库(阿斯旺大坝)

排在世界第二位的埃及的纳赛尔水库(阿斯旺大坝)面积为 6751 km²,由横截尼罗河的阿斯旺水坝拦水而形成,面积为三峡水库的 5 倍多。对水库气候效应评估结果表明,纳赛尔水库会改变当地的小气候,当水位从 160 m 提高到 180 m 时,由于湖区面积增加一倍,将使年实际蒸发量从 60 亿 m³ 提高到 100 亿 m³;对库区气象指标空气温度和相对湿度进行了建坝前后的对比分析,认为建坝后阿斯旺城的空气温度小于建坝前,但相对湿度大于建坝前;阿斯旺大坝的修建改变了坝区的陆地和水体系统,影响了当地的水文气象条件,使得土壤性质和水质情况发生改变,但未对附近地区的气候和大气环流产生明显的影响。

(3)伊泰普大坝

位于巴西和巴拉圭两国交界的伊泰普大坝坝高 196 m,水库面积 1350 km²,蓄水量 290 亿 m³,发电量仅次于三峡大坝。大坝库区属温润亚热带气候,年平均气温 22℃,年平均相对湿度 80%。伊泰普大坝无论是坝高、水库面积、蓄水量以及气候和环境都与我国三峡库区类似。对伊泰普水文站在水库建成(1984 年)前后的监测数据分析表明,由于局地环流和湖风特性可以看出,白天水库水面的水平方向风向外发散,而晚上则向湖面集中。水库周围的年均温度和空气相对湿度都增加很少;对水库周围的 6 个农业气象站的多年数据分析也表明,兴建水库并未引起库区周边地区的气候发生任何趋势性的变化;数值模拟结果也表明,伊泰普水利工程的建设对局地气温的影响表现在,建库使得库区白天温度降低,夜间温度升高,降低了局地的日气温变化幅度,水库的形成并未对降雨产生系统性的显著影响。

1.2.2.2 国内大型水库

中国学者对于龙羊峡、刘家峡等一系列大中型水库对局地气候影响的评估结果也表明,水库建库后对库区及邻近区域气候有一定影响,但影响的范围和幅度都不大,对温度、降水、湿度、风等的水平影响范围一般不超过 10 km,且影响随距离变远而减弱。建库后夏季气温有所降低,下降幅度在 0.1～1.0℃;冬季气温有所上升,升温幅度在 0.2～1.2℃,气温年较差减小;水库附近降水的空间分布略有变化,库区降水量一般呈减少趋势,变化幅度在 2%～4%;另外,建库后库周湿度增加,库区风速增加。

1.3 长江三峡工程与三峡水库气候效应的影响机理及科学问题

在国际上众多的大型水利枢纽工程中,长江三峡工程是当今世界上规模较大、综合效益涉及范围较为广泛的水利水电枢纽工程之一,总装机容量 2250 万 kW,回水长度 663 km。水面面积 1084 km², 水库库容 393 亿 m³, 坝高 185 m。但在直接对水库气候效应有影响的因子,如水面面积仅约为位于加纳的沃尔特水库的 1/8, 水库库容仅约为位于赞比亚和津巴布韦的卡里巴水库的 1/5, 坝高较塔吉克斯坦的罗贡大坝低 150 m, 并不是名列前茅的。

1.3.1 长江三峡工程与三峡水库气候效应的影响机理与差异

三峡工程(或水库)气候效应的影响机理是:由于三峡工程(或水库)的建设,使其影响范围内下垫面的性质和状态发生变化,从而改变了这些范围内陆面与大气之间动力和热力的相互作用,直接或间接地影响到不同尺度的天气气候状态及气象要素的变化。

对于三峡水库的气候效应而言,主要是三峡水库建成蓄水后,由于水体面积大幅增加,改变了原有下垫面状况和土地利用类型,因此,常年水面面积将大大增加,水体效应也将更加明显;另一方面,由于库区水位上升,地形的影响将相对减弱。这些改变将不同程度地影响到局地气候和生态环境的变化。

另外,局地下垫面的改变是否会由于长期的累积效应影响到更大范围的气候状态,从而改变灾害性事件发生的概率,增加气象灾害的风险?这也是我们需要进一步研究的问题

三峡工程的气候效应不仅包括三峡水库的范围,而且还涉及长江中、下游地区以及河口和邻近海域的影响。三峡水库采用汛期降低水位泄洪排沙,汛后蓄水的"蓄清排浑"运作方式,对大坝下游的河道冲刷会产生一定的影响;三峡建坝后在减缓中游地区洪涝灾害将发挥重要作用,但是长江径流调节后的变化,是否会加重平原湖区渍害,影响土壤潜育化和沼泽化,也有待深入研究;径流量的变化对滨海地区土壤的盐渍化以及对河口泥沙和侵蚀堆积过程的影响如何等等,这种由三峡工程调蓄水变化而导致整个流域水环境发生变化后,气候状态发生的变化统称为三峡工程的气候效应。

由于三峡工程与三峡水库气候效应的影响范围、影响因子、影响方式相差很大,因此,两者气候效应评估的理论基础、评估的方法、技术手段,以及不确定性也相差很大。就目前的认识水平和技术方法,三峡工程气候效应的评估条件还不成熟,本报告的主要内容是阐述三峡水库的气候效应评估。

1.3.2 水库气候效应的科学问题

1.3.2.1 局地小气候问题

三峡水库是一个典型的狭长条带型水库,就长江干流而言,从大坝宜昌到库尾重庆,当水库蓄水至 175 m 正常蓄水位时,总长度为 663 km,平均宽度为 1576 m,东西长度与南北宽度相比平均大致为 420:1,如果水位较低时,平均宽度若减为 1000 m 左右,那么,东西长度与南北宽度相比变为 660:1,大致相当于一根半米长的头发和其直径的比例,所以它的气候效应主要反映在狭长条带型水库南北两岸的有限范围内,其整体效应远不如圆型或椭圆型湖区水库,而具有更强的局地小气候效应。

随着三峡工程的建设,三峡地区的气候和环境以及洪涝变化等方面得到广泛关注(李黄等,2003;廖要明等,2007;叶殿秀等,2008;李强等,2011)。大规模的土地利用和下垫面改变,通过地表粗糙度、反照率等的改变,会引起局地和区域气候的变化(高学杰等,2007;Christensen等,2007),由陆地转为大型水体,也同样会引起地表和大气之间动量和热量交换的变化,进而影响气候(吴佳等,2011)。

水库会使地区的水汽内循环和热量平衡发生变化,由于水库比陆地具有更大的热容,故库区会产生比较明显的局地气候效应。已有研究成果表明,对大型水利工程建设响应较为敏感的气候要素是气温、风、蒸发和空气湿度,其次为降水、雷暴日、雾。水库对区域气候的可能影响范围从几千米到上百千米不等,主要取决于水库的形状和当地的局地地形。河道型水库由于受到两岸高山的影响,一般来说其影响范围较小,而低山丘陵区大型水库影响范围相对较大(王国庆等,2009)。

长江三峡水库位于我国鄂西和渝东的崇山峻岭之中,北依大巴山,南靠巫山,两岸地形切割非常明显,是典型的河道型水库,局地气候受山谷和水体的共同影响,河谷冬暖夏热,库区年降水量丰富,但受地形和季风气候等影响,降水量年际变化大。Miller等(2005)研究认为三峡水库蓄水后,大面积水域增加了蒸发量,会使气温降低。张强等(2005)研究表明,水体对水库周边气温有白天降温、夜间增温的效应,增温幅度比降温幅度大,而且夏季大于冬季,降温幅度夏季小于冬季。20世纪90年代之前,三峡坝区年平均气温呈波动变化,20世纪90年代之后有显著上升趋势,三峡水库蓄水以后水域周围地区出现明显降温效应。陈鲜艳等(2009)分析表明,随着三峡水库水面面积扩大,冬季对库区周边有水体增温效应,夏季有降温效应,但总体以增温为主。Wu等(2006)通过TRMM和MODIS资料以及MM5模式分析认为,三峡水库对降水的气候效应影响范围可能为区域尺度(100 km左右)而非局地尺度(10 km左右)。

1.3.2.2 三峡水库与不同尺度天气气候事件的相互关系

根据上面的数据,我们可以看到,三峡水库是一个典型的狭长条带型水库,东西长度与南北宽度相比变为660∶1,与大的空间尺度无法相比。众所周知,在地球大气中,包含着许多不同时空尺度的运动,从而形成不同的天气与气候现象。这些不同空间、时间尺度的运动,它们并不是各自独立的,这些不同尺度的运动系统之间存在着相互作用。作为大气的下边界,三峡水库水域面积的局地变化是否与2006年的川渝大旱、2007年夏初重庆遭遇特大暴雨、2009和2010年西南地区干旱以及2011年长江中下游的冬春严重干旱等大尺度极端天气气候事件有关,实质上就是讨论不同尺度天气气候系统之间的相互关系。

从理论上来讲,大气环流是大范围、长时间大气运动的平均状态或某一时刻的变化过程,其水平尺度在几千千米以上,垂直尺度在几十千米以上,时间尺度在10^5 s以上。这种大范围的空气运动不仅制约着各种不同尺度天气系统发生、发展和移动的规律,影响大范围的天气变化,而且也是气候形成和变化的基本因素之一。大气环流的异常变化必将导致天气和气候的异常。

而三峡水库即使按照175 m最高水位运行时算,最大库容393亿 m^3,最大水面积只有1049 km^2,大体可以看作一个长850 km,宽1.2 km的水面,是一个非常小尺度的人工建筑,即使加上三峡库区,与大气环流和海洋的尺度比较,也是一个非常小的尺度。按照上述大尺度环流的理论,影响四川盆地的大气环流应该是上千千米的尺度,高度也当在几千到上万米,因此,这个人工建筑和人工湖泊,不会产生影响大尺度、长时间的气候影响。

为了更进一步了解三峡大坝的建立是否会对周围或者大尺度的天气和气候有影响,有科学家利用观测数据和数值模式进行了研究,在全球气候系统模式中网格的水平分辨率约为2度左右,以一个经度110 km来算,一个格点包含大约220 km×220 km的范围,而三峡水库的宽度平均仅为1 km多,这样,在全球气候模式格点中完全得不到描述。更高分辨率的中小尺度和区域气候模式的分辨率一般从几千米到几十千米不等,三峡水库在其中也很难得到描述,如果使用这种分辨率的模式进行三峡水库的气候效应模拟,会在很大程度上夸大其效应。使用次网格方法进行的2 km宽度三峡水体区域气候模拟试验结果表明,它仅会引起水体上方气温降低、降水减少,对陆地上的影响则非常小,如引起的夏季降水变化,在10 km和20 km的地方仅为3%和1%左右。另外结果还表明(张洪涛,2004):三峡水库建库后对库区及邻近区域有一定的影响,但是影响范围不大,对温度、湿度、风和雾的水平影响范围一般不超过10 km,水库附近表现最明显。各气候要素建库前后均有一定变化,但增减幅度不大。局地中小尺度下垫面的变化与重大天气气候事件个例相关分析也可以通过不同尺度套网格数值模式来模拟研究,如马占山等(2012)利用中尺度数值模式的研究结果表明,三峡工程不是干旱、低温雨雪冰冻等极端天气出现的主因,它对极端天气事件的影响并不明显。

1.3.2.3 三峡水库的累积气候效应及风险评估

三峡水库的累积气候效应及风险是一个长期气候效应及风险评估问题。由于三峡水库气候效应是一个缓慢变化的过程,水库蓄水虽对库区周边气候产生一定影响,但其影响要素、范围及强度还有待进一步长期观测,特别是局地下垫面条件的改变如何影响长期的大范围气候变化,这必须借助于数值模拟研究。同时由于三峡水库的尺度较小,更高分辨率的气候数值模式和影响评估模型的研究和发展更加必要,这些问题,目前从科学上尚需研究和探索。

同时,在全球变暖的大背景下,气候变化引起的三峡工程的运行风险将表现在气候均值变化引起的入库水量的改变,当丰水期入库水量超出原库容设计标准及相应正常蓄水位时,将出现水库防洪调度运行风险;若遇持续干旱的枯水期将引发入库水量锐减,给水库蓄水、发电、航运及水环境均带来不利影响,同时气候变异加大及极端水文气候事件频次增加和强度加大将对三峡工程的防洪、发电与航运等功能发挥带来风险;暴雨强度加大和次数增多也还可能加大泥石流、滑坡等地质灾害对三峡大坝的影响(科学技术部社会发展司和中国21世纪议程管理中心,2011)。

因此,在全球及区域气候变化背景下,研究三峡水库的气候效应有助于了解三峡地区建库前后的气候变化特征,为三峡水库可持续发展和科学合理调度提供重要的参考依据以及为水库运行和调度的风险评估提供保障。

1.4 长江三峡工程局地气候监测系统

1.4.1 长江三峡水库工程生态与环境监测系统

1996年,在国务院三峡建委的组织协调和有关部委的大力支持下,由环保、水利、农业、林业、气象、卫生、国土、地震、交通、中国科学院、三峡集团公司、湖北省、重庆市的有关部门和单位共同组建了跨地区、跨部门、跨学科的综合性三峡工程生态与环境监测系统。开始三峡工程生态与环境的监测工作。

2005 年,为适应三峡水库蓄水后的监测要求,根据监测系统实施环境的变化,国务院三峡办对三峡工程生态与环境监测系统进行整合。2009 年,为适应三峡工程进入运行期的需求,针对水库运行特点,三峡办对监测系统再次优化,调整为由 10 个学科领域(子系统),28 个监测重点站、监测中心和信息管理中心组成的监测系统,开展 23 个类别、46 项科目的监测。目前,该系统已成为国内唯一的跨地区、跨部门、跨学科、综合性、研究型的生态环境监测系统。

三峡工程生态与环境监测系统根据三峡工程对生态与环境影响的特点,以库区为重点,兼顾相关地区,对工程兴建前后库区及相关地区的生态与环境实行全过程系统的跟踪监测,积累系统完整的资料,建立数据库并进行综合分析,为决策部门和生态与环境建设提供科学依据,及时发现问题并提出减轻不利影响的措施,预测不良趋势并及时发布警报,为工程的建设与调度运行、保护库区和流域相关地区的生态环境、保障资源的可持续利用提供决策服务。

1.4.2　局地气候监测子系统

长江三峡工程局地气候监测子系统是在中国气象局原有业务观测系统的基础上,根据长江三峡工程建设对周边地区生态环境监测的需求,由中国气象局和国务院三峡办共同协作和资助完成的。

长江三峡库区范围内原有中国气象局地面人工气象观测站 33 个,分布在宜昌至重庆长江干流或支流附近,其中重庆管辖的观测站有 22 个,湖北管辖的观测站为 11 个,形成了一个适合监测大尺度天气气候布局的业务观测网络。这些测站大多建站自 20 世纪 50 年代,已积累了近 60 年的包括降水量、气温、相对湿度、平均风速、雾日等要素在内的逐日地面气象观测资料,为长江三峡工程的设计和预评估提供了可靠的原始资料。

随着长江三峡工程建设的发展,三峡水库的气候效应也越来越为人们所关注。原有的业务观测系统在布局与设置上已远不能满足为长江三峡工程服务的需要。为此,1996 年,在中国气象局和国务院三峡工程建设委员会办公室共同协作和资助下,中国气象局依托气象部门原有气象探测和通信业务系统,依靠已建气象基层台站气候监测基础和丰富的实践经验,充分发挥现代化设备和先进技术的作用,在库区范围内选择有代表的监测站点对库区及其周围的气象要素进行定时观测,逐步组建成了"长江三峡生态环境监测系统局地气候监测子系统"又称局地气候监测重点站。

气候在生态与环境的嬗变中既是一种激发和控制因子,也是生态与环境变化的最显著的一个表征,局地气候监测子系统是长江三峡工程生态与环境监测系统重要组成部分,是监测系统 10 个子系统之一,具有重要和不可替代的作用。局地气候监测子系统通过对三峡库区及周边地区天气气候要素和现象的周密、系统的观测,掌握三峡工程建设过程中及工程建成后局地气候及生态环境演变动态,分析水文—气象、生物—气象相互作用机制,为抑制可能出现的生态环境退化、恶化和进行相关的生态保障工程建设提供决策依据。

通过 16 年的建设,目前已建成由国家气候中心牵头的三峡局地气候监测子系统,组成了1 个重点站(国家气候中心)、2 个省级信息通讯保障中心站(重庆、湖北)、2 个省级气候监测中心站(重庆、湖北)、3 个立体剖面观测中心站(宜昌、万州、涪陵)和 50 个基层站的"长江三峡工程局地气候监测子系统"。2010 年起该系统的运行在业务上纳入了中国气象局业务台站网统一管理。

自 1997 年起国家气候中心及时收集监测系统监测资料,整理分析,汇编技术报告,每年向国务院三峡办、三峡总公司、中国环境监测总站、三峡工程生态与环境监测系统信息管理中心和中国气象局预报网络司等单位提供《三峡局地气候监测公报》,至 2010 年发布第 14 期年度报告,内容包括库区气候概况及主要特征,重大灾害性天气及影响分析。另外,每年向中国环境监测总站环境监测中心提供《长江三峡工程生态与环境监测简报》。

自 2001 年春季起每年向国务院三峡办、三峡总公司、中国环境监测总站、三峡工程生态与环境监测系统信息管理中心和中国气象局预报网络司等单位提供各年冬季、春季、夏季、秋季三峡气候监测季报,主要内容为利用库区基本站的气温、降水资料监测季气温、降水状况,有气象灾害发生则进行灾害分析,至 2009 年 12 月共发布了 35 期。

自 2005 年局地气候监测系统在三峡库区局地气候监测季、年报的基础上,又增加了“三峡生态环境监测专报(快报)”业务,及时向国务院三峡办、三峡总公司、中国环境监测总站、三峡工程生态与环境监测系统信息管理中心和中国气象局预报网络司等单位提供《三峡生态环境监测专报》,使有关部门和领导及时了解三峡库区气候变化、气候灾害发生和影响情况,为三峡水库蓄水、工程建设提供决策参考,至 2010 年 3 月 9 日已发布 161 期。

这些资料既可为研究库区的气候资源变化,分析三峡水库建成后长江上游水面加宽、水位提高对库区局地气候的影响奠定深厚的资料基础,又可为三峡工程建设、库区生态环境建设,以及库区移民开发合理利用气候条件,规划工农业生产布局提供气象保障和气候分析服务,为长江生态环境建设和经济同步发展做出贡献。

局地气候监测子系统对库区的经济特别是农业经济的可持续发展规划决策提供科学依据。根据气候监测子系统逐年提供的局地气候分析报告(包括气候变化特点分析、要素时空分布特征、气候灾害发生及影响分析等),分析当地农业气候资源配置的变化趋势,决策者可以以此为依据,针对性地调整农业布局,从气候灾害风险论、气候资源论和可持续发展的角度进行农业生产规划决策。

在中国气象局和三峡办的统一部署下,“长江三峡工程生态环境监测系统局地气候监测子系统”至今已运行了 17 年,在三峡水库建设的各重要阶段都做了大量的工作,其技术报告与建设阶段的时间表大致如下:

1994 年 12 月 14 日三峡大坝正式动工;

1996 年 1 月 1 日局地气候观测系统正式运行;

1997 年 11 月 8 日三峡工程第一次大江截流,水位提高 10～75 m;

2002 年 10 月 1 日《三峡局地气候监测技术报告(1996—2001)》;

2002 年 7 月至 2003 年 4 月第一次立体气象观测,完成蓄水前的本底观测;

2003 年 6 月三峡第二期工程结束,水位提高到 135 m;

2003 年 11 月至 2004 年 10 月《蓄水前局地气候监测技术报告(1996—2003)》;

2005 年 7 月至 2006 年 4 月第二次立体气象观测,对 139 m 水位状态进行监测;

2006 年 11 月完成《蓄水至 139 m 立体气象观测技术报告》;

2006 年 10 月长江三峡水位提高到 156 m;

2007 年 7 月至 2008 年 4 月开展第三次立体气象观测,对 156 m 水位状态进行监测;

2007 年 3 月完成《2004—2006 年局地气候监测技术报告》;

2008 年 11 月三峡水库试验性蓄水至 172.8 m;

2008 年 12 月完成《三峡工程对生态与环境影响及对策论证结论的阶段评估报告(局地气

候)》;

2009 年 8 月三峡三期工程顺利通过 175 m 蓄水验收;

2009 年 12 月完成《三峡工程论证及可行性研究结论阶段性评估(生态－局地气候)》报告;

2010 年出版《长江三峡局地气候监测(1961—2007 年)》(气象出版社);

2010 年 3 月完成《三峡工程生态与环境监测系统蓝皮书(2009)——局地气候》专题分析报告;

2010 年 5 月完成《三峡工程生态与环境监测系统蓝皮书(2009)——气象与气候》主题分析报告;

2011 年出版《长江三峡工程生态与环境监测系统—三峡气候及影响因子研究》(气象出版社);

2011 年出版《长江三峡库区气候变化影响评估报告》(气象出版社)。

1.5　评估方法和内容

1.5.1　问题的提出及本报告的目的意义

从三峡工程筹建的那一刻起,它就与各种争议相伴。早期的不同意见多偏重于经济和技术因素,普遍认为经济上无法支撑,技术上也无法也难以实现预定目标,并且移民的难度极大。

到了 1980 年后,随着改革开放的持续,我国国内关于三峡工程的争论更加广泛,涵盖了政治、经济、移民、环境、文物、旅游等各个方面,其中三峡水库的气候效应也是社会与媒体广泛关注的一个重要议题。

从 2003 年 6 月三峡水库蓄水到 135 m 至今,三峡库区及其周边地区,乃至更大范围的西南地区和长江中下游地区先后发生了不少重大天气气候灾害事件,如 2004 年 9 月上旬川、渝发生的暴雨和洪涝灾害、2006 年的川渝大旱、2007 年夏初重庆遭遇特大暴雨、2009/2010 年西南地区干旱以及 2011 年长江中下游冬春严重干旱等。每次极端气候事件发生时不少媒体和社会舆论都会与三峡水利工程建设相关联,网络上还有一些非气象专业的人士提出了"木桶效应"、"三圈环流"等所谓理论,不科学、不正确地解释了三峡水利工程与这些现象的关系,给社会及公众造成了极大的误导和思想上的混乱。

如何科学、客观以及定量地评估三峡水利工程的气候效应?三峡水库气候效应的评方法及具体结论是什么?以及近年来发生的这些重大天气气候事件与三峡水利工程的关系到底如何?这些问题都是社会及公众十分关注的问题,也是我们这份评估报告重点研究和阐述的问题。

为了对上述问题更好地进行系统的科学解释,国家气候中心对此高度重视,组织了有关专家对三峡水库气候效应的相关课题进行了认真、系统的研究,这一工作对于三峡水利工程正常运行以及社会及公众对三峡水利工程的气候效应的正确导向具有重要的意义。

1.5.2　评估方法和内容

本报告比较详细地调研了国内外大型水库气候效应的有关研究成果,收集并综合分析了长江三峡水库气候效应的各类评估报告,在此基础上根据近年来三峡水库建成前后实时监测数据,对三峡水库蓄水前后局地气候效应及气候特征、重大气候事件成因分析以及三峡水库及周边地区未来气候变化预估和气候变化对三峡工程的可能影响与适应措施等内容进行了详细的评估。

1.5.2.1 评估原则及方法

(1)基本原则:本次评估坚持以科学发展观为指导,以事实为依据,以技术为手段,坚持实事求是,要经得起历史的检验。

(2)对比分析:对国内外大型水库相关参数、对蓄水前后库区气候变化特征、对库区与邻近地区的气候特征等进行对比分析。

(3)剖面分析:对库区内离水域不同距离、不同高度的观测点进行类比分析,评估水域的变化对不同要素影响的程度。

(4)气候变化趋势分析:对库区及周边地区更长时间尺度的历史气候演变特征进行分析,评估其近年来发生重大气候事件的普适性。

(5)数值模拟分析:利用不同尺度的天气、气候数值模式模拟三峡水库蓄水前后天气气候的变化以及敏感性试验,讨论不同尺度天气气候系统之间的相互关系。

(6)卫星遥感分析:利用各类卫星监测数据,对水库蓄水前后或水库调度运行不同阶段的下垫面及各类气象要素变化进行连续监测,分析对比其变化程度及原因。

(7)综合分析:根据各类技术方法及模式特点,针对本报告评估目标,客观地进行综合评估。

1.5.2.2 评估内容简介

第1章为综合概述,其内容主要包括三峡工程概述、三峡工程建设预评估、国内外大型水库气候效应综合评述、本报告评估方法及内容、三峡水库气候效应的科学问题、三峡工程局地气候监测系统等几个方面。

第2章为三峡工程在防灾减灾和应对气候变化中的作用,包括三峡工程的防洪效益、供水效益、节能减排作用、对社会经济发展影响等。

第3章为三峡库区及长江流域气候演变特征。主要内容为三峡水库和长江流域基本地理特征,基本气候特征,近542年旱涝演变特征,近100年气候变化特征,近50年气候变化特征,主要影响因素等。

第4章为三峡水库蓄水前后气候变化分析。包括三峡库区蓄水前后气候变化分析、坝区蓄水前后变化分析、卫星遥感蓄水前后变化分析、三峡水库气候效应数值模拟分析等内容。

第5章为三峡库区及周边地区极端气候事件成因分析。针对近年来发生的重大气候事件,进行了库区气候态模拟,重大旱涝事件检测,重大旱涝事件成因分析以及其他极端事件的成因分析。

第6章为三峡库区及上游未来气候变化预估,包括未来50年平均温度和降水变化,未来50年极端气候事件预估,未来气候变化对上游流域水资源可能影响和不确定性分析等内容。

第7章为未来气候变化对三峡工程的可能影响与适应措施。主要内容为未来50年气候变化对三峡工程的可能影响和三峡工程应对气候变化适应性措施。

第 2 章　三峡工程在防洪、抗旱和减排中的作用

2.1　三峡工程的防洪效益

2.1.1　三峡工程防洪作用

长江流域总集水面积 180 万 km²,江源至宜昌为长江上游,宜昌至鄱阳湖湖口为中游,湖口以下为下游。三峡工程位于长江上游与中下游交界处,控制着长江上游干支流的全部来水,三峡水库坝址宜昌以上流域面积约 100 万 km²,约占全流域面积的 55%。长江干流自宜昌出三峡后进入中下游平原,长江上游来水是中下游水量的主导部分,尤其荆江河段直接承纳长江上游的洪水,其防洪受上游洪峰控制。根据汛期水量组成分析,上游洪水占中下游主汛期荆江洪水的 95%,城陵矶洪水的 2/3,大通洪水的一半。汛期长江上游洪水峰高量大,上游洪峰流量又常与中下游所产生的洪峰遭遇,形成洪水灾害,对中下游人民的生命和财产安全构成巨大威胁。三峡工程作为长江中下游防洪体系中的关键性骨干工程,其首要任务是防洪,担负着长江中下游 80 万 km² 面积的防洪安全的重大任务,对荆江的防洪提供有效的保障,对长江中下游地区也具有巨大的防洪作用。

根据长江防洪规划,三峡工程的防洪作用是对长江上游洪水进行调控,使荆江河段防洪标准达到百年一遇,百年一遇以上至千年一遇洪水,包括类似 1870 年洪水时,控制枝城站流量不大于 80000 m³/s,配合分蓄洪区的运用保证荆江河段行洪安全,避免南北两岸干堤溃决发生毁灭性灾害,减轻中下游洪灾损失和对武汉市的洪水威胁;根据城陵矶地区防洪要求,考虑长江上游来水情况和水文气象预报,适度调控洪水,减少城陵矶地区分蓄洪量(三峡水库优化调度方案,2009)。

2.1.1.1　长江洪水的形成

长江属雨洪河流,洪水主要由暴雨形成。流域内雨量丰沛,多年平均年降水量约 1100 mm,但地区分布差异较大,总的趋势是自东南向西北递减,主要暴雨区在四川盆地西部、川东大巴山区、大别山区、湘西—鄂西山地以及江西九岭山地至安徽黄山一带。降水量年内分配不均,流域的暴雨主要集中在 5—10 月,占全年降水量的 70%～90%。雨季一般是中下游早于上游,江南先于江北,从流域东南逐渐向西北推移。降水量集中期大体上中游南岸和下游地区为 5—6 月,上游地区和中游北岸地区为 7—9 月。一般年份各河流的洪峰互相错开,中下游干流可顺序排泄中下游支流和上游干支流洪水,不致造成大的洪灾。但如遇气候反常年份,干支流洪水先后遭遇,即可形成大洪水导致洪灾。暴雨量大、历时长,则导致中下游干流洪水峰高量大,高水位持续时间长。通常按暴雨地区分布和覆盖范围大小,将长江大洪水分为两种

类型:一是区域性大洪水,是由上游若干支流或中游汉江、澧水以及干流某些河段发生强度特别大的集中暴雨而形成的大洪水,历史上的 1860 年、1870 年及 1935 年、1981 年、1991 年洪水即为此类;二是全流域型大洪水,是某些支流雨季提前或推迟,上、中、下游干支流雨季相互重叠,形成全流域洪水,总量大,持续时间长,1931 年、1954 年、1998 年和历史上的 1788 年、1848年、1849 年洪水即属此类。但由于中下游地区要接纳上游干支流及中下游支流的来水,故不论哪一类洪水均对中下游平原区造成很大的威胁(长江防汛水情手册,2000)。

2.1.1.2 长江上游洪水

金沙江屏山站控制面积约占长江上游控制面积的 1/2,多年平均汛期(5—10 月)水量占长江上游来水量的 1/3,因其洪水过程平缓,年际变化较小,是长江上游洪水的基础。岷江、嘉陵江分别流经川西暴雨区和大巴山暴雨区,洪水来量甚大,高场站、北碚站控制面积分别占长江上游控制面积的 13.5%、15.5%,而多年平均汛期水量却分别占 20.2%、16.6%,共计约占上游水量的 37%,是上游洪水的主要来源。此外,上游干流区间的来水也不可忽视,寸滩—宜昌区间是长江上游的主要暴雨区之一,其面积占上游控制面积的 5.6%,多年平均汛期水量约占上游的 8%左右,但有些年份其水量可达上游水量的 20%以上(如 1982 年)。当长江上游干流区间和各支流洪水发生遭遇时,就形成长江上游大洪水(长江防洪规划,2003)。

2.1.1.3 长江中下游洪水组成

长江中下游洪水以宜昌以上来水为主,洞庭湖和鄱阳湖水系洪水是其重要组成部分,汉江洪水也是其重要来源之一。汛期 5—10 月,汉口站水量以宜昌以上来水为主,宜昌汛期多年平均水量占汉口水量的 2/3,其次是洞庭湖水系和汉江洪水,分别占汉口水量的 20.7%和 6.7%。大通站汛期水量平均有 80%以上来自汉口,鄱阳湖水系的面积占大通面积的比重不足 10%,但其汛期来水量平均占大通总水量的 15%左右。由洪水地区组成可见,宜昌以上洪水占长江流域洪量的 50%,约占重点防洪地区荆江河段的 95%,因此,长江上游洪水是造成这些地区洪灾的最主要原因。洞庭湖、鄱阳湖水系的洪水量较大,这两个地区的洪灾也较严重(仲志余,2003)。

长江洪水具有峰高、量大、历时长的特点。长江中下游各河段的安全泄量远远不能承泄长江上游和中下游支流的洪水来量,洪水威胁十分严重。经过多年来对堤防的加高加固及河段整治,长江中下游各河段的安全泄量较以往有所扩大,但据统计分析,目前上荆江的安全泄量仍只有 60000~68000 m³/s,城陵矶附近约 60000 m³/s,汉口约 70000 m³/s,湖口约 80000 m³/s,而在 1877 年以来的 100 多年中,实测宜昌洪峰流量超过 60000 m³/s 的有 20 多次;据历史洪水调查,自 1153 年以来宜昌洪峰流量大于 80000 m³/s 的有 8 次,其中大于 90000 m³/s 的有5 次,1870 年洪峰流量高达 105000 m³/s;城陵矶以上干流和洞庭湖的汇合洪峰流量在 1931年、1935 年和 1954 年均超过 100000 m³/s,洪水来量大与河道泄洪能力不足的矛盾十分突出,防汛形势十分严峻。

荆江河段依靠堤防可防御约 10 年一遇洪水,配合分蓄洪区,可防御约 40 年一遇洪水;城陵矶河段依靠堤防可防御 10~15 年一遇洪水,考虑比较理想的使用分蓄洪区,可基本满足防御 1954 年型洪水的需要;武汉河段依靠堤防可防御 20~30 年一遇洪水,考虑分蓄洪区比较理想地使用,可基本满足防御 1954 年实际洪水的防洪需要;湖口河段依靠堤防可防御 20 年一遇洪水,考虑分蓄洪区比较理想运用的情况,可达到防御 1954 年实际洪水的需要。

三峡工程兴建前,荆江河段如果遇 1860 年或 1870 年型洪水,运用现有荆江分洪工程分洪后,尚有 30000～35000 m³/s 的超额洪峰流量无法安全下泄,不论荆江南溃还是北溃,均将淹没大片农田和村镇,造成大量人口伤亡,特别是北溃还将严重威胁武汉市的安全。

长江中下游蓄滞洪区内人口多,安全建设滞后,实施计划分洪十分困难,一旦分洪损失大;湖区及支流堤防工程仍存在薄弱环节和隐患,堤防缺乏必要的安全监测和抢险设备,技术手段落后,防洪形势依然严峻(蔡其华,2011)。

2.1.1.4　长江中下游防洪对三峡工程的要求

根据长江的特性及其洪水特点,长江防洪应采取综合措施,逐步建成以堤防为基础,三峡工程为骨干,加上干支流水库、蓄滞洪区、河道整治、平垸行洪、退田还湖、水土保持、封山植树、退耕还林以及其他非工程防洪措施所组成的综合防洪体系。长江中下游防洪对三峡工程的要求有:对上游型大洪水进行调节,减轻荆江河段和洞庭湖区防洪负担,减少荆江分蓄洪区使用机会,提高荆江河段的防洪标准;对发生在上游的特大洪水(如 1870 年型洪水)进行控制和调节,配合荆江分蓄洪区以避免荆江河段(江汉平原和洞庭湖平原)发生毁灭性灾害;对全流域和中下游型大洪水进行补偿调节减少中下游平原地区的分蓄洪量(仲志余,2003)。

三峡工程针对大坝本身,其防洪标准按照千年一遇设计、万年一遇加 10% 校核,即当峰值为 98800 m³/s 的千年一遇洪水来临时,大坝本身仍能正常运行,三峡工程各项工程、设施不受影响,可以照常发电;当峰值流量为 113000 m³/s 的万年一遇洪水再加 10% 时,大坝主体建筑物不会遭到破坏,三峡大坝仍然是安全的,部分设施正常使用功能可能会受到影响。

三峡水库正常蓄水位 175 m 以下库容 393 亿 m³,其中防洪库容 221.5 亿 m³,工程建成后通过水库调蓄运用,长江中下游的防洪能力明显提高,特别是荆江地区的防洪形势将发生根本性的变化。三峡工程在保证自身安全的前提下,通过补偿调度及时拦洪、适时泄洪,对长江中下游荆江及城陵矶、武汉河段进行防洪控制,发挥防洪作用。

(1)荆江河段

对荆江地区,遇到不大于百年一遇的洪水,三峡大坝可控制枝城站最大流量不超过 56700 m³/s,不启用分洪工程,沙市水位可不超过 44.5 m,荆江河段可安全行洪;遇千年一遇的洪水,经三峡水库调蓄,通过枝城的相应流量不超过 80000 m³/s,配合荆江分洪工程和其他分蓄洪措施的运用,可控制沙市水位不超过 45 m,从而可避免荆江南北两岸的洞庭湖平原和江汉平原地区可能发生的毁灭性灾难,实现防洪目标。此外,由于水库拦蓄、清水下泄,使分流入洞庭湖的水沙减少,可减轻洞庭湖的淤积,延长洞庭湖的调蓄寿命。

(2)城陵矶附近地区

城陵矶附近地区通过三峡水库调蓄上游洪水,一般年份基本上不分洪(各支流尾闾除外),若遇 1931 年、1935 年、1954 年和 1998 年型大洪水,可减少本地区的分蓄洪量和土地淹没。

(3)武汉附近地区

武汉地区由于长江上游洪水得到有效控制,从而可以避免荆江大堤溃决后洪水取捷径直趋武汉的威胁。此外,武汉以上控制洪水的能力除了原有的蓄滞洪区容量外,增加了三峡水库的防洪库容 221.5 亿 m³,大大提高了武汉防洪调度的灵活性(仲志余,2003)。

2.1.2　三峡工程防洪调度运用及效果

三峡工程对长江中下游的防洪效应主要反映在:当上游来流量过大时,水库直接拦蓄部分超额洪量,当中下游区间来水较大时,尽量减少上游来流量,通过科学调度,及时拦洪、适时泄洪,尽可能地发挥削峰、错峰作用,有效地降低长江中下游干流沿程各站水位,从而减轻中下游防洪压力。

三峡工程的防洪作用在规划设计上明确提出:通过拦洪削峰和补偿调度,提高荆江及城陵矶附近地区的防洪能力。根据长江流域洪水特点,选择 1998 年、1996 年型洪水进行三峡水库防洪作用分析,通过对 1998 年、1996 年型洪水的模拟调度分析,三峡工程的运用对中下游尤其是荆江地区的防洪具有显著的效果,可以避免荆江蓄滞洪区的启用。同时,近几年三峡水库蓄水运行后,在准确预报的基础上,通过科学调度,三峡工程的防洪作用得到了充分的体现。

2.1.2.1 从1998年型洪水分析三峡工程防洪作用

三峡水库防洪库容 221.5 亿 m^3,若遇 1998 年洪水,进行防洪补偿调度,合理利用防洪库容,即可达到控制沙市水位不超 45.00 m、城陵矶(莲花塘)水位不超 34.40 m 的目标,可以避免荆江蓄滞洪区的启用,从而极大地减轻长江中下游的防洪压力。

1998 年全流域型大洪水,长江干支流自 6 月中旬至 8 月底先后发生了大洪水,长江上游出现 8 次洪峰,并与中下游洪水遭遇,形成仅次于 1954 年的大洪水,峰高量大,且中下游干流水位高,超警戒水位持续时间长。以保证沙市水位不超过 45.00 m,莲花塘水位不超过 34.40 m 为调度目标,调度方式考虑三峡水库与洞庭湖和清江来水进行补偿调节,当洞庭湖和清江来水较大时,三峡水库相应减少下泄流量,如果当要求三峡水库减泄量超限(如需降到发电流量 25000 m^3/s 以下),则相应考虑根据预报进行预泄。利用三峡水库对 1998 年洪水调度,假设三峡水库从 145.00 m 起调,则调洪最高库水位将达到 172.00 m,中间不考虑吐洪,长江中游各站平均可降低水位 0.8~0.9 m,三峡水库拦洪错峰降低长江中游各站水位的效果明显,长江干流及两湖湖区的防汛压力将大大减轻(李明新等,1999)。

2.1.2.2 从1996年型洪水分析三峡工程的防洪作用

1996 年 7 月中旬,长江中下游发生了一次区域型的特大洪水,主要由洞庭湖水系洪水与干流区间鄂东北水系洪水遭遇,资水桃江、沅水桃源洪峰流量居历史第 1 位,7 d 洪量约达百年一遇,"四水"控制站合成流量 7 月 20 日达 45000 m^3/s,约为 50 年一遇。长江上游来水不大,宜昌站中旬最大洪峰流量仅为 7 月 13 日的 41500 m^3/s。

按对城陵矶地区进行补偿的调度方式,根据宜昌—城陵矶区间(主要是洞庭湖水系)来水,按照城陵矶总入流不超 60000 m^3/s 的目标,通过三峡水库调控上游来水,3 d 预见期通过三峡水库的补偿调节,可使城陵矶水位控制在 34.40 m 以内,汉口最高水位可由 28.6 m 降低至 28.13 m,降低 0.53 m;2 d 预见期可使城陵矶最高水位降低到 34.52 m,降低 0.49 m,汉口最高水位也由 28.66 m 降低到 28.24 m,降低 0.42 m。

由于 1996 年汛期长江上游来水不大,不少人认为三峡工程对类似于 1996 年中下游洪水,不能发挥防洪作用。实际上三峡工程采用对城陵矶地区补偿调度原则进行调度,防洪效果仍然是显著的(仲志余等,1997)。

2.1.2.3 三峡工程试验性蓄水以来实际调度运用及效果

三峡工程通过近几年实际的防洪调度运用,能有效地调控长江上游洪水,错开长江上游与中下游的洪水峰期,有效地减轻中下游的洪水压力。从各次洪水防洪效果分析,三峡水库的调蓄作用对不同河段水位降低程度不同,三峡水库对荆江河段防洪效果显著,对中游河段具有一定的效果。

（1）"2009.8"洪水

2009 年 8 月初，三峡水库出现最大入库流量 55000 m^3/s，为减轻下游荆江河段防汛压力，三峡水库防洪调度运用从 8 月 4 日 18 时开始按 40000 m^3/s 流量控泄拦蓄，8 月 8 日 14 时，库水位达到 152.89 m，至 17 日 10 时库水位回落至 146.5 m，历时近 13 d，削峰率为 29%，共计调蓄洪水 43.6 亿 m^3，沙市站洪峰水位降低约 2.4 m，荆江河段水位成功地控制在警戒线之内，大大减轻了湖北的防洪压力，减少了防汛成本，据分析，仅布防劳力补助费一项就减少了防汛成本 1294 万元。

（2）"2010.7"洪水

2010 年汛期，三峡水库先后多次发挥了较大的拦蓄洪水作用，累计拦蓄洪水总量为 260 多亿 m^3，汛期调洪最高水位达 161.01 m。7 月份，三峡水库出现最大入库流量 70000 m^3/s 的洪水，经调度三峡出库流量控制在 40000 m^3/s 左右，削减洪峰流量 40%，拦蓄水量约 80 亿 m^3，荆江河段沙市水位控制在警戒以下。如果没有三峡工程，沙市最高水位将达 44.4 m，接近保证水位 45 m，城陵矶将达 34.2 m，接近保证水位 34.4 m，汉口水位将达 28.1 m，超警 0.8 m，九江水位将达 21.0 m，超警 1.0 m，大通水位将达 14.7 m，超警 0.3 m，长江中下游干流将全线超警，且中游河段各站水位开始超警时间大大提前，持续时间显著增长，防汛消耗的人力物力财力将明显增大。三峡水库通过科学调度，降低了长江中下游干流河段水位 0.1～3 m，有效避免了上游洪峰与中下游洪水叠加给沿岸人民造成的安全威胁，缓解了中下游地区的防洪压力，发挥了防洪工程的巨大效益(邹冰玉，2011)。

（3）2011 年洪水

2011 年汛期长江上游发生 5 次入库洪峰流量大于 35000 m^3/s 的洪水过程，三峡水库均拦洪削峰，累计拦蓄洪水水量 247 亿 m^3，其中 9 月中下旬的秋汛洪水中，三峡水库拦蓄洪水 105.2 亿 m^3，最大入库流量 46500 m^3/s，经过水库拦蓄后出库流量最大 21100 m^3/s，削峰率达到 55%，相应降低沙市洪峰水位 5.5 m 左右，若三峡水库不拦蓄，沙市洪峰水位(42.8 m)将接近警戒水位(43 m)。三峡水库拦蓄洪水，有效减轻了荆江河段的防汛压力，降低了长江中下游干流的水位。本次三峡入库洪水过程，适逢汉江丹江口水库上游发生秋季洪水，经丹江口水库调蓄后的洪峰 9 月 21 日到达仙桃河段，使仙桃水位超过保证水位、杜家台闸前水位超过校核水位、仙桃河段的流量超过汉江中下游河段设计安全泄量，为减轻下游的防洪压力和保证杜家台闸的自身安全，运用了杜家台分洪区洪道分流部分洪水，经过分析计算，三峡水库通过削峰调度仅下泄 21100 m^3/s，降低了长江中下游汉口河段水位约 2.6 m 左右，有利于汉江下游东荆河、杜家台分流的行洪能力，有利于缩短汉江下游高水位持续时间。

（4）"2012.7"洪水

2012 年 7 月长江流域连续发生了 4 次编号洪水过程，其中长江 1 号、2 号、4 号洪峰均发生在长江上游，长江 1、2 号洪峰先后形成过程中，三峡水库入库流量洪峰分别为 56000 m^3/s、55500 m^3/s，在三峡水库拦洪削峰作用下，中游河段各站最高水位均未超警，但已处于较高水位；7 月下旬，主要受洞庭湖来水影响(同时三峡水库维持 38000 m^3/s 下泄)，长江 3 号洪峰在中游城陵矶河段形成，监利—城陵矶河段出现超警洪水，7 月 24 日通过城陵矶河段，城陵矶（七）、城陵矶（莲）水位分别为 33.13 m(7 月 23 日 21 时)、33.03 m(7 月 24 日 03 时 30 分)；长江 4 号洪峰形成过程中，上游干支流洪水发生了严重遭遇，干流宜宾—寸滩河段水位全线超保证,朱沱河段水位流量均超历史,接近 50 年一遇,寸滩站洪峰流量 67300 m³/s,为 1981 年以来最大。

长江 4 号洪峰三峡水库最大入库流量达到 71200 m³/s(7 月 24 日 20 时),出现了成库以来最大洪水过程,最大下泄流量 44100 m³/s,削峰率约 40%。三峡水库对长江 1、2、4 号洪峰不同程度削峰调度,累计拦蓄洪水约 136 亿 m³,三峡水库调洪最高库水位达到 163.11 m,沙市水位未超警,充分发挥了拦洪削峰作用。通过计算分析,若没有三峡工程,沙市最高水位将达 44.6 m,接近保证水位(45 m),城陵矶(莲)水位将达 34.6 m,超保证水位(34.4 m)0.2 m,长江中游干流将全线超警,城陵矶河段将超保证,并出现长江 4 号洪峰过程直接在 3 号洪峰上继续叠加的严峻防洪形势。

近几年的调度实践表明,三峡水库的防洪减灾效益显著,对长江中下游尤其是荆江河段的防洪发挥了十分重要的作用。

2.1.2.4 三峡工程防洪调度三原则

三峡工程是治理和开发长江的关键性骨干工程,具有防洪、发电、改善航运及调节水资源等巨大的综合效益。近几年的中小洪水调度,三峡工程发挥了重要的防洪减灾作用,蔡其华(2012)认为,做好三峡工程防洪调度,必须把握防洪、走沙和河道正常发育三个关键。

一是有效减轻中下游防洪压力。三峡工程是保证长江防洪安全的关键,三峡水库设计核定的汛期限制水位为 145 m(以下),防洪控泄要求是枝城流量(低于)56700 m³/s。近几年实际都是在 56700 m³/s 以下进行了拦蓄洪水调度,所承担的责任和风险非常大。由于长江汛期持续时间长,且长江上游大洪水大多发生在 7 月下旬至 8 月上旬,对于长江干流警戒水位以下的洪水,在未出现较大险情时,尽可能依靠河道下泄,使三峡水库留有一定的防洪库容以防御可能发生的大洪水。

二是有效减少泥沙淤积。三峡水库调度一定要充分考虑排沙,在长江中下游出现防洪紧张局面时要实施三峡水库拦洪调度,减轻中下游防洪压力;在中下游没有防洪需求时,要加大水库泄量排浑走沙,减少泥沙淤积,保留水库的有效库容,充分发挥工程的综合效益,实现防洪、减淤、生态等方面的多赢。

三要有效保证河床正常发育和河道维护。维护河床的正常发育与河道泄流能力,要求在水库调度中充分考虑对河床演变起主导作用的造床流量(即平滩水位相应的流量),并适当利用汛期洪水,泄放超过平滩水位的流量,以免长期洪水不上滩,造成河床萎缩,影响河道的泄流能力。因此,要充分利用汛期蓄清排浑,消落期调整泄流、控制下泄、人造洪峰等方式,通过调整出库水流的含沙量和流量过程,尽量减少水库淤积,也降低水库下游河道的冲刷程度,尽量走水走沙,促进河床正常发育和河道维护。

2.2 三峡工程的供水效益

长江流域平均降水量 1067 mm,年降水总量 19200 亿 m³。有 9610 亿 m³ 形成径流入海,径流深为 526 mm。约有 50% 的降水蒸发和入渗(流域平均蒸发为 541 mm)。长江流域干旱指数约为 0.5,属于湿润区。但降水分布很不均匀,呈南高北低、东高西低之势。降水量在时间分布上也不均匀,大部分集中在每年 5—10 月份(约占 70%)。如果 7—8 月份出现伏旱,气温高、蒸发强度大,许多丰水的地方也会严重缺水(黄薇等,2004)。

通过分析长江中下游五省 1470—2009 年历史干旱事件的发生频次、时间以及旱灾造成的经济损失等方面资料,长江中下游五省旱情旱灾呈现如下特点(张海滨等,2011):

(1)发生频次高,且呈增长趋势,面临极端干旱的威胁。由于干旱是天气异常所导致的一种复杂的自然现象,目前对其规律性还没有完全认识清楚。然而从一个区域的长期观察中,还是有其统计规律可循。根据 1470—1990 年长江中下游五省的历史干旱资料分析,干旱事件平均 2.1 年发生一次,严重以上干旱事件平均 7～8 年发生一次,特大干旱平均约 20～23 年发生一次。近 20 年,随着经济社会的快速发展、城镇化进程加快和全球气候变化等,干旱灾害发生频次明显增加,且呈现日益加重趋势,极端干旱的威胁越来越大。

(2)干旱持续时间长,甚至出现连年干旱,夏秋旱多发。长江中下游五省以夏秋旱最为频繁,夏秋旱出现次数占全部受旱次数的 80% 以上,其次是春、夏连旱,少数出现春、夏、秋甚至四季连旱。从连续受旱时间来看,以连续受旱 3～4 个月较为常见,主要集中在 5—8 月,约占全部受旱时间的 60%。较严重的旱灾,一般少则历时 2～3 个月,多则 4～5 个月,甚至长达 1 年。据历史资料记录,长江中下游五省均出现过持续 2 年以上的全省性旱灾,江苏省 1638—1641 年连续 4 年发生较为严重的旱灾,江西省甚至出现 1662—1666 年连续 5 年全省性大旱灾。

(3)受旱面积大,农业因旱受灾率呈上升趋势。随着灌溉面积不断扩大,农业用水的要求大幅度提高,加上城市生活和工业用水对农业用水的挤占,农业受旱范围扩大,农业因旱受灾率(农作物因旱受灾面积占农作物播种面积的比例)呈明显上升趋势。1949—2009 年农业因旱受灾率平均约为 9.2%。其中,1949—1989 年农业因旱受灾率平均约为 8.4%,而 1990—2009 年农业因旱受灾率上升至 11% 左右,农业因旱受灾率超过 15% 的有 1959 年、1961 年、1986 年、1988 年、1990 年、1992 年、2000 年和 2001 年,可见近 20 年农业因旱受灾率明显上升。

在三峡水库建成以前,长江中下游也频繁出现干旱,长期生产实践中,人们积累了大量抗旱的经验,除了特别严重的干旱,绝大多数干旱是可以通过采取各种措施,将损失降到可以接受的程度。三峡水库建成后,社会就对其解决干旱问题寄予了厚望,使本来当地可以采取综合措施解决的问题,也将希望寄托予三峡水库。目前,长江中下游地区希望三峡水库通过调度解决的主要干旱或者低水位问题有以下几个区域(陈进,2010):

(1)在洞庭湖区,希望三口入河总水量不减少;在三峡蓄水期,控制城陵矶水位下降幅度和持续时间,使洞庭湖水位保持不明显影响湖区供水安全;当洞庭湖及湘江等支流出现严重低水位,希望三峡加大泄量,维持城陵矶水位,减少入江水量。

(2)在鄱阳湖区,在三峡蓄水期,避免湖口水位明显下降,使鄱阳湖及赣江等支流水位不显著影响供水安全;当鄱阳湖出现严重低水位时,希望三峡加大泄量,维持湖口水位,减少入江水量。

(3)在长江口及上海市,当大通水文站流量小于 10000 m³/s 时,长江口开始出现海水倒灌现象,可能影响河口沿岸地区供水安全,特别是上海市的供水安全,希望三峡水库加大泄量缓解海水倒灌问题。

(4)当长江中下游河道出现影响重要城市供水安全,或者影响航运安全的低水位时,希望三峡加大泄流量。

2.2.1　三峡工程的供水效益

三峡工程供水效益,不仅体现在常规补水期的供水,还体现在特殊枯水年份对其下游地区干旱缺水时的补水作用。近年来,长江流域不同地区多次发生大范围干旱,特别是 2006 年盛夏长江不少断面出现百年一遇的低水位,重庆、鄱阳湖、洞庭湖等地区都出现罕见干旱;2011年春,江苏、安徽、江西、湖北、湖南五省再次出现特大干旱,严重影响受旱地区的社会生产和人畜供水安全。这些问题的出现使长江中下游地区在大力寻找可用水源的情况下,提出需要以三峡水库为龙头的长江上游水库群能够承担起抗旱的任务,在中下游缺水时,希望通过水库调度向下游补水(陈进,2010)。

长江三峡水库经过初期运行实践,国务院现已明确要求在原定初步设计中的防洪、发电及航运三大功能基础上新增加抗旱功能,并与防洪功能并列排在首位。今后三峡水库抗旱调度将成常态,流域防汛抗旱工作的重点也将由传统的防洪调度为主向防汛抗旱调度并重转变,发挥好三峡等水利工程的综合调蓄作用,提高长江流域抗灾减灾整体能力(袁晓宁,2011)。

2.2.2　三峡工程抗旱调度及其效果

三峡水库由于位于长江上游段的末端,从解决干旱问题的最大区域看,为长江流域中下游地区。虽然中下游地区总面积约 80 万 km²,但可以直接解决的区域在 66 m 高程(葛洲坝正常运行水位)以下地区,使直接可供水范围大为减小,主要集中在中下游干支流沿岸地区。从时段上来说,由于三峡水库是季调节水库,汛期(6—9 月)在汛限水位运行,基本没有调节库容,9—10 月份是蓄水期,所以,解决干旱和缺水问题的有效时段为 11 月到第二年的 5 月(陈进,2010)。

几年来,我国受旱区域已由传统的三北(西北、华北、东北)向南方和东部多雨区扩展,长江流域 2006 年、2007 年、2009 年、2011 年均发生了较大范围的严重旱情。尤其是三峡水库的蓄水和水量调度,引起了党中央、国务院领导的高度重视和社会各界的极大关注。2009 年 8 月,湖南、湖北两省出现严重旱情。9 月以后,长江干支流来水偏少,中下游干流出现历史同期罕见枯水位,洞庭湖、鄱阳湖地区出现较为严重的旱情。长江防总按照国家防总、水利部的统一部署,积极应对、加强会商,及时调整三峡水库蓄水计划,加大三峡水库下泄流量,首次对三峡及其上游主要大型水库(水电站)实施枯水期水量统一调度,有效缓解了长江中下游干流及湖区水位快速下降的趋势。

2011 年 1 月 1 日至 5 月 31 日,汉江流域、洞庭湖流域、鄱阳湖流域以及安徽和江苏两省1—5 月的降水量分别为 164.6 mm、342.3 mm、440.1 mm、216.6 mm 和 147.7 mm,比多年平均(1950—2010 年)同期降水量减少 32%～54%;除汉江流域外(汉江流域同期最小降水量为2000 年的 155 mm,2011 年同期降水量排倒数第三)均为近 61 年同期降水量的最小值。长江中下游地区 2011 年 1—5 月的降水量 231.7 mm,较多年平均同期降水量减少 57%,比同期降水量倒数第二的 360 mm(1997 年)还少 36%。表明 2011 年 1—5 月长江中下游地区降水量异常偏少,这是导致该年长江中下游地区大范围干旱的根本原因。

2011 年 5 月 7 日,三峡水库紧急启动了抗旱应急调度。此后 3 d,水库的下泄流量将维持在 7000 m³/s 左右,比长江上游来水要高出 1500 m³/s。湖北省正遭遇 50 年来罕见冬春连旱,受灾地市纷纷展开抗旱自救工作,多座水库放水灌溉。此外,南方多省的旱情也影响到了长江下游航道的通航,通航水深逼近最低维护标准。至 2011 年 5 月底,仅三峡水库累计向下游补水 208 亿 m³,其中 5 月初以来补水 56 亿 m³,最大下泄流量为 12000 m³/s,比同时入库流量大很多,用于其下游的抗旱补水,为长江中下游,特别是两湖地区的抗旱提供了非常可贵的水源,作用是显著的。

三峡工程的防洪抗旱减灾效益突出。长江流域历史上就是水旱灾害十分频繁的地区,三峡工程蓄水运用以来综合效益十分显著。尽管三峡工程的设计主体目标为防洪、发电和航运,但是由于三峡水库具有较大的库容调蓄空间,三峡工程的抗旱作用依然非常突出。2011 年长江中下游发生特大干旱。三峡工程通过科学调度,及时为下游补充水量 200 多亿 m³,缓解了湖北、湖南、江西等地的旱情,并在保障长江航运安全方面发挥了积极的作用(万海斌,2011)。对于三峡承担向下游补水的时候,给予我们以下提示:

(1)三峡下泄水流到达目标地需要一定的时间,不是马上就可以发挥抗旱作用,这对旱情的预警和预报时间提出了更高的要求,否则消耗过多的水而发挥作用有限。

(2)要使抗旱达到一定的目标,加大泄量需要持续一段时间才会有效果,如要三峡承担长江口压咸任务,至少需要连续增泄很长时间才能看出效果;

(3)抗旱调度需要的水量比较大,可能对三峡发电影响较大,而向下游补水抗旱的效果评估难度大(陈进,2010)。

未来三峡库区会怎么样,还有很多科学上的不确定性,预测未来 20 年气温还会继续升高 0.5～0.8℃,平均降雨量上游会增加,中下游会有所减但是幅度为 5%～10%。所以干旱的趋势,未来还会增加,包括长江下游的干旱频率也会增加,三峡工程在未来的防洪抗旱减灾方面的作用会越来越大(郑国光,2011)。

2.2.3　三峡工程抗旱对其他目标的影响

由于长江的水量巨大,三峡水库的防洪库容和兴利库容有限,三峡水库季调节的基本特性不可能改变,所以,三峡水库抗旱调度对于防洪和走沙影响不大,因为汛期三峡基本上按防洪调度,基本没有调节库容,除了洪峰到来,一般按来水下泄。对于航运,如果在枯季短时间内动用兴利库容加大发电下泄流量,对于下游航运一般是有利的,但对于三峡库区和重庆港,可能存在不利影响,因为到枯季末期,如果水位降到 155 m 以下,可能影响航运保证率(陈进,2010)。

抗旱调度对于电网稳定运行和发电影响比较明显,因为目前的兴利库容的设计并没有直接考虑向中下游增加泄量及抗旱调度运行方式。影响有以下几方面:

(1)影响最大的是电网发电和用电计划需要根据干旱的发展不断变化。枯期三峡水库的水是非常宝贵的资源,不可能采用弃水的方式向下游泄水,而是通过增加发电机组向下游泄水,加大泄量,必须调整发电计划。如果频繁改变发电计划,容易影响电网稳定安全运行。

(2)由于枯季来水量少,而且来水的随机性,三峡电站在整个枯期,特别是枯期后期(3—4月)十分依赖 165 亿 m³ 的兴利库容,前期库容使用多了,必然影响后期发电能力和发电保证率,可能使三峡发电达不到设计发电计划,损失发电效益(陈进,2010)。

2.3　三峡工程的节能减排功能及其效果

一些发达国家,特别是欧盟各国把减排承诺实现的希望寄托在可再生能源开发上,希望以大规模的可再生能源替代常规的化石能源,达到温室气体减排目标。这必将对包括水电在内的可再生能源的发展产生积极而深刻的影响。水电是最重要的可再生能源,水能具有资源量丰富、开发利用技术成熟、经济性能好、具有大规模商业化可能性以及能源保障能力高等特点,且利用水能资源的水电工程一般兼具防洪、发电、供水、航运等综合效益。实践证明,水电的利远远大于弊。正因为如此,世界各国都在积极开发水能资源,大力发展水电。

面对日趋强化的资源环境约束,树立"绿色、低碳"发展理念,以节能减排为重点,加快构建资源节约、环境友好的生产方式,是我国走可持续发展道路的基本要求。而我国仍然是世界上少数几个以煤炭为主要能源的国家之一,煤炭在我国能源结构中占有很大的份额,根据国家统计局统计数据显示,2010年我国能源消耗总量为324939万t标准煤,煤炭占能源消费总量的68%,石油占19%,天然气占4.4%,水电、核电、风电等清洁可再生能源仅占8.6%。为了实现到2020年单位国内生产总值二氧化碳排放比2005年下降40%~45%、实现非化石能源消费占15%的目标,大力发展水电在实现我国调整能源结构、节约减排的过程中义不容辞。我国水能资源蕴藏量丰富,但水电开发程度仍然较低,目前,我国是世界上剩余水能资源开发潜力最大的国家之一,剩余水能资源约占全球的20%(李海英等,2010)。

三峡工程是治理和开发长江的关键性骨干工程,2010年三峡工程首次实现175 m试验性蓄水目标,三峡工程的防洪、发电、航运、供水等综合效益全面发挥。本节主要从三峡工程水电在替代煤电,三峡工程蓄水后由于航运条件的改善通过三峡枢纽的船舶单位能耗降低以及水运在替代公路运输等方面出发,分析三峡工程的节能减排作用。

2.3.1 三峡工程发电减排效益分析

三峡电站总装机容量为2250万kW,多年平均发电量达882亿kW·h,是世界上规模最大的水电站(中国长江三峡集团公司,2010,2012)。按照工程规划,三峡电站发出的电力送往华中电网、华东电网、南方电网,涉及湖北、湖南、河南、江西、安徽、江苏、浙江、广东和重庆、上海的8省2个直辖市,其产生的直接效益可以减少上述地区对火电等的依赖,降低煤炭等化石能源的消耗,从而可以降低温室气体等的排放。

表2.1 三峡工程2003—2011年发电量统计

年份	发电量(亿kW·h)	节约标准煤(万t)	减排CO_2(万t)
2003	86.07	287	717
2004	391.55	1304	3260
2005	490.90	1635	4087
2006	492.49	1640	4100
2007	616.03	2051	5128
2008	808.10	2691	6727
2009	798.53	2659	6648
2010	843.70	2810	7024
2011	782.93	2607	6518
总计	5310.3	17683	44208

注:三峡工程发电量数据来源于中国长江三峡集团公司《环境保护年报》(2007—2011)。

表 2.1 为截至 2011 年 12 月 31 日,三峡工程逐年发电量统计。三峡工程自 2003 年 7 月首批机组发电以来,至 2011 年 12 月 31 日累计发电量 5310.3 亿 kW·h(含电源电站)。根据 CO_2 排放量计算公式:

$$W_{CO_2} = Q \times E_{ce} \times EF$$

式中,W_{CO_2} 为 CO_2 排放量(t);Q 为发电量(亿 kW·h);E_{ce} 为供电煤耗,取 2010 年中国电力企业联合会公布平均值,33300 $t_{(ce)}$/(亿 kW·h);EF 为标准煤的 CO_2 排放系数,取国家发改委的公布值,2.5 $t_{(CO_2)}/t_{(ce)}$。三峡工程累计发电量(至 2011 年 12 月 31 日)相当于节约标准煤 17683 万 t,减少 CO_2 排放约 44208 万 t。

2008 年,三峡水库开始实施 175 m 水位试验性蓄水,同年 11 月初三峡大坝坝前水位最高达到 172.8 m(中国长江三峡集团公司,2009),同年 10 月,三峡电厂 26 台发电机组全部实现并网发电,三峡工程开始全面发挥其发电效益。2009 年,除地下电站和国家批准缓建的升船机外,三峡工程初步设计建设任务如期完成,通过了 175 m 蓄水前验收,由以建设为主转入运行为主的阶段;2010 年,三峡工程成功试验性蓄水至 175 m,由此标志着三峡工程防洪抗旱、发电、航运、供水等综合效益全面发挥。由表 2.1 可见,2008 年,三峡工程年发电量达到 808.10 亿 kW·h,相当于节约标准煤 2691 万 t,减排 CO_2 6727 万 t;到了 2010 年,三峡工程发电量达到历史最高值 843.7 亿 kW·h,相当于节约标准煤 2810 万 t,减排 CO_2 7024 万 t。

图 2.1 为三峡工程自 2003 年首批机组投产以来至 2011 年 12 月逐年发电量以及 CO_2 减排量统计,随着三峡电厂发电机组逐步投入运行,三峡工程发电量逐年增加,相应的 CO_2 减排效益也逐渐增强。

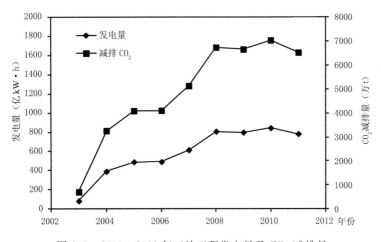

图 2.1　2003—2011 年三峡工程发电量及 CO_2 减排量

表 2.2 统计了 2003—2010 年我国能源消耗情况,总的来说我国能源消耗呈逐年递增的趋势,相应地 CO_2 排放当量也呈增长趋势。根据我国国家统计局统计,在我国的能源消耗中,煤炭、石油、天然气等化石能源消耗占到能源消耗总量的 90% 以上,水电、核电、风电三者消费总和所占比重不到全国能源消耗总量的 10%。截止到 2011 年,三峡工程发电减排 CO_2 量累计 44208 万 t,其发电减排量对全国 CO_2 排放减排贡献率为 0.72%。

表 2.2　2003—2011 年我国能源消耗与 CO_2 排放当量统计

年份	能源消耗总量 （万 t 标准煤）	CO_2 排放当量 （万 t）	三峡工程 CO_2 减排量（万 t）	三峡工程发电 减排贡献率（%）
2003	183792	459480	717	0.16
2004	213456	533640	3260	0.61
2005	235997	589993	4087	0.69
2006	258676	646690	4100	0.63
2007	280508	701270	5128	0.73
2008	291448	728620	6727	0.92
2009	306647	766617	6648	0.87
2010	324939	812347	7024	0.86
2011	348000	870000	6518	0.75
总计	2443524	6108658	44208	0.72

注：我国能源消耗总量数据来源于《中国统计年鉴 2011》。

2.3.2　三峡工程航运减排效益分析

三峡枢纽通航前历史最大货运量仅为 1800 万 t/a，而三峡工程蓄水通航后，随着航运条件的改善，通过三峡枢纽的货物年通过量逐年增加（图 2.2）。2011 年通过三峡枢纽区段的货运量达到 10997 万 t，这是自 2003 年 6 月 18 日三峡工程蓄水通航以来年货运量首次突破 1 亿 t，与三峡枢纽通航前历史最大年货运量 1800 万 t 相比增加了 9197 万 t，增幅达到 511%。通过统计资料分析，自 2003 年三峡工程蓄水通航后至 2011 年，通过三峡枢纽的货运量年均增长约为 16.6%。

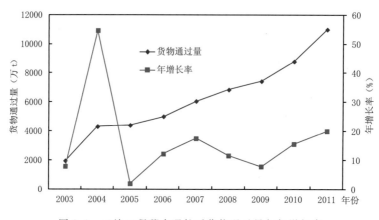

图 2.2　三峡工程蓄水通航后货物通过量与年增长率

中国长江三峡集团公司数据显示，三峡工程蓄水前葛洲坝船闸投运后的 22 年间，即 1981 年 6 月至 2003 年 6 月，通过船闸货运量共计 2.1 亿 t，而从三峡工程蓄水通航后的 2006 年至

2011 年 12 月 25 日,通过三峡枢纽区段货运量超过 5.5 亿 t,这为三峡工程蓄水前 22 年总货运量的 2.6 倍。统计资料显示,2003—2011 年三峡枢纽货运量与历史最大货运量相比累计增加了 39576 万 t。根据交通部统计资料分析,水路运输的单位能源消耗要比公路运输的单位能源消耗低,2005 年公路运输货车能源消耗强度为千吨每千米柴油 60L,折合成标准煤千吨每千米为 73.6 kg(柴油密度按 0.84 kg/L 计,折算系数取 1.46 kg ce/kg 柴油)。而三峡工程蓄水后船舶的千吨每千米平均单位能耗为 3.1 kg ce(中国长江三峡集团公司,2010)。三峡水库蓄水后可改善库区航道里程 570~650 km,如果按照改善航程 600 km 计算,2003—2011 年通过三峡枢纽增加的货运量与替代公路运输相比相当于节省标准煤 1674.1 万 t,减少 CO_2 排放 4185.1 万 t(表 2.3)。

表 2.3　三峡工程蓄水通航后替代公路减排量统计

年份	通过三峡枢纽货运量(万 t)	与通航前历史最大值相比增加货运量(万 t)	三峡船闸通航率(%)	替代公路运输能耗减排量(万 t)	CO_2 减排当量(万 t)
2003	1954	154	94.57	6.5	16.3
2004	4308	2508	96.1	106.1	265.2
2005	4393	2593	98.91	109.7	274.2
2006	5000	3200	84.73	135.4	338.4
2007	6057	4257	81.76	180.1	450.2
2008	6847	5047	98.05	213.5	533.7
2009	7426	5626	96.47	238.0	594.9
2010	8794	6994	95.88	295.8	739.6
2011	10997	9197		389.0	972.6
总计	55776	39576		1674.1	4185.1

注:通过三峡枢纽货运量数据来源于中国长江三峡集团公司《环境保护年报》(2006—2011)、三峡工程阶段性评估报告(中国工程院三峡工程阶段性评估项目组,2010),2003—2010 年三峡船闸通航率数据来源于《2010 中国水力发电年鉴》(2011)。

另一方面,由于三峡工程的修建,随着水运优势的日益体现,三峡库区过闸船舶呈现大型化、标准化的明显趋势。根据 2010 年中国水力发电年鉴统计资料(2011),2003—2010 年,500 t 级以下过闸船舶艘次比例由 50.3% 下降至 10.49%,2000 t 级以上船舶比例上升到 39.7%;三峡船闸每闸次的货运量已由 3140 t 提高到 8377 t,单船装载由 472 t 提高到 1314 t;另外,三峡船闸自运行以来,年均通航率保持在 94%~98% 的水平,高于其设计值 84.13%。三峡船闸通过能力和通过效率的提高,进一步降低了船舶运输成本和单位能耗,根据中国长江三峡集团公司相关数据分析,三峡库区蓄水前(2002 年)船舶平均的千吨每公里单位能耗为 7.6 kg ce,而蓄水后(2008 年)三峡库区船舶的千吨每公里平均单位能耗为 3.1 kg ce。由于蓄水后船舶单位能耗的降低,截至 2011 年底,累计通过三峡枢纽货物量达到 55776 万 t,相当于节省标煤 150.5 万 t,减少 CO_2 排放 376.6 万 t(表 2.4)。

表 2.4 三峡工程蓄水后降低单位能耗减排量统计

年份	能耗统计(万 t ce)		能耗减少量	CO_2 减排当量
	蓄水前标准计算	蓄水后标准计算	(万 t ce)	(万 t)
2003	8.9	3.6	5.3	13.2
2004	19.6	8.0	11.6	29.1
2005	20.0	8.2	11.8	29.7
2006	22.8	9.3	13.5	33.8
2007	27.6	11.3	16.3	40.9
2008	31.2	12.7	18.5	46.2
2009	33.9	13.8	20.1	50.1
2010	40.1	16.4	23.7	59.4
2011	50.2	20.5	29.7	74.2
总计	254.3	103.8	150.5	376.6

2.4 三峡工程对社会经济发展的影响

三峡工程对社会经济发展的影响有正反两面。三峡工程在防洪、发电、改善航运和调节水资源等方面发挥了巨大的社会经济效益,尤其在发电方面产生了巨大的清洁能源,三峡工程累计发电量(至 2011 年 12 月 31 日)相当于节约标准煤 17683 万 t,减少 CO_2 排放约 44208 万 t。除了发电、减排带来的成本与资源节约效应之外,三峡工程对长江流域地区乃至全国社会经济发展具有积极的推动作用。但是,三峡工程在发挥巨大社会经济效益的同时,也产生了一些负面的影响,主要不利影响包括库区生态环境问题和移民社会问题等。总的来说,三峡工程对社会经济的有利影响大于不利影响,国家目前正在采取有力措施尽力减少和弱化三峡工程带来的不利影响,使三峡工程社会经济综合效益得到最大限度的发挥。

2.4.1 三峡工程在防洪、发电、改善航运等方面的社会经济效益

长江流域与全国一样,地区发展不平衡,目前长江流域经济中心在长江中下游地区尤其是下游地区,而各种资源主要分布在中上游地区,并主要集中在上游地区,呈现出两个反向梯度。三峡工程位于长江上游与中下游的交界处,建设规模大,防洪、发电、航运等综合效益巨大,三峡工程建设将有效扩大内需,拉动经济增长,改善投资环境,促进长江流域特别是长江重庆至九江地区经济发展,加快经济布局由东部地区向中西部地区的战略转移,缩小长江中上游地区与下游地区发展差距具有重大作用和影响。随着三峡工程建成,防洪、发电、航运等综合效益的发挥,三峡工程对该地区经济社会发展的促进作用将更加显著(邱忠恩,2003)。

防洪效益 长江中下游平原区是长江流域乃至全国的精华地区,在仅占全流域 7.0%、占全国 1.3% 的面积上,居住着占全流域 23.1%、占全国 7.8% 的人口;生产占全流域 44.6%、占全国 15.9% 的国内生产总值;聚集占全流域 55.33%、占全国 18.39% 的财政收入,在我国经济社会发展中占有极其重要的战略地位,提高该地区防洪安全即是保障和促进经济发展的重大战略措施。从长江的政治经济的地位与洪水泛滥后可能造成的严重影响看,在三峡工程

建成以前,单靠堤防的抗洪能力十分不够,万一发生类似 1870 年这样的特大洪水,局面难以控制,必然造成巨大灾害。三峡工程的建设能使长江洪水威胁的荆江和洞庭湖地区以及下游地区免受洪患,有效保护人民生命财产安全,改善人民生活环境,避免洪灾疫情的蔓延,为长江流域社会经济可持续发展提供了可靠的环境保证。2003 年以来,三峡工程防洪作用不断显现,特别是 2010 年汛期,三峡水库先后进行了 7 次防洪运用,三峡水库出现最大入库流量 70000 m^3/s 的洪水,经调度三峡出库流量控制在 40000 m^3/s 左右,削减洪峰流量 40%,累计拦蓄洪水 264.3 亿 m^3,保证了长江中下游的防洪安全。

发电效益　截至 2010 年 12 月底,三峡水电站累计发电 4527 亿 kW·h。输变电工程累计送出三峡电量 4492 亿 kW·h,对促进华中、华东地区和广东等省(市)的经济发展做出了积极贡献。此外,三峡输变电系统的建设和运行,有力地促进了全国电力联网和西电东送、南北互供格局的形成,提高了电网运行质量和效益,有效地缓解能源短缺与经济高速增长之间的矛盾。三峡电站地处我国腹地,地理位置优越,与国内各大负荷中心相距在 500~1000 m 以内,既可与现有的水电、火电、核电互补,又能大大提高电网运行质量,改善供电结构和供电质量,促进水电滚动开发,实现西电东送。另外,水电是一种清洁、可再生及可持续使用的能源,减少温室气体排放,有利于优化我国能源结构,产生了巨大的社会经济效益。

航运效益　三峡水库蓄水以来,极大地改善了长江航运条件及库区支流航道条件,促进了船舶标准化、大型化,降低了航运成本,拉动了地方经济发展。2010 年,过闸货运量达 7880 万 t,比上年增长 29.4%,是初期运行的 4 倍;其中过闸下行货运量为 4281 万 t。而过去单向通过能力仅为 1000 余万 t。长江历来是沟通我国东南沿海和西南腹地的交通大动脉,自古以来对长江流域经济和文化发展起了重要作用。长江水运作为综合运输系统的组成部分,与其他运输方式相比,具有运能大、能耗小、成本低、占地少、对环境污染轻等特点;水运、铁路、公路、航空、管道 5 种运输形式各有其独自的优势和劣势,互补性很强,从全国或某一个地区来说,只有综合运输才是最经济的,特别是长距离货运。三峡工程与已建成的葛洲坝工程,可渠化重庆以下的川江航道,淹没滩险,改善水流条件,使航道通过能力大大提高,运输成本大幅度降低,航运条件得到根本改善,万吨级船队可直达重庆九龙坡港(邱忠恩,2003)。经过三峡水库调节,可增加宜昌以下的枯水流量,结合河势控制,可改善中游浅滩河段航道条件。因此,三峡工程是实现长江航运目标的战略措施,它的兴建将使长江变为真正的“黄金水道”,将促进西南地区的经济发展,促进西南腹地与沿海地区的经济交流。

2.4.2　全球气候变化背景下,三峡工程在应对气候变化方面的积极意义

对水电的认识,有必要在全球气候变化的背景下重新审视(潘家华,2010)。温室气体减排,低碳发展,已经是大势所趋,势在必行。发展低碳经济为加速开发利用水电提供了契机。在全球气候变化的背景下,对水电发展需要重新思考。

中国已经向全世界明确承诺,相对于 2005 年水平,单位 GDP 二氧化碳排放在 2020 年下降 40%~45%,非化石能源消费总量的比例提高到 15%。综合考虑资源、技术、经济性因素,即使按目前的初步规划,到 2020 年我国非水能可再生能源达到 2 亿 t 标煤,其中风电、太阳能和生物质能发电规模分别达到 1.5 亿 kW、2000 万 kW 和 3000 万 kW,合计折标煤约 1.3 亿 t,这也意味着到 2020 年我国核电规模必须达到 7000 万 kW 以上,折标煤为 1.6 亿 t,并确保水电开发规模约 3 亿 kW,折标煤为 3.1 亿 t,否则就要超常规发展其他可再生能源。如果大力

开发水电,不仅可以做到无碳而减少排放,更重要的是能保障我国经济正常发展的能源需求。

三峡工程累计发电量(至 2011 年 12 月 31 日)相当于节约标准煤 17683 万 t,减少 CO_2 排放约 44208 万 t,发展水电不仅是满足我国当前城市化、工业化对廉价稳定能源的需求,而且也是应对气候变化有效的工程性措施,需要加快开发利用的进程。

2.5　小结

(1)三峡工程的防洪作用是对长江上游洪水进行调控,使荆江河段防洪标准达到百年一遇,百年一遇至千年一遇洪水,包括类似 1870 年洪水时,控制枝城站流量不大于 80000 m^3/s,配合分蓄洪区的运用保证荆江河段行洪安全,避免南北两岸干堤溃决发生毁灭性灾害,减轻中下游洪灾损失和对武汉市的洪水威胁;根据城陵矶地区防洪要求,考虑长江上游来水情况和水文气象预报,适度调控洪水,减少城陵矶地区分蓄洪量。

三峡工程在近几年的洪水调度中,依据准确的水文气象预报成果,及时拦蓄洪水,有效地削峰、错峰,减轻中下游干流沿线防洪压力,发挥了重要的防洪作用。

三峡工程自建成运行以来,能有效地调控长江上游洪水,错开长江上游与中下游洪水的峰期,减轻中下游防洪压力。其中,2010 年汛期,三峡最大入库流量 70000 m^3/s 的洪水,通过科学调度,控制三峡出库流量 40000 m^3/s,削减洪峰流量 40%,拦蓄水量约 80 亿 m^3,使荆江河段沙市水位控制在警戒以下。2012 年长江 4 号洪峰三峡水库最大入库流量达到 71200 m^3/s,出现了成库以来最大洪水过程,水库最大出库流量 44100 m^3/s,避免了长江中游干流将出现全线超警的严峻防洪形势。

(2)三峡工程的供水效益,不仅体现在常规补水期的供水,还体现在对其下游地区干旱缺水时的补水作用。三峡水库自 2003 年 6 月蓄水以来,适逢长江流域不同地区多次出现大范围的严重干旱事件,三峡工程的防洪抗旱减灾效益突出。其中,2009 年 9—10 月期间,长江中下游出现较严重的旱情,长江防总对三峡及其上游主要大型水库(水电站)实施枯水期水量统一调度,加大三峡水库下泄流量,有效缓解了长江中下游干流及湖区水位快速下降的趋势。2011 年冬春季长江中下游发生大范围干旱,三峡水库紧急启动抗旱应急调度,及时向下游补充水量 200 多亿 m^3,有效缓解了湖北、湖南、江西等地的旱情,并在保障长江航运安全方面发挥了积极的作用。

(3)三峡电站总装机容量为 2250 万 kW,多年平均发电量达 882 亿 kW·h,是世界上规模最大的水电站。其产生的直接效益可以减少上述地区对火电等的依赖,降低煤炭等化石能源的消耗,从而可以降低温室气体等的排放。截至 2011 年 12 月 31 日累计发电量 5310.3 亿 kW·h(含电源电站)。三峡工程累计发电量(至 2011 年 12 月 31 日)相当于节约标准煤 17683 万 t,减少 CO_2 排放约 44208 万 t。三峡库区蓄水前(2002 年)船舶平均的千吨每公里单位能耗为 7.6 kg ce,而蓄水后(2008 年)三峡库区船舶的千吨每公里平均单位能耗为 3.1 kg ce。由于蓄水后船舶单位能耗的降低,截至 2011 年底,累计通过三峡枢纽货物量达到 55776 万 t,相当于节省标煤 150.5 万 t,减少 CO_2 排放 376.6 万 t。

(4)三峡工程在防洪、发电、改善航运等方面发挥了巨大的社会经济效益,尤其在发电方面产生了巨大的清洁能源。在全球气候变化背景下,三峡工程在应对气候变化方面有其积极意义。大力开发水电是应对气候变化有效的工程性措施,不仅可以减少排放,满足我国当前城市化、工业化对廉价稳定能源的需求,更重要的是能保障我国经济正常发展的能源需求。

第 3 章　三峡库区气候演变特征

3.1　三峡库区近 50 年气候变化特征

3.1.1　三峡库区与长江流域基本气候特征

3.1.1.1　三峡库区基本气候特征

三峡库区地处中亚热带季风气候,四季分明、冬季温和、夏季炎热、雨量适中、雨热同季、温暖湿润(杨荆安等,2002;廖要明等,2007)。由于冬、夏季风的交替,气温与降水季节变化明显。

年平均气温 17～19℃,月平均气温的时间分布表现为单峰单谷型,最冷月是 1 月,最热月为 7 月。气温的年较差和日较差都比较小(黄忠恕,1990)。三峡库区温度的空间分布具有相当好的一致性。冬季是我国著名的冬暖中心之一,夏季又是我国的酷暑中心之一(徐之华,2002;邓先瑞等,1996)。

年降雨量 1000～1300 mm,库区年降水量东部多、西部少的分布格局(王梅华等,2002;陈鲜艳等,2009),沿江河谷少雨,外围山地逐渐增多(图 3.1)。冬干夏雨,降水主要集中在仲春到仲秋时段。夏季是全年降水最多的季节,季降水量占全年降水量的比例最高,为 40%～50%,而且又多集中在几次暴雨天气过程中,暴雨日在库区每年平均在 2～4 次。库区月降水量的时间分布表现为单峰型,峰值出现在 6 月,其次是 7 月,4—10 月是库区降水的主要时段,5—9 月份常有暴雨出现,库区西段秋季多连阴雨天气。库区月平均降雨日数的时间分布表现为双峰型。降雨日数的双峰出现在 5 月和 10 月,前峰略高于后峰。5 月平均雨日为 16.7 d。

库区云雾多,日照少,相对湿度较高达 60%～80%,风速普遍较小,年平均风速一般在

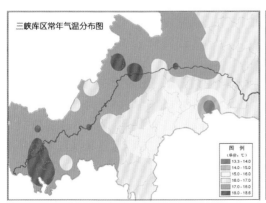
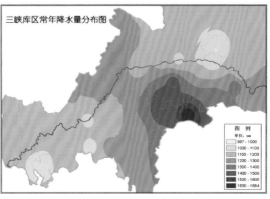

图 3.1　三峡库区常年(1961—2010 年)气温、降水量分布图

1.3 m/s左右,是全国的小风区。

其特殊的地形、地貌条件形成了富有特色的峡谷气候,一是冬季温暖,受地形屏蔽及西南暖舌的共同影响,且河谷地区高山夹峙,下有水垫,易形成逆温层,比同纬度其他地区气温高,1月半均气温3.6~7.3℃,比同纬度长江中下游一带高出3℃以上;二是区域差异明显,气候的空间分布复杂,山区气候垂直差异显著,年平均气温垂直梯度变化率为0.63℃/100 m,海拔1500 m以下属于亚热带气候,海拔1500 m以上的山地其气候类似暖温带;气候类型包括局地河谷南亚热带、中亚热带、山地北亚热带、暖温带、中温带等5种类型。谷地一般夏热冬暖,山地夏凉冬寒,温凉多雨,雾多湿重,并具有阴阳坡气候不同的特点,小气候特征十分明显(周毅等,2005;叶殿秀等,2008);三是温暖湿润,三峡库区中低山地在垂直分层上的水、热量资源配置明显优于我国东部相应纬度水平地带,库区无霜期300~340 d,大于10℃积温5000~6000 ℃·d。除此之外,长江三峡地区的水利资源也相当丰富(曹诗图等,2007)。

3.1.1.2　长江流域基本气候特征

长江流域西源于青藏高原,东临太平洋,其地理位置及大气环流的季节变化,使其大部分地域气候成为典型的亚热带季风季候。冬寒夏热,干湿季分明为其气候的基本特征。

(1)气温

长江流域气候温和,年平均气温一般为12~17℃。其空间分布呈东高西低、南高北低的分布趋势,中下游地区高于上游地区,江南高于江北。江源地区是全流域气温最低的地区。由于地形的差别,形成四川盆地、云贵高原和金沙江谷地等封闭式的高低温中心区。中下游大部分地区年平均气温为16~18℃。湘、赣南部至南岭以北地区达18℃以上,为全流域年平均气温最高的地区;长江三角洲和汉江中下游在16℃附近;而汉江上游地区降至14℃左右;上游地区受地形影响,由四川盆地的16℃降低到源区的−4℃上下。海拔500 m以上的一级阶梯地区,年均气温在10℃以下(图3.2)。长江流域最热月为7月,最冷月为1月,4月和10月是冷暖变化的中间月份。

(2)降水

长江流域多年平均年降水量为1081.9 mm,属于我国降水量较为丰沛的地区之一。但受到环流和下垫面的影响,年降水量的时空分布非常不均匀,容易形成水旱灾害。降水的地区分布呈东南多、西北少的趋势。中下游地区除了汉江水系和下游干流区外,降水量均多于1100 mm。在洞庭湖和鄱阳湖水系年降水量为1300 mm以上,尤其在东南部的鄱阳湖水系大部分地区年降水量可达到1500 mm,而在汉江中上游地区减少为700~1100 mm。上游大部分地区年降水量为600~1100 mm。四川盆地是上游地区的降水高值区,年降水量为1300 mm;江源地区降水量最少为100~500 mm。

时间分配上,冬季(12月至次年2月)降水量为全年最少。月降水量大于100 mm的月份在上游是5—9月(最大降水月为7月),中下游地区是3—8月(最大降水月为6月)。其中,4—5月是春汛期,在东部地区降水量可达到420~600 mm,但在西部104°E最低值只有100 mm左右;6—8月是夏汛期,是全年降水量最多的时期,除金沙江、嘉陵江和汉江上游不足400 mm以外,大部分地区平均雨量在400~700 mm;9—11月,各地降水量逐月减少,大部分地区10月雨量比7月减少100 mm左右。9月的秋汛,尽管雨量相对较少,但在嘉陵江和汉江上游地区仍为全年降水量的次高峰,少数年份秋汛期的雨量能超过夏汛期。

长江流域大部分地区年降水日数在140 d以上,只有西南部和北部局部部分地区在100 d

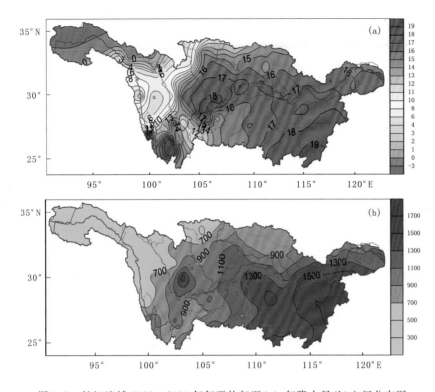

图 3.2 长江流域 1961—2010 年年平均气温(a)、年降水量(b)空间分布图

以下。降水日数呈西北少,中南多的分布,流域中部及南部大部在 160~180 d;俗称"天漏"的四川雅安、峨眉山一带年降水日数最多达 200 d 以上。年降水日数次多的地区是贵州,年降水日数大多超过 180 d。年降水日数最少地区是江源地区,金沙江得荣、攀枝花地区年降水日数不足 120 d。

在中、下游地区,年暴雨日数自东南向西北递减;在上游,年暴雨日数自四川盆地西北部边缘向盆地腹部及西部高原递减;山区暴雨多于河谷及平原。多暴雨区其多年平均年暴雨日数均在 5 d 以上。

(3)日照时数和辐射

长江流域平均年日照时数是全国各地区中最少的,一般在 1500~2000 h(徐明等,2009)。其中,上游地区四川盆地附近为我国日照最少地区之一,年日照时数不足 1000 h。上游地区日照 1—3 月最多,平均每月可达 200 小时以上,而在西南季风盛行的 6—9 月最少,其东部平均每月不足 160 h;中下游地区日照时数在 2—4 月最少,而在伏旱的 7—8 月最多。

长江流域年太阳总辐射为 120~220 W/m²,源区由于海拔高,可达到 200 W/m² 以上。上游地区一般介于 120~220 W/m²。四川盆地全年云量较多,太阳总辐射不足 130 W/m²;中下游地区一般在 120~140 W/m²。从季节平均状况来看,太阳总辐射在夏季最强,冬季最弱,春季强于秋季。

(4)大风、霜冻、雷暴、雾日、相对湿度

年大风日数:长江流域有 3 个大风日数多的地区:一是金沙江渡口以上地区,多年平均年大风日数达 100 余天,其中沱沱河站多年平均年大风日数为 125 d,该大风区延伸到雅砻江的下游,大风日数从 100 余天下减到 40 余天。二是湘江大风区,多年平均年大风日数达 10~25 d。三是长江下游南京以上至鄱阳湖区的长江通道地区,多年平均年大风日数为 10~25 d。长江流域大风较少的地区:一是四川盆地至云贵高原东部,多年平均大风日数只有 1~5 d;恩施地区多年平均大风日数不足 1 d;赣江、修水一带多年平均大风日数为 2~3 d。在长江中下游地区大风主要出现在春夏两季,其他地区则多出现在春季。

年霜日数:长江流域年霜日数最多的地区位于雅砻江中上游、大渡河上游的川西高原上,达 150 d 以上,其中四川色达站多年平均年霜日数达 228.3 d,是全流域霜日最多的地区。通天河地区为 100~200 d,金沙江巴塘至德荣地区,昆明、会理、盐源一带为 70~100。汉江的安康至襄樊段、丹江及唐白河流域、长江下游苏皖地区为 50~70 d。多年平均年霜日数较少的地区是四川盆地。云贵高原、洞庭四水、赣江中上游,多年平均年霜日数在 25 d 以下。流域西部高原地区一年四季均可出现霜,其他地区只在 10 月至次年 4 月才出现霜。

年雷暴日数:长江流域多年平均年雷暴日数的分布特点是南方比北方多,山区比平原多。雷暴最多的地区在流域西部、金沙江丽江至元谋区间及雅砻江流域,多年平均年雷暴日数为 70~90 d,赣江上游、南岭山地为 70~80 d。多年平均年雷暴日数最少的地区是秦岭南部陕西汉中地区及南阳盆地,雷暴日数不足 30 d。云南、贵州及长江中下游地区全年各月均可出现雷暴,其他地区有 8~10 个月可出现雷暴,但流域各地 7 月和 8 月雷暴日数可占全年的 50%~60%。

年雾日数:长江流域是我国多雾的地区之一,整体上西部少,中部多,基本在 40 d 以上。雾主要出现在秋冬季节。多年平均年雾日数达 50 d 以上的多雾地区有 6 处:①四川盆地,其中遂宁站为 99.9 d,重庆为 69.3 d。②湘西、鄂西南地区,其中,湖北恩施站为 53 d,湖南桑植站为 56.6 d。③南岭西部的湘、黔交界处,贵州的铜仁站为 54 d。④湖南平江至江西修水上游一带,平江站为 63 d。⑤金沙江下游屏山至雷波一带,雷波站为 107 d。⑥乌江上游咸宁地区,咸宁站为 76 d。此外,长江三角洲年雾日数可达 30~40 d,上海站多年平均年雾日数为 43.1 d。长江流域年雾日数少的地区位于流域西部西昌至攀枝花地区以及川西高原的平武、小金、甘孜一带,多年平均年雾日数不足 5 d。

长江流域年相对湿度分布趋势与年降水量基本一致,由东南向西北递减。相对湿度较大的地区为洞庭湖水系大部、江西中部、湘西、鄂西山地、四川盆地至云贵高原部分地区,其年平均相对湿度略大于 80%。下游干流南北两岸相对湿度接近 80%。长江中游北岸、嘉陵江、岷江中上游大多在 80% 以下,并继续向北递减至嘉陵江上游的 65% 左右。金沙江横断山脉地区相对湿度等值线与山脉走向大体一致,在巴塘至得荣地区,相对湿度不到 50%,是长江流域相对湿度最小的地区。年最大相对湿度及最小相对湿度出现的季节各地不一,四川盆地大部、三峡地区最大相对湿度出现在秋冬两季,最小相对湿度发生在春季。川西及横断山脉地区最大相对湿度出现在夏季。云贵高原区、长江中下游及两湖地区夏季相对湿度最大,冬季及早春相对湿度最小。三峡库区总体来说相对湿度大,库区整体呈现两头大,中间小且西高东低的格局,特别是库区西段万州至重庆段的年平均相对湿度整体较高。

3.1.1.3 三峡库区与长江流域基本气候特征的异同

三峡库区的年平均气温,高于长江流域的江源地区而与同纬度的长江下游地区持平。月平均气温的时间分布表现为单峰单谷型与长江流域多数地区相同。但气温的年较差和日较差都比较小是三峡库区较为独特的气候特点。冬季温暖,1 月平均气温比同纬度长江中下游一带高出 3℃ 以上。

三峡库区的年降雨量和暴雨日与同纬度的四川盆地和长江中下游(暴雨中心区外)相比,库区的年降雨量偏多但暴雨日偏少。库区月平均降雨日数的时间分布表现为双峰型,这种年变化不仅与长江流域其他大多数地区的单峰型形成明显差异,而且与以大巴山地区为中心的秋雨区的双峰型也不同。

年平均风速普遍比长江中下游平原地区小,但也会出现较大的瞬时风速。

三峡地区最大相对湿度出现在秋冬两季,最小相对湿度发生在春季,与四川盆地大部类似,但与川西及横断山脉地区、云贵高原区、长江中下游及两湖地区夏季相对湿度最大,冬季及早春相对湿度最小不同。

3.1.2　三峡库区与长江流域近 50 年气候变化特征

3.1.2.1　气温变化特征

1961 年以来,三峡库区和长江流域年平均气温整体呈升温趋势(图3.3),变化趋势基本一致,但三峡库区增温幅度最小,每 10 年只增加了 0.06℃,20 世纪 80 年代气温最低,长江流域每 10 年增加 0.2℃,长江中下游的气温增幅略高于上游,且均通过了 0.01 的显著性水平检验;自 1991 年以来,三峡库区和长江流域升温明显,近 10 年气温距平值均为 50 年来最高,三峡库区增幅为0.48℃,长江中下游为 0.8℃为各区域最高(表3.1)。

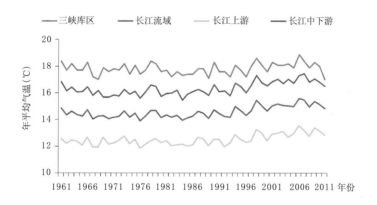

图 3.3　1961—2011 年年平均气温逐年变化

表 3.1　1961—2011 年平均气温年代际变化(距平值:℃)

时间	三峡库区	长江流域	长江上游	长江中下游
1961—1970 年	0.04	−0.05	−0.08	−0.03
1971—1980 年	0.12	−0.10	−0.05	−0.14
1981—1990 年	−0.17	−0.13	−0.12	−0.13
1991—2000 年	0.04	0.22	0.16	0.27
2001—2011 年	0.48	0.75	0.69	0.80
气候倾向率(℃/10a)	0.06＊＊	0.19＊＊＊	0.17＊＊＊	0.20＊＊＊

＊表示通过 0.10 的显著性水平检验,＊＊表示通过 0.05 的显著性水平检验,＊＊＊表示通过 0.01 的显著性水平检验(下同)。

1961年以来,三峡库区四季气温变化各不相同(图3.4)。春季和夏季气温变化不显著,均没有通过0.10的显著性水平检验,20世纪80年代气温最低,夏季气温近10年增加明显;三峡库区秋季和冬季气温变化显著,分别通过0.05和0.01的显著性水平检验,但增幅与长江流域相比最小,秋季每10年增加0.14℃,而长江流域增加了0.21℃,冬季则分别为0.16℃和0.26℃;长江中下游四季气温变化与上游在70年代之前不太一致,之后增减较统一,基本上中下游的变化幅度比上游流域明显(表3.2至表3.5)。三峡库区和长江流域自1991年以来,升温明显,且近10年气温距平值均为50年来最高,升温趋势显著。

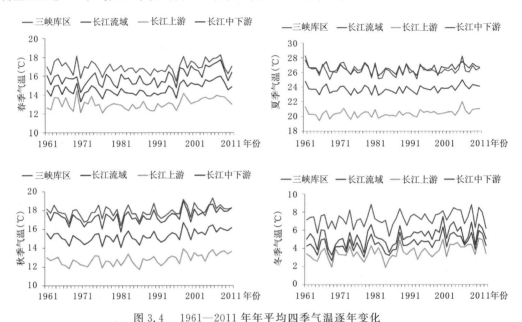

图3.4 1961—2011年年平均四季气温逐年变化

表3.2 1961—2011年年平均春季气温年代际变化(距平值:℃)

时间	三峡库区	长江流域	长江上游	长江中下游
1961—1970年	0.22	0.03	0.14	−0.05
1971—1980年	0.08	−0.07	0.06	−0.19
1981—1990年	−0.14	−0.18	−0.25	−0.11
1991—2000年	0.06	0.25	0.20	0.30
2001—2011年	0.60	0.94	0.69	1.14
气候倾向率(℃/10a)	0.07	0.20***	0.11**	0.27***

表3.3 1961—2011年年平均夏季气温年代际变化(距平值:℃)

时间	三峡库区	长江流域	长江上游	长江中下游
1961—1970年	0.16	0.13	−0.04	0.27
1971—1980年	0.30	0.00	−0.02	0.02
1981—1990年	−0.18	−0.05	−0.09	−0.02
1991—2000年	−0.12	0.05	0.11	0.00
2001—2011年	0.24	0.50	0.44	0.56
气候倾向率(℃/10a)	−0.03	0.08	0.11**	0.05

表 3.4　1961—2011 年年平均秋季气温年代际变化(距平值：℃)

时间	三峡库区	长江流域	长江上游	长江中下游
1961—1970 年	0.06	−0.01	−0.12	0.07
1971—1980 年	−0.02	−0.16	−0.15	−0.17
1981—1990 年	−0.07	−0.05	−0.05	−0.05
1991—2000 年	0.09	0.21	0.20	0.22
2001—2011 年	0.61	0.78	0.71	0.84
气候倾向率(℃/10a)	0.14**	0.21***	0.21***	0.21***

表 3.5　1961—2011 年年平均冬季气温年代际变化(距平值：℃)

时间	三峡库区	长江流域	长江上游	长江中下游
1961—1970 年	−0.25	−0.39	−0.32	−0.44
1971—1980 年	0.01	−0.15	−0.08	−0.20
1981—1990 年	−0.24	−0.22	−0.07	−0.34
1991—2000 年	0.24	0.36	0.16	0.54
2001—2011 年	0.61	0.80	0.93	0.70
气候倾向率(℃/10a)	0.16***	0.26***	0.25***	0.27***

对各流域的年平均气温用 M-K 检验结果显示,气温突变均发生在 21 世纪初,在近 10 年存在一个增温突变阶段。但上游和三峡库区滞后于长江中下游 3 年左右。

3.1.2.2　降水变化特征

1961 年以来,三峡库区和长江流域的年降水量变化趋势均不显著(图 3.5)。三峡库区年降水量 20 世纪 60—90 年代变化均不大,但近 10 年减少幅度最大,减少了 58.2 mm,长江流域在 90 年代降水偏多,其他各年代降水均偏少;长江中下游和上游流域的年降水量年代际变化不太相同,只在 20 世纪 70 年代和近 10 年均为减少,且中下游的变化幅度更大(表 3.6)。

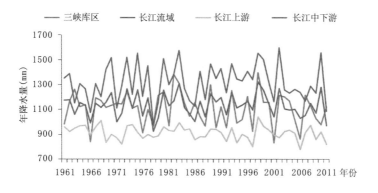

图 3.5　1961—2011 年年降水量逐年变化

表 3.6　1961—2011 年年降水量年代际变化(距平值:mm)

时间	三峡库区	长江流域	长江上游	长江中下游
1961—1970 年	−9.67	−7.36	27.30	−39.53
1971—1980 年	−0.02	−26.25	−6.80	−39.52
1981—1990 年	5.08	−4.01	11.69	−15.11
1991—2000 年	−5.06	30.26	−4.89	54.63
2001—2011 年	−58.24	−22.09	−13.25	−38.16
气候倾向率(mm/10a)	−9.16	−0.17	−9.07	5.12

　　1961 年以来,三峡库区和长江流域四季降水量变化各不相同(图 3.6)。春季和秋季降水量呈减少趋势,其中秋季降水变化更为显著,秋季降水量在 20 世纪 60—70 年代偏多,90 年代开始减少,且近 10 年降水距平值均为 50 年来最低,三峡库区每 10 年秋季降水减少 14.5 mm,大于长江流域的变率,三峡库区夏季呈不显著增加趋势,其中夏季降水量在 60—70 年代偏少,80—90 年代则偏多,但近 10 年呈现减少幅度较大,高于长江流域的变幅;且长江中下游的变幅要大于上游四季降水量的变化,中下游夏季和冬季降水量的变化较为显著(表 3.7 至表3.10)。

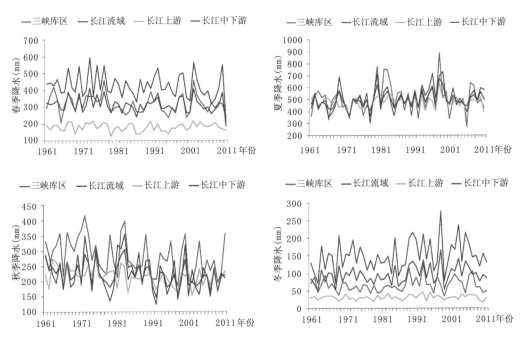

图 3.6　1961—2011 年四季降水量逐年变化

　　图 3.7 给出了 1961—2011 年各区域年降水量的 M-K 突变检验曲线。三峡库区和长江上游变化较为一致,20 世纪 80 年代以前变化不大,80 年代降水增加,到了 90 年代后降水减少;长江流域和长江中下游则表现为 70 年代前为偏少期,80 年代开始降水增多,整个 90 年代表现为明显的增加,这种增加趋势一直持续到 20 世纪末,之后降水呈减少。

表 3.7　1961—2011 年春季降水量年代际变化 (距平值 : mm)

时间	三峡库区	长江流域	长江上游	长江中下游
1961—1970 年	17.40	11.23	5.88	13.66
1971—1980 年	29.89	12.40	8.78	17.47
1981—1990 年	−16.50	−13.86	−2.75	−22.18
1991—2000 年	−13.39	1.46	−6.03	4.71
2001—2011 年	10.71	−1.40	11.50	−17.40
气候倾向率(mm/10a)	−7.37	−6.22	−1.02	−11.76

表 3.8　1961—2011 年夏季降水量年代际变化 (距平值 : mm)

时间	三峡库区	长江流域	长江上游	长江中下游
1961—1970 年	−33.66	−22.52	3.15	−43.99
1971—1980 年	−43.27	−33.65	−29.14	−36.93
1981—1990 年	20.96	−9.98	15.61	−31.53
1991—2000 年	22.31	43.63	13.53	68.46
2001—2011 年	−40.05	−9.93	−12.17	−8.67
气候倾向率(mm/10a)	5.13	11.21*	−0.49	20.63**

表 3.9　1961—2011 年秋季降水量年代际变化 (距平值 : mm)

时间	三峡库区	长江流域	长江上游	长江中下游
1961—1970 年	21.62	13.27	18.85	8.26
1971—1980 年	22.17	0.94	16.23	−12.23
1981—1990 年	−1.87	20.96	−0.89	39.81
1991—2000 年	−20.30	−21.90	−15.34	−27.59
2001—2011 年	−45.53	−24.86	−12.95	−35.07
气候倾向率(mm/10a)	−14.52***	−9.53***	−8.04***	−10.75*

表 3.10　1961—2011 年冬季降水量年代际变化 (距平值 : mm)

时间	三峡库区	长江流域	长江上游	长江中下游
1961—1970 年	1.91	−11.80	−1.38	−21.51
1971—1980 年	−6.89	−3.89	−1.99	−4.77
1981—1990 年	−0.04	−3.03	−0.09	−4.93
1991—2000 年	6.93	6.92	2.08	9.70
2001—2011 年	9.74	11.16	0.09	18.08
气候倾向率(mm/10a)	1.71	4.70**	0.43	7.70**

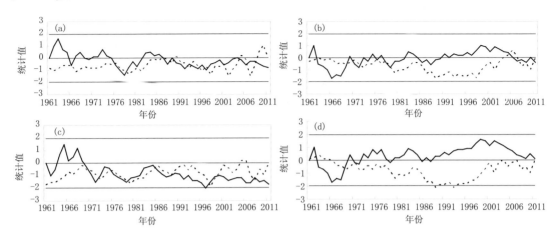

图 3.7 各流域年降水量 M-K 统计曲线(直线为 0.05 的显著性水平临界值)
(a)三峡库区;(b)长江流域;(c)长江上游;(d)长江中下游

3.1.2.3 降水和暴雨日数变化特征

1961 年以来,三峡库区和长江流域年降水日数整体呈显著减少趋势(图 3.8),变化趋势基本一致,三峡库区每 10 年减少 4.4 d,近 10 年降水日数最少。长江中下游和上游流域的变化趋势较为一致,20 世纪 80 年代之前为增加,之后为减少,且中下游的变化幅度更为明显,均通过 0.01 的显著性水平检验,中下游流域在近 10 年来的降水日数减少了 12.4 d,为各流域最多(表 3.11)。

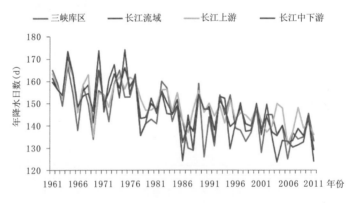

图 3.8 1961—2011 年年降水日数逐年变化

表 3.11 1961—2011 年年降水日数年代际变化(距平值:d)

时间	三峡库区	长江流域	长江上游	长江中下游
1961—1970 年	7.57	8.79	6.14	11.04
1971—1980 年	5.27	6.25	4.83	7.46
1981—1990 年	−2.03	−2.17	−0.89	−3.29
1991—2000 年	−3.23	−4.08	−3.94	−4.17
2001—2011 年	−8.50	−10.76	−8.67	−12.40
气候倾向率(d/10a)	−4.36***	−5.11***	−4.01***	−6.00***

1961 年以来,三峡库区年暴雨日数变化趋势不明显(图 3.9),但近 10 年距平值为最小 (-0.51 d)(表 3.12)。长江流域均没有通过 0.1 的显著性水平检验,变化不明显。

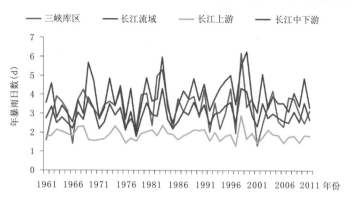

图 3.9　1961—2011 年年暴雨日数逐年变化

表 3.12　1961—2011 年年暴雨日数年代际变化(距平值:d)

时间	三峡库区	长江流域	长江上游	长江中下游
1961—1970 年	-0.30	-0.13	0.05	-0.29
1971—1980 年	-0.16	-0.25	-0.08	-0.39
1981—1990 年	0.13	0.00	0.09	-0.07
1991—2000 年	0.02	0.26	-0.01	0.46
2001—2011 年	-0.51	-0.16	-0.15	-0.21
气候倾向率(d/10a)	0.00	0.05	-0.03	0.10

3.1.2.4　平均风速变化特征

长江流域风速的空间分布呈中间小,两头大的格局,中部风速局部在 1.5 m/s 以下,金沙江流域西部和下游东部达到 3 m/s 以上。三峡库区各站年平均风速普遍较小,是全国的小风区。

1961 年以来,三峡库区、长江流域风速均呈显著减少趋势(图 3.10),三峡库区、长江流域、长江上游、长江中下游年平均风速每 10 年减小幅度分别为 0.04(m/s)/10a、0.08(m/s)/10a、

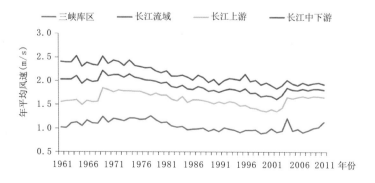

图 3.10　1961—2011 年年平均风速逐年变化

0.03(m/s)/10a 和 0.12(m/s)/10a,三峡库区年平均风速在 20 世纪 80 年代之前几乎都偏大,之后均偏小,年代际距平变化来看,长江中下游和上游的风速变化较为一致,但在近 10 年,中下游的风速减小幅度明显大于上游风速的减小速度,且均通过 0.01 的显著性水平检验(表3.13)。

表 3.13　1961—2011 年年平均风速年代际变化(距平值:m/s)

时间	三峡库区	长江流域	长江上游	长江中下游
1961—1970 年	0.06	0.15	0.01	0.27
1971—1980 年	0.14	0.16	0.15	0.18
1981—1990 年	−0.04	−0.04	−0.01	−0.05
1991—2000 年	−0.10	−0.13	−0.13	−0.13
2001—2011 年	−0.06	−0.12	−0.03	−0.20
气候倾向率(m/s/10a)	−0.04***	−0.08***	−0.03***	−0.12***

3.1.2.5　相对湿度变化特征

1961 年以来,三峡库区和长江流域相对湿度变化趋势基本一致,且 21 世纪以来降低明显;但与长江流域相比,三峡库区下降趋势较缓慢(图 3.11),这与三峡水库 2003 年开始蓄水后其水域面积增加以及平均气温变幅小有关。

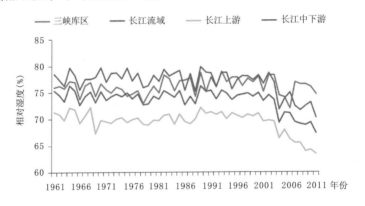

图 3.11　1961—2011 年年相对湿度逐年变化

3.1.2.6　雾变化特征

1974 年以来,三峡库区和长江流域年雾日数均呈下降趋势。但与其他流域相比,三峡库区下降趋势较缓慢(图 3.12)。水汽是雾形成的一个重要条件,而湿度的变化是影响雾发生的一个重要原因,库区相对湿度与雾日数有比较一致的变化特征。

3.1.2.7　三峡库区与长江流域近 50 年气候变化特征关系分析

1961 年以来,三峡库区和长江流域年平均气温整体均呈升温趋势,变化趋势基本一致,且库区和流域近 10 年气温距平值均为 50 年来最高,但三峡库区增温幅度为每 10 年 0.06℃低于长江流域的 0.19℃;三峡库区和长江流域的年降水量变化趋势均不显著,三峡库区年降水量 20 世纪 60—90 年代变化均不大,但近 10 年减少幅度最大,减少了 58.2 mm,长江流域在90 年代降水偏多,其他各年代降水均偏少;库区和长江流域年降水日数的变化均呈减少趋势,

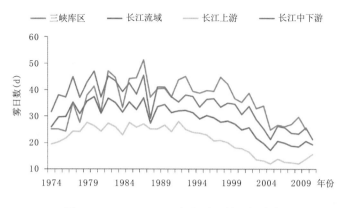

图 3.12　1961—2011 年年雾日数逐年变化

且近 10 年降水日数最多,每 10 年减少的日数长江流域比库区多 1 d,年暴雨日数变化趋势两者均不明显。三峡库区和长江流域年平均风速均呈显著减小趋势,在 20 世纪 80 年代之前均为偏大,之后风速减小,特别是近 10 年减小幅度较大,库区的年平均风速每 10 年减小 0.04 m/s,而流域则减小 0.08 m/s。相对湿度 21 世纪以来两者降低明显,但与长江流域相比,2003 年后相对湿度的下降趋势变缓;1974 年以来,年雾日数均呈下降趋势,但三峡库区的下降趋势比长江流域缓慢,库区和流域每 10 年减少的雾日分别为 1.14 d 和 4.15 d。

3.1.3　三峡库区与长江流域近 50 年主要气象灾害

3.1.3.1　三峡库区近 50 年主要气象灾害

（1）干旱

近 51 年来三峡库区平均年干旱日数呈显著的增加趋势,增加速率为 6.6 d/10a;干旱日数年际变化大,最多年库区平均干旱日数可达 159.6 d(2011 年),最少年仅有 21.7 d(1989 年);干旱最为严重前 3 年分别是 2011 年、1988 年和 1966 年(图 3.13)。近 51 年三峡库区年干旱日数没有出现突变现象。空间上,三峡库区年干旱日数普遍呈增多趋势,其中库区东部更为显著。

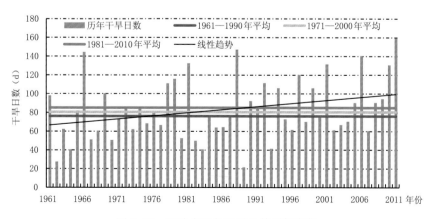

图 3.13　三峡库区年干旱日数历年变化

三峡库区各年代平均年干旱日数基本上呈递增的变化趋势,21世纪10年代干旱日数最多,平均为93.8 d,20世纪90年代次之,平均为85.2 d,20世纪60年代和80年代为相对较少时段,平均71～77 d。

从近51年三峡库区春夏季干旱日数总体上没有变化趋势,但春季干旱日数阶段性特征明显,1964—1981年呈增多趋势,1993—2004年呈减少趋势,之后又呈增多趋势,其中在1997年出现由多变少的突变,秋季干旱日数有显著的增多趋势,在1973年发生由少到多的突变。冬季干旱日数总体略呈减少趋势。

三峡库区各季出现干旱日数相差不大,相对而言,夏季出现干旱日数略多,秋冬季次之,春季出现干旱日数较少。从三峡库区各季干旱日数的年代际变化来看,春季20世纪80年代干旱日数最多,为21.6 d/a,21世纪以来最少,为14.8 d/a;夏季,20世纪60年代至80年代基本相当,为19 d/a左右,20世纪60年代和21世纪以来较多,分别为25.0 d/a和28.3 d/a;秋季,除20世纪70年代干旱日数较80年代略多外,近5个年代,库区秋季干旱日数各年代间基本上依次呈递增的变化趋势,21世纪以来最多,平均为28.4 d/a;冬季,20世纪60年代最少,平均15.1 d/a左右,70年代、90年代和21世纪基本相当,平均20 d/a左右。总之,21世纪以来,库区冬春季干旱日数明显减少,但夏秋季干旱日数显著增加。

(2)洪涝

三峡库区年洪涝日数没有明显的变化趋势,但洪涝发生具有明显的阶段性变化特征(图3.14)。20世纪70年代末至80年代前期和90年代至21世纪初为洪涝多发时段,且20世纪80年代前期和90年代后期洪涝灾害强度较大;70年代区域性洪涝较少,未发生严重洪涝灾害。三峡库区年洪涝日数在1977年出现由少到多变化的突变,之后在2010年存在由多到少突变。

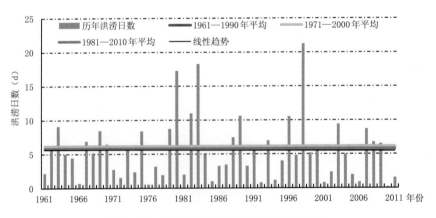

图3.14　三峡库区年洪涝日数历年变化图

近51年,三峡库区冬季很少发生洪涝灾害,春、秋季洪涝日数均呈减少趋势,其中秋季在1989年出现由多到少的突变现象;夏季洪涝发生日数没有明显的变化趋势,但在1980年出现由少到多的突变。

春、夏、秋季洪涝日数阶段性变化特征明显,1963—1974年和1987—1990年为春季洪涝高发期,1979—1985年没有出现过春季洪涝;20世纪80年代前期和90年代至2003年为夏季洪涝多发时期;20世纪60年代至70年代前期和70年代末80年代初为秋季洪涝多发期。

（3）连阴雨

1961—2011 年,三峡库区连阴雨日数较多,92.1 d/a。近 51 年三峡库区连阴雨日数呈显著减少趋势,减少率为 8.0 d/10a。1986 年库区连阴雨日数减少趋势开始发生突变,1994 年以来这种减少趋势大大超过了显著性水平 0.001 临界线,表明三峡库区连阴雨日数的减少趋势是十分显著的(表 3.14)。

从分布来看,近 51 年来库区大部地区年连阴雨日数呈显著减少趋势,仅重庆中部部分站点呈不显著增多趋势。

1961—2011 年,三峡库区平均年连阴雨过程有 9.6 次,连阴雨次数呈极显著减少趋势,连阴雨次数减少率为 0.5 d/10a。1984 年库区连阴雨次数减少趋势开始发生突变,1993 年以来这种减少趋势大大超过了显著性水平 0.001 临界线,再次表明三峡库区连阴雨次数的减少趋势是十分显著的。

近 51 年,三峡库区连阴雨日数和过程次数均呈现出阶段性变化特征。连阴雨天气在 20 世纪 60 年代至 70 年代前期和 80 年代后期至 90 年代前期较频繁,70 年代后期至 80 年代前期和 90 年代后期以来连阴雨天气相对较少。

表 3.14　三峡库区连阴雨特征值的年代际变化

年份	1961—1970	1971—1980	1981—1990	1991—2000	2001—2010
日数(d)	105.8	103.9	87.9	90.1	76.0
过程次数(次)	10.3	10.4	9.5	9.4	8.7
一次过程持续时间(d)	10.3	9.9	9.2	9.7	8.7
最长持续时间(d)	20.2	19.6	17.4	17.4	16.0
总雨量(mm)	741.8	715.4	635.8	668.9	559.2
雨强(mm/d)	7.2	7.3	7.4	7.7	7.6

1961—2011 年,三峡库区年连阴雨降水总量有显著减少的趋势,减少速率为 44.7 mm/10a。1985 年库区年连阴雨总量发生突变。空间上,库区所有站点连阴雨总量均呈明显减少趋势。近 51 年,三峡库区各年代连阴雨总量基本呈依次递减特征。20 世纪 60、70 年代分别为 741.8 mm、715.4 mm,80、90 年代为连阴雨总量分别为 635.8 mm 和 668.9 mm,21 世纪以来最少,为 559.2 mm。

1961—2011 年,长江三峡库区连阴雨雨强没有明显变化趋势,各年代间差别也不大,在 7.2～7.7 mm/d。1996 年前后库区年连阴雨雨强发生突变。

（4）高温日数

1961—2011 年,三峡库区平均高温日数为 25.8 d,最多年 2006 年(50 d),最少年 1983 年(11 d);近 51 年库区高温日数有微弱的增加的趋势,未达到显著性水平检验(图 3.15)。三峡库区各地年高温日数变化趋势不同。重庆西部呈减少趋势,但重庆东部和湖北西南部均呈增多趋势。近 51 年来,库区高温日数没有发生突变现象。三峡库区年高温日数存在着年代际阶段性变化,20 世纪 80 年代高温天气最少,为 22.0 d,2001—2010 年高温日数最多,达 29.6 d。

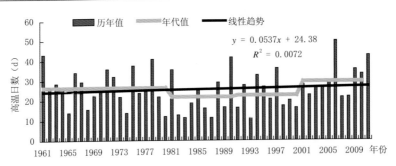

图 3.15　三峡库区平均年高温日数历年变化曲线

（5）雾

三峡库区平均年雾日数较多,1973—2011 年平均为 34.7 d/a,而且雾日数年际变化大。如最多年（1987 年）有 52 d,而最少年（2011 年）仅 16 d,最多年与最少年相差 2 倍多。总体而言,近 39 年库区年雾日数呈减少趋势,减少速率为 3.2 d/10a,通过 0.01 的显著性水平检验（图 3.16）。其中库区绝大多数站年雾日数呈减少趋势,且南部比北部减少趋势明显。2004 年库区雾日数减少的趋势发生突变。库区雾日数阶段性变化特征明显,20 世纪 80 年代和 90 年代为雾日数相对较多时期,70 年代次之,最近 10 年雾日数明显较少。

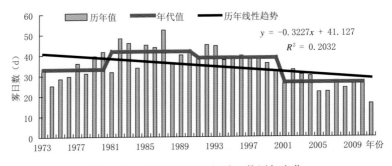

图 3.16　三峡库区平均年雾日数历年变化

对库区不同区域而言,雾的气候特征各有差异。涪陵雾最多,平均每年 72 d;宜昌最少,平均每年 22 d。各区域都表现出明显的年代际变化特征,虽然多（少）雾年代在各地有所不同,但总的来说,20 世纪 80—90 年代各站的雾日普遍偏多,而 60—70 年代及 21 世纪初雾日普遍偏少。就长期变化趋势而言,涪陵和巴东的年雾日数在 1954—2007 年呈显著的增加趋势;而重庆、万州、奉节和宜昌等区域为减少趋势。并且,重庆、涪陵和巴东的增减幅度大,线性变化趋势系数在 11.0 d/10a 及以上。

（6）雷暴

三峡库区为雷暴较多地区,1973—2011 年库区平均年雷暴日为 37.7 d。近 39 年来,库区平均年雷暴日数的变化呈减少趋势,其趋势系数为 -0.6496,通过信度为 0.001 的 t 检验;减少速度约为 4.0 d/10a。1988 年前后库区雷暴日数减少趋势发生突变。库区所有站点年雷暴日数的变化均存在不同程度的减少趋势,且大多数站点年雷暴日数减少趋势明显。三峡库区各年代平均雷暴日数也呈递减趋势,1973—1980 年最多,平均为 43.2 d;1981—1990 年次之,平均为 39.5 d;2001—2010 年最少,为 32.2 d。

3.1.3.2　长江流域近50年主要气象灾害

（1）干旱

长江上游地区：近51年，长江上游地区平均年干旱日数略有增多趋势；年际变化大，最多年长江上游地区平均干旱日数达162 d（1969年），最少只有74 d（1990年）；干旱最为严重的前三个年份分别是1969年、1966年和1979年（图3.17）。近51年，长江上游地区年干旱日数在2009年出现由少到多的突变。空间上，川西高原及以西地区呈减少趋势，四川盆地及其以东地区和云贵地区呈增多趋势，其中四川盆地西部、云南东北部、贵州、湖北西南部偏多明显。

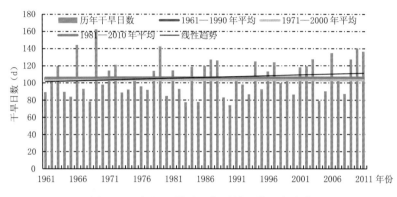

图3.17　长江上游地区年干旱日数历年变化

长江上游地区年干旱日数年代际变化特征明显，近5个年代，呈现出多—少—多的变化特征。其中20世纪60—80年代，各年代干旱日数依次减少，90年代开始增多，21世纪前10年干旱日数最多，为112.9 d/a。

近51年长江上游地区春季干旱日数有不显著的减少趋势，减少速率为0.9 d/10a；夏、秋、冬季有增多趋势，其中秋季增多趋势显著，增多速率为2.3 d/10a，通过信度为0.01的 t 检验。春季干旱日数在1988年发生突变，1961—1988年为春季干旱日数较多期，之后处于春旱日数较少时期；夏季干旱日数没有发生突变现象。秋季在1990年发生干旱日数由少到多突变，并在1997年通过0.05的显著性水平检验；冬季在2008年发生由少到多的突变。

长江上游地区冬、春季出现干旱日数相对较多。近5个年代，春季干旱日数大致呈依次减少的变化态势，20世纪60年代干旱日数最多，平均为33 d/a，20世纪90年代最少，为28.2 d/a；夏季，各年代间干旱日数相差不大，其中21世纪以来最多，平均为17.9 d/a，20世纪60年代和80年代最少，为16.8 d/a；秋季，各年代基本呈依次增多的态势，21世纪以来干旱日数最多，平均为26.4 d/a，20世纪60年代最少，为17.6 d/a；冬季，呈多—少—多—少—多的分布特征，21世纪前10年干旱日数最多，平均为34.8 d/a，20世纪90年代最少，为29 d/a。长江上游各季干旱日数的年代际变化特征与三峡库区的基本一致。

长江中下游地区：近51年来，长江中下游地区平均年干旱日数有增多趋势（图3.18）。年际变化大，最多年有98 d（2011年），最少年仅31 d（1993年），最多年是最少年的3倍多；近51年，干旱严重的前3位为2011年、1978年和1988年。长江中下游地区年干旱日数2004年开始出现由少到多的突变现象，但没有通过0.05显著性水平检验。近5个年代中，21世纪前十年干旱日数最多，20世纪80年代最少，其余3个年代基本相当。空间上，湖南西部年干旱日数明显增多趋势，长江中下游其余地区变化趋势不明显。

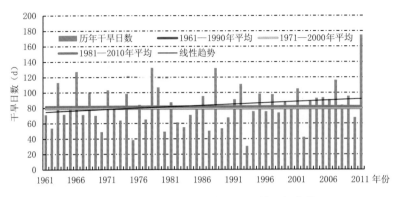

图 3.18 长江中下游地区年干旱日数历年变化

从近 51 年长江中下游地区春季干旱日数有增多趋势,增加速率为 2.3 d/10a;夏季有减少趋势,减少速率为 1.1 d/10a;秋、冬季干旱日数有微弱的增多趋势。

近 51 年长江中下游春季干旱日数在 1995 年开始发生由少到多的突变;夏季在 1968 年开始由多到少的突变,这种减少趋势在 1998 年通过 0.05 显著性水平检验,之后干旱日数又有所增多。秋季在 1989 年开始发生突变;冬季干旱日数没有发生突变现象。

长江中下游地区以夏、秋季旱为主,冬、春季出现干旱日数相对较少。春、秋季各年代干旱日数均相差不大,其中春季逐年代间干旱日数增多特征,冬季则相反;夏季 20 世纪 60 年代干旱日数最多,平均为 21.9 d/a,80 年代最少,其余 3 个年代相差不大;秋季除 80 年代最少外,其余 4 个年代依次呈递增变化特征。总体而言,60 年代夏旱突出,90 年代以来秋旱日数较多。

(2)洪涝

长江上游地区:长江上游平均年洪涝日数有微弱得减少趋势,趋势系数为 −0.1353。长江上游年洪涝日数在 1969 年出现由多到少突变。20 世纪 60 年代和 80 年代至 90 年代为洪涝高发时段,70 年代区域性洪涝较少。上游洪涝严重的年份为 1998 年和 2009 年,洪涝较轻的年份为 2011 年和 2006 年。空间上,四川盆地西部呈明显减少趋势,重庆南部呈明显增多趋势,其余地区没有明显变化趋势。

长江上游冬季很少发生洪涝灾害,故在此不考虑冬季洪涝灾害。近 51 年,长江上游地区春、夏季洪涝发生日数年际间没有明显的变化趋势,而秋季洪涝日数年际间呈显著减少趋势,其趋势系数为 −0.3312,通过信度为 0.02 的 t 检验,说明近 51 年长江上游地区秋季洪涝日数减少趋势明显。春季洪涝日数在 2007 年发生由少到多的突变,夏季洪涝日数在 1981 年发生由少到多的突变,秋季洪涝日在 1989 年数出现由多到少的突变。

在春、夏、秋三季洪涝灾害中,长江上游春季洪涝出现较少,洪涝主要发生在夏季,秋季次之。20 世纪 60 年代、80 年代和 90 年代为夏季洪涝高发时期;60 年代为秋季洪涝高发期。

长江中下游:长江中下游平均年洪涝日数有微弱增加趋势,趋势系数为 0.0812。1986 年,长江中下游地区年洪涝日数发生由少到多的突变。20 世纪 90 年代为长江中下游洪涝地区高发时段,70 年代、80 年代及 21 世纪前 10 年洪涝日数较少。长江中下游洪涝日数多的年份为 1999 年和 1983 年,洪涝较少的年份为 1985 年和 1978 年。空间上,除长江下游洪涝日数呈偏多趋势外,其余大部分地区没有明显变化趋势。

　　长江中下游冬季也很少发生洪涝灾害,故在此不考虑冬季。近 51 年,长江中下游地区春夏季洪涝日数没有明显的变化趋势;夏季洪涝日数年际有微弱的增多趋势;而秋季洪涝日数呈微弱的减少趋势。春季洪涝日数在 1975 年发生由多到少的突变,在 1991 年又发生由少到多的突变,夏季洪涝日数在 1989 年发生由少到多的突变,而秋季洪涝日数出现由多到少的突变。

　　在春、夏、秋三季洪涝灾害中,长江中下游地区春秋季洪涝日数出现较少,且两季的洪涝日数大致相当,洪涝主要发生在夏季。从春、夏、秋季各年代洪涝日数看,20 世纪 80 年代为春季洪涝少发时段,90 年代为夏季洪涝高发时期,80 年代为秋季洪涝高发期。

　　(3)连阴雨

　　长江上游:1961—2011 年,长江上游平均年连阴雨日数有 100.2 d;年连阴雨日数呈显著减少趋势,连阴雨日数减少率为 4.5 d/10a。1996 年长江上游连阴雨日数减少趋势开始发生突变,并通过显著性水平 0.05 临界线,表明长江上游连阴雨日数的减少趋势是显著的。与库区相比,连阴雨日数多,也存在显著的减少趋势和突变。空间上,成都—西昌以西地区连阴雨日数呈增多趋势,以东大部地区呈减少趋势。

　　1961—2011 年,长江上游平均年连阴雨过程有 8.6 次;年连阴雨次数呈显著减少趋势,连阴雨次数减少率为 0.2 次/10a。1996 年连阴雨次数减少趋势开始发生突变,2005 年以来这种减少趋势通过了显著性水平 0.05 临界线,表明长江上游阴雨次数的减少趋势是显著的。

　　近 5 个年代,长江上游连阴雨日数依次呈递减变化特征。连阴雨过程次数变化不明显。

　　1961—2011 年,长江上游年连阴雨降水总量有显著的减少的趋势,减少速率为 29.4 mm/10a。1988 年长江上游年连阴雨总量发生突变,且超过显著性水平 0.05 临界线。各年代长江中下游连阴雨总量基本呈依次递减特征。空间上,川西高原连阴雨日数呈增多趋势,长江上游其余地区呈显著减少趋势。

　　1961—2011 年,长江上游连阴雨雨强呈不显著增强趋势,增强速率为 0.03(mm/d)/10a,各年代间差别也不大,在 8.5～9.5 mm/d,雨强较库区强。2007 年长江上游年连阴雨雨强发生由弱到强的突变,1963—1997 年呈减少趋势,1997 年以来呈增多趋势。各年代间雨强基本上呈由多到少再到多的变化特征。

　　长江中下游:1961—2011 年,长江中下游平均年连阴雨日数有 83.6 d,年连阴雨日数呈显著减少趋势,连阴雨日数减少率为 3.8 d/10a。2003 年库区连阴雨日数减少趋势开始发生突变,2006 年以来这种减少趋势大大超过了显著性水平 0.05 临界线,表明长江中下游连阴雨日数的减少趋势是十分显著的。与库区相比,连阴雨日数少,也存在显著的减少趋势和突变,但突变时间比库区滞后。空间上,除洞庭湖和鄱阳湖及南京以东地区年连阴雨日数呈增多趋势外,长江中下游其余大部地区呈减少趋势。

　　1961—2011 年,长江中下游平均年连阴雨过程有 8.6 次。年连阴雨过程次数呈显著减少趋势,减少率为 0.3 次/10a。2004 年连阴雨次数减少趋势开始发生突变,2010 年以来这种减少趋势通过了显著性水平 0.05 临界线,再次表明长江中下游阴雨次数的减少趋势是十分显著的。

　　从长江中下游近 51 年连阴雨日数和过程次数历年变化看,两者均呈现出阶段性变化特征。连阴雨天气在 20 世纪 60 年代至 70 年代前期和 80 年代后期至 90 年代前期较频繁,70 年代后期至 80 年代前期和 90 年代后期以来连阴雨天气相对较少。

1961—2011年,长江中下游年连阴雨降水总量有减少的趋势,减少速率为18.5 mm/10a。2006年长江中下游年连阴雨总量发生突变。近51年,除20世纪90年代最多外,长江中下游其余各年代连阴雨总量基本呈依次递减特征。空间上,中游大部分地区及下游沿江地区连阴雨雨量呈减少趋势,下游其余地区连阴雨雨量呈增多趋势。

1961—2011年,长江中下游连阴雨雨强有显著增强趋势,趋势系数为0.3453,通过0.02显著性水平检验,增强速率为0.2 mm/d/10a,各年代间差别也不大,为8.5~9.5 mm/d,雨强较库区强。1994年前后长江中下游年连阴雨雨强发生突变。

(4)高温日数

长江上游:1961—2011年,长江上游平均高温日数为7.2 d,最多年2006年(18 d),最少年1987年(3 d);近51年长江上游高温日数略有增多趋势。近51年高温日数没有突变现象,仅1978—1987年高温日数呈减少趋势,1993—2011年呈增多趋势。长江中下游年高温日数存在着年代际阶段性变化,20世纪80年代高温天气最少,20世纪60—70年代以及90年代基本接近,2001—2010年代高温日数最多。空间上,除四川盆地东部及其以东地区高温日数偏多趋势外,其余地区均呈偏少态势。

长江中下游:1961—2011年,长江中下游平均高温日数为19.5 d,最多年1978年(34 d),最少年1993年(8 d);近51年长江中下游高温日数没有变化趋势。1961—1987年高温日数呈显著减少趋势,2001—2011年呈增多趋势。长江中下游年高温日数存在着年代际阶段性变化,20世纪70—80年代高温天气较少,60年代和2001—2010年代高温日数较多。空间上,除长江三角洲地区和湖北东部、湖南东北部高温日数呈增多趋势外,长江中下游其余地区呈减少趋势。

(5)雾

长江上游:长江上游平均年雾日数较多,1961—2011年平均为21 d/a,而且雾日数年际变化大。如最多年(1992年)有28 d,而最少年(2009年)仅12 d,最多年与最少年相差2倍多。总体而言,近51年长江上游年雾日数呈显著减少趋势,减少速率为1.4 d/10a。2003年长江上游雾日数减少的趋势发生突变。雾日数阶段性变化特征明显,20世纪70—90年代为雾日数相对较多时期,60年代次之,最近10年雾日数最少。空间上,四川盆地东南部、贵州大部、云南中西部呈偏少趋势,云南东部、四川东南部偏多,库区其余地区变化趋势不明显。

长江中下游:长江中下游平均年雾日数较多,1961—2011年平均为35.1 d/a,而且雾日数年际变化大,最多年与最少年相差2倍多。近51年长江中下游年雾日数总体呈显著减少趋势,减少速率为2.2 d/10a。2004年长江中下游雾日数减少的趋势发生突变,2006年突变通过显著性水平检验。雾日数阶段性变化特征明显,1969—1987年呈增多趋势,1987—2011年呈减少趋势。20世纪70年代和80年代为雾日数相对较多时期,20世纪60年代和90年代次之,最近10年雾日数最少。空间上,长江三角洲地区呈明显减少趋势,其余大部地区变化趋势不明显。

3.1.3.3 三峡库区与长江流域近50年主要气象灾害比较

从表3.15可以看出:长江上游为干旱多发区,年干旱日数106.4 d,三峡库区和长江中下游地区年干旱日数发生相对较少,年干旱日数83 d左右。从近51年干旱日数线性变化趋势来看,三峡库区干旱化趋势最为严重,年干旱日数增幅为6.6 d/10a,且达显著性水平;长江上游和中下游地区干旱日数虽然也都呈增多趋势,但变化趋势不显著。三峡库区干旱日数增多的这种变化没有出现突变现象,但长江上游和中下游地区均有突变,发生时间分别在 2009 年和 2004 年。也就是说长江中下游地区干旱突增的时间早于长江上游地区。从季节干旱日数长期变化趋势来看,三峡库区与长江上游的变化基本一致,均为冬、春季明显减少,夏、秋季显著增多。长江中下游地区则完全不同,呈现出春季增多,夏季减少,秋、冬季无变化趋势。

表 3.15 1961—2011 年三峡库区与长江流域主要气象灾害比较

灾害种类		三峡	长江上游	长江中下游
干旱	年干旱日数(d)	83.0	106.4	83.4
	变化趋势及倾向率(d/10a)	6.6	2.0	3.4
	显著性	显著	不显著	不显著
	突变时间	无突变	2009 年	2004 年
	季节变化趋势	冬、春季明显减少,夏、秋季显著增多	冬、春季明显减少,夏、秋季显著增多	春季增多,夏季减少,秋、冬季无变化趋势
洪涝	年洪涝日数(d)	5.5	5.6	6.8
	变化趋势及倾向率(d/10a)	0.0	−1.3	0.2
	显著性	不显著	不显著	不显著
	突变时间	1977 年	1969 年	1981 年
连阴雨	年连阴雨日数(d)	92.1	100.2	83.6
	变化趋势及倾向率(d/10a)	−8.0	−4.5	−3.8
	显著性	显著	显著	显著
	突变时间	1986 年	1996 年	2003 年
	雨强(mm/d)	7.4	5.9	8.9
	变化趋势及倾向率(mm/d/10a)	0.1	0.03	0.2
	显著性	不显著	不显著	显著
高温	年高温日数(d)	25.8	7.2	19.5
	线性变化趋势及倾向率(d/10a)	0.5	0.4	0.2
	显著性	不显著	不显著	不显著
	突变时间	无突变	无突变	无突变
雾	年雾日数(d)	34.7	21	35.1
	变化趋势及倾向率(d/10a)	−3.2	−1.4	−2.2
	显著性	显著	显著	显著
	突变时间	2004 年	2003 年	2004 年

三峡库区年洪涝日数与长江上游一样,均为 5.5～5.6 d,比长江中下游地区洪涝日数(6.8 d)略少。从洪涝日数长期变化趋势来看相差较大,其中长江上游呈微弱的减少趋势,三峡库区无变化趋势,仅存在明显的年际变化,长江中下游地区存在微弱的增加趋势。

三峡库区年连阴雨日数(92.1 d)比长江上游(100.2 d)少,但比长江中下游地区(83.6 d)多;近 51 年来三个区域的年连阴雨日数都呈显著减少趋势,其中三峡库区减少得更为显著。三个区域连阴雨日数的减少趋势也都存在着突变,三峡库区突变时间最早,在 1986 年,比长江上游地区突变时间偏早 10 年,比长江中下游地区突变时间偏早 17 年。近 51 年来,虽然长江流域自上游到中下游地区连阴雨雨强均为增强的变化趋势,但三峡库区和长江上游地区增强幅度小,且增强趋势不显著,长江中下游地区则呈显著的增强趋势。

在长江流域,三峡库区平均年高温日数最多,为 26 d,其次为长江中下游地区,年高温日数为 20 d,长江上游地区年高温日数最少,仅 7 d。近 51 年来,整个流域高温日数均呈不显著增多变化趋势,但三峡库区高温日数增多,幅度最大。

三峡库区和长江中下游地区均为长江流域的多雾地区,年雾日数 35 d 左右,长江上游相对较少,仅 21 d。近 51 年来,长江流域雾日数均呈显著减少趋势,减少幅度以三峡地区为最大;流域雾日数减少的突变时间较为一致,在 2003—2004 年。

3.1.4 影响三峡库区及长江流域气候变化的主要因素

影响三峡库区及长江流域气候演变的主要因素,既有全球变暖大背景的影响,也与自身特殊的地形有关,但大气环流异常是最直接和最主要的原因,同时也明显受到外强迫因子(例如海温、积雪等)的影响。

3.1.4.1 大气环流

对三峡库区及长江流域气候有显著影响的大气环流成员主要包括西太平洋副热带高压、东亚季风、南亚高压以及印缅槽等。这些因子在不同时间尺度上的变异共同影响着三峡及长江流域地区的旱涝灾害的发生和发展。

(1)西太平洋副热带高压

西太平洋副热带高压是影响东亚地区大气环流的重要成员之一,是控制热带、副热带地区的持久的大型天气系统(以下简称西太副高)。我国的天气气候与西太副高的位置和面积(强度)变化密切相关,当其活动出现异常时,常常造成我国较大范围尤其是三峡库区及长江流域的旱涝灾害。研究表明西太副高的年代际变化为 20 世纪 90 年代长江中下游夏季异常多雨提供了有利的气候背景。近些年来长江流域的灾害性天气频繁出现,例如 1998 年夏季长江流域的特大洪水以及 2006 年川渝干旱等都与西太副高的异常活动有密切联系。2006 年三峡库区夏季发生极端高温干旱时与西太副高的位置偏北、偏西密切相关,尤其是进入 8 月以后,西太副高脊线一直维持在 27°N 以北,从而不利于南方的暖湿气流到达西南地区东部(张强等,2007)。马振锋等(1997)认为 1994 年夏季长江流域持续干旱也与西太副高的异常偏强有密切关系。另外,西太副高异常也会引起长江流域和三峡库区的洪涝灾害。研究表明在西太副高平均脊线偏南的情况下,西太副高西伸到 95°~115°E 范围时,长江流域易产生强降水(冷春香等,2003)。李维京(1999)研究发现 1998 年 6 月中旬到下旬西太副高较常年偏南,这时长江流域出现了夏季第一段持续降水,尤其是在江南北部、两湖盆地出现了异常强的降水;7 月中旬到 8 月上旬西太副高较常年持续异常偏南,曾一度退到 15°N 左右,这在历史上是罕见的,从而形成了长江流域夏季第二段异常降水过程。孙淑清等(2001)认为 1998 年夏季长江流域致洪暴雨的发生、发展与西太副高主体偏强,位置偏南有关。程小慷(2003)提出了 1998 年夏洪峰降水的两种环流模型,即西太副高西进低槽东移型和西太副高稳定且切变线上有西南涡活动型。王黎娟等(2005)研究 6 月西太副高东西位置变动特征,指出副高偏西年,长江流域被西太副高北侧异常西南风控制,有利于雨带在此维持,降水偏多易涝。韦道明等(2011)将夏季西太副高的位置分为偏南过程和偏北过程,当西太副高为南部型时长江流域降水量偏少,反之西太副高为北部型时长江流域降水量偏多。可见,当西太副高东西和南北位置的不同配置,对长江流域及库区的气候影响是明显不同的。

西太副高对我国降水的影响在夏季最为显著,图 3.19 给出了表征西太副高的两个重要特征量(西伸脊点和脊线南北位置)近 60 年的演变曲线。夏季,西太副高西伸脊点平均位于 128.6°E,近 60 年来西太副高表现出明显的年代际变化,其中 1987 年以前西太副高西脊点明显偏东,较常年同期偏东 12.2°;1987 年以后西太副高明显西伸,较常年同期偏西 2.4°。从西太副高脊线的南北位置变化看,1987 年以后西太副高脊线明显偏南,这一阶段西太副高平均位置气候平均态(25.8°N)偏南 0.5°,较前一阶段偏南 1°左右。由于西太副高的年代际偏西、偏南的变化,从而为 20 世纪 80 年代中期以来长江中下游夏季异常多雨提供了有利的气候背景。

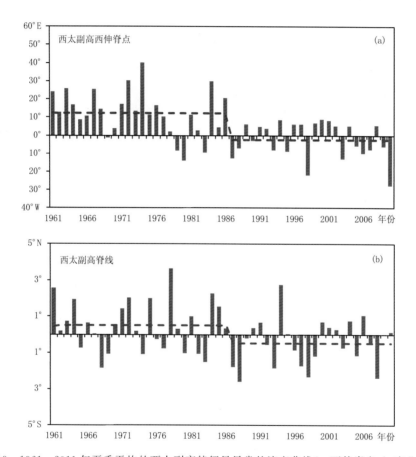

图 3.19　1961—2011 年夏季平均的西太副高特征量异常的演变曲线(a.西伸脊点;b.南北脊线)

(2)季风

季风是由于大陆及邻近海洋之间存在的温度差异而形成大范围盛行的,风向随季节有显著变化的风系,主要分布在东半球的热带和副热带大陆,以及毗邻的海洋地区,其中亚洲季风最为显著。亚洲季风系统由东亚季风和南亚季风两个既相互独立又相互联系的子系统组成(Tao 等,1987)。而东亚季风又可划分为南海—西太平洋热带季风和中国大陆东部—日本的副热带季风(Zhu 等,1986)。高原季风是青藏高原上冬夏盛行风向相反的现象(汤懋苍等,1979)。

三峡库区主要位于长江上游地区,地处东亚季风活动的西边缘,南亚季风活动的东北边缘和高原季风活动区的东侧,因此,库区气候同时受到这三类季风的影响。

1)东亚季风对长江流域的影响,历来是季风研究者们所关注的重点。陶诗言等首先指出亚洲季风最早在南海地区爆发(Tao 等,1987)。Huang 等利用再分析资料的统计结果指出南海夏季风一般在 5 月中旬爆发,即大约在 5 月第 4 候爆发(Huang 等,2006a)。一般年份,东亚夏季风在 6 月中旬左右到达长江中下游地区,造成了长江中下游的梅雨期,梅雨期持续大约2~3周(陶诗言等,1997)。东亚季风的年际及年代际变异是导致长江流域旱涝灾害频发的重要原因。东亚夏季风指数变化趋势及小波分析见图 3.20 东亚夏季风近 50 年来总体呈显著减弱趋势(图 3.20a),最显著的周期是 2~4 年振荡,特别是 20 世纪 70 年代中期到 90 年代初,显著的准 4 年周期,90 年代中期到 21 世纪初,为显著的准 2 年振荡;其次就是准 10 年的年代际振荡(图 3.20b)。

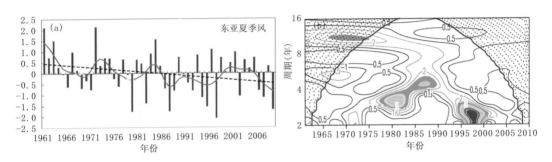

图 3.20 东亚夏季风指数变化趋势(a)及 Morlet 小波变换(b)
(阴影区表示通过 0.05 的显著性水平检验)

黄荣辉等从环流系统分析研究了东亚夏季风在南海的暴发早晚的机理以及向北推进过程,指出南海夏季风暴发早,东亚夏季风雨带在长江流域停滞时间很短,从而引起长江流域夏季风降水偏少,发生洪涝灾害和持续性暴雨的可能性较小,并往往发生干旱。相反,南海夏季风暴发晚,东亚夏季风雨带在华南和长江流域维持较长时间,经常引起华南和长江中、下游流域的持续性暴雨,从而致使夏季风降水偏多,往往发生洪涝灾害(黄荣辉等,2005;Huang 等,2003)。随后,进一步分析了东亚夏季风的年代际变异,结果表明,东亚夏季风系统在 1976 年前后发生了一次明显变弱的年代际变化,此后我国长江和淮河流域夏季季风降水一直处于年代际增加时期(黄荣辉等,2006)。Chen 等分析了东亚冬季风的年际变异,将带来东亚地区的暖冬或冷冬(Chen 等,1998)。孙淑清和 Chen 等的研究都指出东亚冬季风的强弱也与次年夏季长江流域旱涝密切相关,在强冬季风之后的夏季,我国长江、淮河流域夏季风降水偏少,可能发生干旱;相反,在弱的冬季风之后的夏季,我国长江、淮河流域夏季风降水偏多,可能发生洪涝(孙淑清等,1995;Chen 等,2000)。东亚冬季风不仅有显著的年际变化,也有显著的年代际变化。从 80 年代中后期之后东亚冬季风严重偏弱,这给东亚带来连续多年的暖冬,东亚强寒潮爆发频次在 1987—2000 年比起以前有很大减少(Huang 等,2006)。

2)南亚季风对长江流域的影响也不可忽视,叶笃正等及 Tao 等都曾指出,在每年的大约 6 月份,大气环流将发生突变,高层副热带西风急流突然北跳,导致低纬西风急流消失,建立东风急流,南亚高压随之北移,低层印度夏季风爆发,同时期中国长江流域梅雨开始(叶笃正等,1958;Tao 等,1981)。Tao 等指出中国长江流域入梅日跟印度季风在印度加尔各答建立的日期相一致(Tao 等,1987)。刘芸芸和丁一汇指出印度西南部的克拉拉邦地区夏季风爆发后两周左右,中国长江流域梅雨开始(刘芸芸等,2008)。郭其蕴等指出印度强季风年,长江以南地区降水偏少,弱季风年相反(郭其蕴等,1988)。戴新刚和丑纪范研究发现,印度夏季风大量的凝结潜热释放会激发一个区域遥相关型,即印度—东亚(IEA)遥相关型,从而影响东亚夏季平均高度场,当印度夏季风强盛时,东亚高度场偏高,副高易偏北、偏西或中国大陆上空受正的高度距平控制,长江淮河流域易偏旱;反之,易偏涝(戴新刚等,2002)。

南亚夏季风指数变化趋势及小波分析见图 3.21,南亚夏季风近 50 年来总体呈变化趋势,20 世纪 60 年代到 70 年代中期,南亚夏季风显著偏强,20 世纪 70 年代中后期到 21 世纪初,南亚夏季风显著偏弱,2004 年后南亚夏季风振幅有增大趋势,年际振荡显著(图 3.21a)。小波分析结果显示,南亚夏季风显著周期是 2~3 年振荡,特别是在 1976 年以前(图 3.21b)。

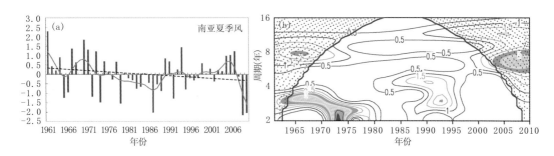

图 3.21 南亚夏季风指数变化趋势(a)及 Morlet 小波变换(b)
(阴影区表示通过 0.05 的显著性水平检验)

3)高原季风是影响高原及邻近地区气候的重要因素。1984 年汤懋苍等明确指出高原近地层气压场上冬、夏具有相反性年变化是高原季风最主要的特征之一,在 600 hPa 高度距平图上表现最为清楚(汤懋苍等,1984)。在高原季风与华西秋雨的关系方面,高由禧等指出,高原季风的东界大致在 110°E 附近,我国南方的“秋高气爽”和“秋雨绵绵”两大气候现象的分界线就是高原季风与东南季风的分界线(高由禧等,1958)。汤懋苍等研究了高原季风与华西降水的关系,得出夏季风强年,对应华西降水是多雨年;夏季风弱年,对应华西降水是少雨年(汤懋苍等,1984)。白虎志等研究指出高原季风与长江流域降水显著相关,夏季高原夏季风与长江流域气温呈显著负相关,降水呈显著正相关,冬季高原冬季风与长江上游地区气温呈显著正相关(白虎志等,2005)。

高原夏季风指数变化趋势及小波分析见图 3.22。总体来看,近 50 年来高原夏季风略呈增强趋势,但在 1976 年前后,高原季风也发生了年代际的变化,20 世纪 60 年代到 70 年代中期,高原夏季风先弱后强,振幅较大。70 年代中期后,高原季风振幅明显减弱,以年际振荡为主(图 3.22a)。小波分析结果也显示出,高原夏季风最显著的周期是准 2 年振荡;其次就是 70 年代中后期以前的显著 8 年振荡(图 3.22b)。马振峰等分析了高原季风年际变化与长江上游气候变化的联系,指出高原夏季风、长江上游夏季气温和降水均存在明显的阶段性变化特征,而且它们的变化趋势有一定联系。高原夏季风、长江上游夏季气温和东、西部降水三者存在共有的显著性振荡周期。不过在各个阶段的时间域上,它们的优势周期及其在频率域上的变化不尽相同(马振峰等,2003)。进一步分析了高原季风强弱对夏季南亚高压活动和三峡库区旱涝的影响,揭示了高原夏季风强年,5—6 月三峡库区降水随着南亚高压脊线北移而增多,7—8

月三峡库区降水减少;高原夏季风弱年,主汛期前期库区降水少,后期降水略有增多(马振峰,2003)。

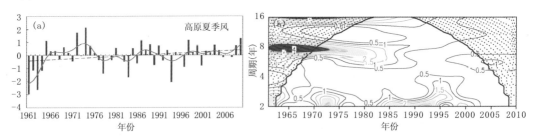

图 3.22 高原夏季风指数(汤懋苍等,1979;白虎志等,2005)
变化趋势(a)及 Morlet 小波变换(b)

(3)南亚高压

南亚高压,是夏季北半球高层最强大的高压系统,是亚洲夏季风的主要成员之一。南亚高压处于低纬热带和中高纬温带之间,与高低纬不同环流系统存在相互作用和相互影响。与此同时,南亚高亚夏季长时期活动于青藏高原上空,与高原发生了强烈的陆气相互作用,对夏季我国大范围旱涝分布及亚洲天气都有重大影响。总体看,南亚高压一般都是与低层副热带高压一起共同影响长江流域的天气气候。马振锋等(1997)认为 1994 年夏季由于南亚高压较常年偏早进入西藏高原,且位置容易偏北伸向大陆。另一方面在南亚高压持续和稳定维持在我国青藏高原,在这种条件下为长江流域持续干旱的发生创造了必要条件。另外,吴有训等(2000)研究表明,1998 年和 1999 年长江流域产生的大到暴雨明显受高空南亚高压影响。南亚高压东北侧的高空急流与低空急流轴之间气流垂直上升运动剧烈,为长江流域汛期产生较大范围大到暴雨创造了有利的条件。张琼等(2002)指出当长江流域多雨时,南亚高压为青藏高压模态,高压偏南偏强,对应低层西太副高也偏南偏强并西伸;当长江流域干旱少雨时,南亚高压为伊朗高压模态,高压偏北偏弱,对应西太副高也偏北偏弱并东撤。南亚高压强度指数与长江流域降水有显著正相关,二者年代际变化趋势非常一致。20 世纪 70 年代末,当南亚高压由弱变强,长江流域由相对干旱转为相对多雨。黄燕燕等(2004)也认为当南亚高压的异常增强时,易造成长江中下游流域洪涝的发生;而当南亚高压的异常弱,长江中下游流域干旱容易发生。另外,朱玲等(2010)的研究表明,当南亚高压面积指数偏大、位置偏南时,长江中下游降水量偏多;当南亚高压面积偏小、位置偏北时,长江中下游降水量则偏少。另外,南亚高压的东西振荡也会对我国东部降水产生影响,南亚高压偏东年,西太副高增强西伸,长江流域降水偏多;南亚高压偏西年西太副高减弱东撤,长江流域降水较少(张玲等,2010)。另外,南亚高压上高原时间早晚也对我国东部地区降水有影响,一般是南亚高压上高原偏早(晚)年,南亚高压强度较平均态强(弱),西太副高较平均态偏东(西),长江流域地区降水(减少)增加(杨云芸等,2010)。此外,陈永仁等(2011)发现在 10~15 年尺度上,南亚高压与我国长江流域的降水关系最好,为正相关,而西太副高与该流域降水关系不显著,说明在一定程度上长江流域降水年代际变化与南亚高压联系更为密切。

近 50 年南亚高压表现出明显的三阶段变化(图 3.23),这些阶段性变化与长江流域的降水有很好的对应关系。第一阶段为 1961—1976 年南亚高压强度明显偏弱,较常气候态下偏弱约 21gpm,而这一阶段正好对应我国长江流域降水明显偏少;1977—1991 年,南亚高压明显增强,强度较气候态偏强 17gpm,这一阶段正是我国长江流域的多雨期,对应我国长达 20 年之久的"南涝北旱"的降水格局;从 1992 年开始南亚高压维持偏弱的阶段,这一时段我国长江流域降水相对进入一个偏少的阶段。

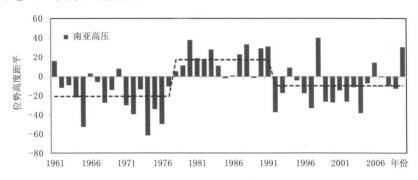

图 3.23　1961—2010 年夏季平均的南亚高压强度异常演变(单位:gpm)

3.1.4.2　水汽输送

在对库区及附近地区夏季降水的研究中,水汽输送一直被视为一个重要的因子。进入三峡库区的水汽通道存在明显的季节差异,这种差异和季风环流演变有密切的关系。春季源自西太副高西侧的西边界水汽输送是库区的主要水汽输送源,夏季则主要来源于孟加拉湾和南海,秋季其水汽源可追踪至西北太平洋地区,冬季来自中高纬的偏西风水汽则是这个季节库区的水汽源。

从水汽的净收支的季节演变趋势看(表 3.16 和图 3.24),三峡库区春季、秋季、冬季以及年平均水汽净收支都表现出显著减少趋势(通过了 0.05 的显著性水平检验),其中春季和秋季减少的最为明显,平均每 10 年减少 $2\sim3\times10^6$ kg/s 左右;夏季水汽收支则表现出微弱的增加趋势。库区水汽收支的这种变化趋势与长江上游的趋势是一致的。对比近 50 年来三峡库区降水的变化趋势,结果发现:春季、夏季和秋季水汽收支与降水变化趋势一致,春季和秋季都表现为下降,夏季都为增加,其中秋季水汽收支和降水下降的趋势都非常显著。对于冬季和年平均,库区的水汽收支减少,而降水则基本上没有明显的变化趋势或者表现出微弱的增加趋势,分析原因可能是库区冬季温度升高,蒸发增加,导致冬季降水增多;全年水汽收支下降,而降水趋势变化不大,是因为夏季降水增多所致。

表 3.16　三峡库区水汽净收支的线性趋势

	春季	夏季	秋季	冬季	年平均
净水汽收支趋势系数	−0.333	0.044	−0.217	−0.085	−0.150
净水汽收支相关系数	−0.608*	0.099	−0.448*	−0.304*	−0.502*

注:带 * 表示通过 0.05 显著性水平检验。

3.1.4.3　外强迫因子

(1)青藏高原积雪

青藏高原积雪的异常多少将影响我国长江流域的旱涝发生。李维京(1999)认为,当冬季青藏高原多雪时,西太副高偏强但位置偏南,对应中国主要雨带位置也偏南;反之,当冬季青藏高原少雪时,西太副高偏弱但位置偏北,对应中国主要雨带位置也偏北。1998 年夏季由于

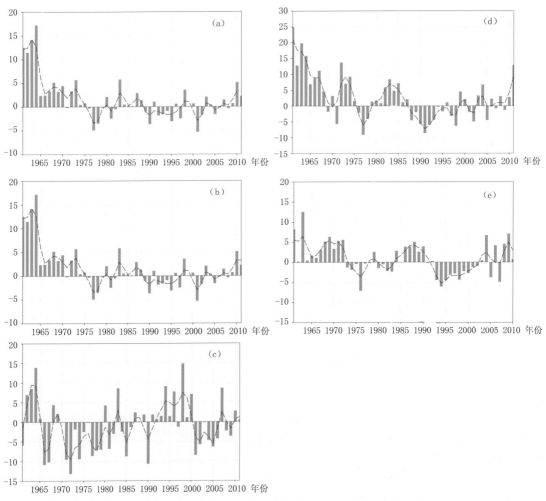

图 3.24 三峡库区四季水汽净收支(a,b,c,d,e,单位:10^6 kg/s)的距平演变(虚线表示 9 年滑动平均)

(a)年平均;(b)春季;(c)夏季;(d)秋季;(e)冬季

前期冬春季青藏高原积雪异常偏多,西太副高偏强但位置偏南,对应中国主要雨带位置也偏南。陈兴芳等(2000)研究表明冬春季高原积雪与长江中下游地区夏季降水为正相关,冬季高原积雪异常偏多时,长江流域夏季易发生洪涝。在年代际尺度上,青藏高原冬春积雪与中国东部降水型的年代际变化(南涝北旱)有很好的相关,1978 年前后高原冬春积雪明显增加使高原以及高原的加热(热源)增加,从而与海温一起减小了夏季海陆差,减弱了亚洲夏季风的驱动力,从而造成了对我国东部降水格局的变化(朱玉祥,2007)。

近 30 年青藏高原冬季积雪表现出明显的年代际变化(图 3.25),在 1999 年前冬季积雪明显偏多,1999 年以后高原积雪明显偏少,因此,从 1999 年以后,由于高原积雪的减少,大陆加热场加强,亚洲夏季风的驱动力再次加强,东亚季风减弱的趋势已止步,我国东部雨带表现出年代际北移,对应长江流域降水明显偏少。

(2)海温

海洋面积占地球表面积的 3/4,海陆热容的差异是季风产生的根源。大气作为海陆联系的主要纽带,通过大气环流使海温对陆地气候产生影响。我国气候受太平洋和印度洋的影响

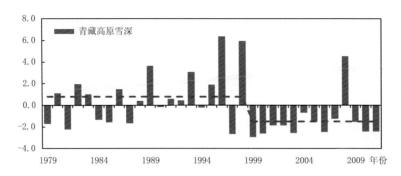

图 3.25　1979—2010 年青藏高原冬季平均雪深的距平演变曲线(单位:mm/d)

较为直接,而地气系统的开放性又会使其他海域(除太平洋和印度洋之外)间接影响我国气候。三峡库区及长江流域是我国主要季风气候区,又是东南季风和西南季风的交汇影响区,它的气候(尤其是降水)及气候灾害(特别是旱涝)与海温的关系早已受到关注并开展了许多研究。

1)海温的年代际变化特征

海温是慢变过程,它的年代际变化特征备受关注,一方面它是叠加在长期气候趋势变化上的扰动,可直接造成海洋及其周边地区气候的年代际变化;另一方面它作为年际变率的重要背景,对年际变化也具有重要的调制作用。

周亚军等利用 1856—1991 年全球 20 个海洋分区的季海温距平资料分析表明,全球海温的年代际变化主要表现为:①从 1860—1930 年,海温基本呈负距平,在此期间的最明显的特征是 1900—1910 年海温距平达到最低值;②20 世纪 10—60 年代,海温呈上升趋势,50 年代的小幅度降温形成双峰分布,40 年代的升温幅度普遍强于 60 年代;③70 年代前后为 20 世纪的第二次明显降温,强度弱于 20 世纪初期降温且持续时间短,目前全球海温基本上为持续上升阶段(周亚军等,1996)。肖栋等利用 NOAA 提供的重建的全球海表温度场(1867—2005 年)进行了年代际突变检验,确定了全球海表温度年代际突变的时间,不仅发现了 1924 年、1942 年和 1976 年左右的突变,还发现了 1894 年、1907 年、1956 年和 1997 年的突变(肖栋等,2007)。以下主要针对太平洋海温的年代际变化特征进行评述。

①太平洋海温年代际振荡(PDO)

太平洋海温年代际振荡是海洋年代际尺度上一种强变率信号。观测发现北太平洋在 20 世纪 20 年代、40 年代和 70 年代发生了显著的年代际突变,且这种振荡与热带太平洋有关联,Mantua 等把这种太平洋年代际振荡现象称为 PDO。若以太平洋海温异常作为定义,PDO 分为冷、暖位相。在 PDO 暖位相时,热带中东太平洋异常暖,中纬北太平洋中部异常冷,沿北美西岸异常暖,反之,则为 PDO 冷位相。典型 PDO 事件可持续 20～30 年,PDO 主要信号在北太平洋,次信号在热带。PDO 存在 20 年和 50 年两个典型周期,两个周期振荡表现为同步,但也有明显的季节和时空演变结构差异,可能源于不同的物理机制。20 世纪发生了两个完整的PDO 循环,即冷位相:1890—1924 年和 1947—1976 年;暖位相:1925—1946 年和 1977—1998年(朱益民等,2003)。

②北太平洋海温

北太平洋海温的年代际变化主要有 7～10 年周期和 25～35 年周期两个基本模态,这两个基本模态的空间分布形势也基本相似,表现为:(1)具有东南—西北向振荡的特征,即在正(负)

位相时,北纬30度以北、西经140度以西海区海温正(负)距平,北纬30度以南及靠北美大陆的东北太平洋海区为负(正)距平,(2)具有沿顺时针方向旋转的特征。只是25~35年周期模的正(负)异常范围要略大于7~10年周期模,异常中心位置也略偏南(李崇银等,2003)。近百年来的北太平洋海温分析显示,1912—1925年、1943—1958年和1968—1978年为25~35年周期模的正位相期;而1900—1911年、1927—1942年、1959—1967年和1982—1988年为25~35年周期模的负位相期。虽然7~10年周期模的时间变化不及25~35年周期模的清楚,但正负位相期也是明显的(李崇银等,2003)。北太平洋海温年代际尺度发生了4次突变现象,分别为1915—1925年、1945—1950年、1970—1980年、1990年左右(刘剑等,2008)。

③赤道东太平洋海温

赤道东太平洋海温可以划分为几个明显的冷暖气候态:1884—1905年、1950—1997年的暖气候态和1906—1930年的冷气候态,更细分还可以划分出1930—1941年的次暖态和1942—1950年的次冷态。赤道东太平洋海温分别在19世纪末、20世纪20年代和50年代发生了三次突变过程,还在30年代和70年代出现了两次较强的增温过程。赤道东太平洋海温具有10~12年、18~20年和30~40年周期的年代际振荡。1902—1920年热带东太平洋年平均海温为明显的下降趋势,1920—1940年为上升趋势,1940—1947年又为下降趋势,从1950年左右至今热带东太平洋年平均海温进入缓慢的持续的上升过程中,仅20世纪50年代中期和70年代中期有很短暂的下降过程。12~16年时间周期在20世纪40年代末开始明显减弱,32年以上时间周期在20世纪50年代后也迅速减弱,表明自20世纪50年代初以来,决定热带东太平洋年平均海温变化的年代际时间周期背景场确实有明显改变(史历等,2001)。

2)三峡库区及长江流域旱涝与海温的关系

研究表明海温与三峡水库及长江流域旱涝有着非常密切的联系,以下主要从赤道东太平洋、西北太平洋、赤道印度洋、澳大利亚东侧等海域海温与三峡库区及长江流域旱涝的关系进行评述。

①赤道东太平洋海温

三峡库区及长江流域降水主要集中在夏季,夏季降水及洪涝与赤道东太平洋海温的关系就成为各界最为关心的。龚振淞等研究表明前期秋、冬季赤道东太平洋海温偏暖有利于长江流域夏季降水偏多(龚振淞等,2006)。杨修群等分析认为前期4—6月赤道中东太平洋海温异常偏暖(偏冷)主要使得长江流域中下游地区6月份的降水发生异常偏少(偏多),出现异常偏旱(偏涝)(杨修群等,1992)。刘志雄等分析指出,当春季中东太平洋海温异常偏高(偏低)时,长江流域上游地区春季降水易于偏少(偏多),出现旱情(涝情)(刘志雄等,2012)。宋文玲等曾研究长江三峡地区夏季旱涝特征时也指出赤道东太平洋海温发生异常增暖激发西太副高增强西伸时,盛夏西太副高脊线有偏南、偏北两种可能(杨义文等,1998),如果脊线偏南,则三峡东部或东南部降水偏多,即为东部型降水;如果脊线位置偏北,则三峡西部或西北部降水偏多,即为西部型降水。当赤道东太平洋海温发生异常偏冷,西太副高从而转入减弱偏东阶段时,三峡地区以东部型降水为主(宋文玲等,2003)。王善华等对长江流域三峡降水与赤道东太平洋海温进行过周期及相关等深入分析,分析表明在约3.3年(40个月)周期振动上,赤道东太平洋月海温偏高(偏低)时,未来9.6个月长江三峡月降水将偏多(偏少)(王善华,1993)。可见,赤道东太平洋海温与三峡库区及长江流域降水及旱涝的关系是很复杂的,时间上既涉及时间尺度又存在时间滞后以及持续性影响,空间上也有很大的区域差异。近年来,极端气候事件频发且日益受到关注,汶林科等针对长江中游地区雨季各种极端降水指数与海温进行了相关分析,结果显示长江中游地区雨季的各种极端降水指数与前年 9 月至当年 2 月 Nino3 区海温有较好的正相关关系(汶林科等,2011)。

②西北太平洋海温

早在 20 世纪 50 年代吕炯就提出西北太平洋海温异常和我国长江流域汛期旱涝有很好的关系(吕炯,1950)。龚振凇等研究长江流域夏季降水与西太平洋暖池关系时也指出夏季西太平洋暖池地区(5°~20°N,115°~155°E)的海温呈现出大范围负距平时,同期长江流域将会出现较严重的干旱。三峡坝区旱涝与前期北太平洋海温的季节演变有非常密切的联系,影响坝区汛期降水的海温场有几个关键时区分别是春季赤道东太平洋(5°N~5°S,105°~120°W)、春季西风漂流区(25°~30°N,140°~165°N)、冬季墨西哥的瓜达卢佩岛以西区域(20°~30°N,120°~155°W)、冬季日本南鸟岛以东区域(20°~30°N,150°~170°E)。当前期春季赤道太平洋海温偏高时,西风漂流区海温明显偏低,前期冬季墨西哥的瓜达卢佩岛以西区域海温偏高,同时日本南鸟岛以东区域海温偏低时,坝区汛期多雨,反之亦然(于淑秋,1998)。王善华在对三峡降水与北太平洋海温周期及相关分析时也指出在约 3.3 年(40 个月)周期振动上,北太平洋月海温增温(降温)时,未来 3.1 个月长江三峡月降水偏多(偏少)(王善华,1993)。

③赤道印度洋等其他海域海温

龚振凇的研究指出当赤道印度洋(65°~95°E)大部分海区为海温正距平时,长江中下游地区降水易偏多(龚振凇等,2006)。周波涛分析指出,当冬季澳大利亚东侧海温变暖时,随后夏季西太副高和东亚西风急流位置往往偏南,我国大陆沿岸低层盛行异常的西南风,有利于长江流域夏季降水增多,反之亦然(周波涛,2011)。刘志雄等指出:当夏季南海海温偏高(低),澳大利亚东侧海温偏高(低)时,西太副高较强并偏南西伸(较弱并偏北偏东),从而造成长江上游夏季降水偏多(偏少),出现涝情(旱情)。秋季正好与夏季呈相反的分布形态,即当秋季南海及印尼附近海温为负(正)距平时,对应长江流域上游秋季降水偏多(少),出现涝(旱)(刘志雄等,2012)。王善华曾对三峡降水与南海海域海温的关系进行过探讨,结果表明在周期约 3.3 年(40 个月)振动上,长江三峡月降水分别落后南海月海温 9 个月,南方涛动月指数为 17.9 个月,它与南海月海温呈同相位变化而与南方涛动月指数呈反相位变化。在约 3.3 年(40 个月)周期上,南海月海温增温(降温)时,未来 9 个月长江三峡月降水偏多(偏少),在约 3.3 年(40 个月)周期上,南方涛动强(弱)时,未来 17.9 个月长江三峡降水偏少(偏多)(王善华,1993)。宗海锋等对长江流域梅雨期降水的各主要周期与前期(秋、冬和春季)全球海温的相关分析表明,前期各季海温相关以冬季相关最好。年际、准 2 年及 3~5 年振荡周期对应的海温关键区,主要在热带和副热带地区;年代际及准 10 年振荡周期对应的海温关键区.主要在温带海洋(宗海锋等,2005)。

总的来说,海温对三峡水库及长江流域旱涝的影响归根结底是通过海气相互作用来完成的。海气相互作用的复杂性决定了海温与降水及旱涝关系的复杂性;三峡水库及长江流域作为更小区域,这种关系就显得更为复杂。

3)ENSO 对三峡水库及长江流域旱涝的影响

ENSO 是厄尔尼诺(El Nino)和南方涛动(Southern Oscillation)的合称,它是海洋热力—动力特征的一种体现。厄尔尼诺是指赤道东太平洋表层海水温度较平常偏高的现象,南方涛动是指热带太平洋气压与热带印度洋气压的升降呈反相相关联系的振荡现象。厄尔尼诺和南方涛动相互联系、伴随出现,因此,通常称为厄尔尼诺—南方涛动事件,即 ENSO 事件。

ENSO 对长江流域旱涝有重要的影响,长江流域旱涝分布随厄尔尼诺事件的发生有明显的规律。黄忠恕研究发现:在厄尔尼诺事件发生当年的夏季和秋季,长江流域中下游地区以干旱少雨为主要趋势,在厄尔尼诺发生次年的夏季和秋季,长江流域中下游地区的洪涝灾害尤为突出(黄忠恕,1999)。张冲等分析得出厄尔尼诺事件年长江流域大多表现为温度升高和降水减少,发生干旱灾害的概率升高;而拉尼娜年一般表现为降水增多,洪涝灾害发生率相对增加(张冲等,2011)。赤道东太平洋海温、南方涛动指数的前期异常变化对长江流域夏季降水都有不同程度的影响且影响具有一定的持续性(魏凤英等,1992)。

综上所述,海温和 ENSO 对三峡水库及长江流域旱涝有很重要的影响,但也只是众多影响因子其中之一。影响三峡水库及长江流域旱涝的因素有很多,影响方式和机理也很复杂。

(3)地形

地形、地势是影响天气变化及气候形成过程的重要因素之一。河谷地形效应使最高温度的增幅最大,最低温度的增幅最小,故气温日较差增大,从年变化看,地形使气温的增幅冬半年最大,夏半年最小(甚至降低),即年较差缩小;降雨量、降雨日数和暴雨日数多为北坡(江南)多于南坡(江北),中下游各地的降水量随地形的高度增加而增加,而青藏高原因距海太远,降水量反而随高度增加而减少;青藏高原地势最高,受高空环流影响,故风力最大,上游受秦岭阻挡且地形崎岖,四川盆地地势低,故风力最小,中下游地势较平,强大冷气因侵入较易,冬春有寒潮影响,夏秋有台风袭击,故风力也大。

1)地形对三峡库区及长江流域温度的影响

三峡河谷受山脉阻隔,具有明显的温度效应,而且地形的温度效应对不同温度项目表现是不一样的,大多数情况下,三峡坝区由于地形封闭、风速小,日出升温后热量不易散失,它使河谷地区的最高气温升高;冬季三峡河谷相对温暖,因此,极少冰雪、霜冻,山区日落后由于地面长波辐射冷却,使坡面冷空气下沉,山区河谷地带最低气温相对较低,即地形温度效应造成气温的日较差增大;对于平均气温而言,使冬半年变暖,夏半年变凉,即气温的年变化趋缓;从增(降)温幅度看,冬季使平均气温升高、最高气温升高,夏季则使平均气温降低、最低气温降低(杨荆安等,2002)。

张强等(2005)研究得到同一时间,河谷地形效应使最高温度的增幅最大,最低温度的增幅最小,故气温日较差增大;从年变化看,地形使气温的增幅冬半年最大,夏半年最小(甚至降低),即年较差缩小。

2)地形对三峡库区及长江流域降水的影响

①峡谷地形对谷坡上部和下部暴雨的增幅作用机制

一般随着海拔高度增加,24 小时最大降雨量增加。由于短时局地强降雨与地形、地貌下垫面状况和局地小尺度天气系统等因素有关,该指标随高度变化不是简单的线性关系,往往峡谷地形对谷坡上、下部暴雨都有明显的增幅作用,但作用机制不同。即在其暴雨期的迎风坡和白天,当谷坡上下同时发生暴雨时,由于气流爬坡抬升作用和白天沿坡上升的局地环流,平均说来,在谷坡上的暴雨强度可比谷底增大;在暴雨期的夜间,当谷坡上下同时发生暴雨时,由于夜间局地冷径流、狭管效应及过山回流的原因,谷坡下部与上部的暴雨强度差随各地地形高差增大而增大,即地形高差越大或谷地愈深,谷坡下部的暴雨强度可比上部大。(陈正洪等,2005;彭乃志等,1996)

②地形效应造成的三峡库区内南北坡降水量、降雨日数和暴雨日数的分布特征

一般地,同一高度的南坡降雨量总多于北坡,但因三峡河谷地形切割厉害,带有水汽的南来气流越过南边的山体后,在三峡河谷出现一个背风向的雨影区,从江南向江北雨量逐渐减少,从而出现了长江以南(北坡)降雨大于长江以北(南坡),北坡全年多出南坡 213.4 mm,达总量的 19.1 %。其中 3—8 月增幅明显大于 10 月至次年 2 月,全年各月增幅相对值差别大,规律不明显。降雨日数和暴雨日数多为北坡(江南)多于南坡(江北),此与降雨量分布特征一致(陈正洪等,2005)。

此外,暴雨日数的分布与地形条件以及海拔高度之间具有较好的对应关系,表现为沿长江为暴雨事件低值地带,随海拔高度升高暴雨日数逐渐增加。这表明,在夏季风控制的环流背景下,暴雨日数的地域性分布差异与局地地形特征密切相关(郭渠等,2011)。

③降水与地形起伏和走向密切相关

降水与地形起伏密切有关(陈海龙,1957)。一般降水在一定高度范围内随高度增加而增加,但超过这一高度则反而随高度增加而减少,这一高度称为最大雨量带;这个最大雨量带视地区和季节而有不同。长江中下游地势的高度一般在海拔 2000 m 以下。

表 3.17　降水量与地形高度的关系

省份	站名	海拔(m)	年平均雨量(mm)
江西	牯岭	1070.0	2528.7
江西	九江	21.5	1433.1
湖南	衡山	1270.0	2000.7
湖南	衡阳	64.0	1484.4
四川	峨眉山	3139.0	1976.2
四川	峨眉县	524.0	1638.4
四川	乐山	377.0	1386.0

从表 3.17 可以看出:中下游各地的降水量随地形的高度增加而增加,这就能说明中下游地形的高度均在最大雨量带范围以内,上游四川盆地情况亦是如此,唯有青藏高原因距海太远,降水量反而随高度增加而减少。除高原东部边缘其余各地均无暴雨出现。地形高度来讲,青藏高原的地形高度已超过最大雨量带的高度。

降水量的多少不但与地形起伏有关,与地形的走向更有关系。一般迎风的地形多雨,背风的地形少雨(所谓雨影区)。长江流域单纯的地形雨很少。但地形对锋面、气旋阻挡、抬升和制约作用却很大,往往因地形阻挡制约而使锋面、气旋降雨强度加大和降雨时间延长。所以在同一天气系统下,由于地形不同,各地降雨强度却有显著差别。例如 1955 年 6 月湖北大别山地区的暴雨(红安日降雨量达 304.3 mm),就是由于高空辐合带向北移动,西南气流受大别山西南部阻挡抬升和制约作用而形成。大别山西南部,是本流域气旋行径之关键,故在其西南的红安、罗田、英山等地暴雨特别多,又如武夷山西侧的上饶、弋阳等地的多雨(此地为长江流域最多雨地区),其主要原因即武夷山阻挡锋面前进,使其呈静止状态徘徊在此地区,不但延长了降雨时间,而且也增强了降雨强度。

以上多雨地区都是地形配合天气系统活动的结果,所以地形不同是造成暴雨强度不同的重要因素。

3)地形对三峡库区及长江流域风的影响

青藏高原矗立在长江上游西部,阻挡了西风环流的运行,使高原东部地区,形成"死水区",在这"死水区"内,扰动少,风力微,但由于这"死水区"为辐合地区,因此,气流常在高原东侧形成小漩涡,每当平流条件充分或受北面其他系统的影响时,小漩涡即发展东移,常常引起长江流域大雨和暴雨天气。由于高原面积大,日间吸收的太阳辐射大于四周自由大气,夜间散热也大于四周的自由大气,因此,高原与四周自由大气间的温度梯度就有着巨大的日变化;同理也产生了巨大的年变化。在夏季高原上的空气较同纬度地区最热,且在 500 hPa 高空天气图上常有一高压存在,这些暖空气和西藏高原暖高压东移时,常使长江流域气温增高,形成酷暑。所以,青藏高原的存在,不论在动力上还是热力上对长江流域的天气和气候均有直接影响。青藏高原地势最高,受高空环流影响,故风力最大,上游受秦岭阻挡且地形崎岖,四川盆地地势低,故风力最小,中下游地势较平,强大冷气因侵入较易,冬春有寒潮影响,夏秋有台风袭击,故风力也大。

3.2 三峡库区近 100 年气候变化特征

3.2.1 三峡库区近 100 年来气候变化特征

三峡库区有百年以上记录的气象台站只有两个,一个是重庆站(沙坪坝气象站),一个宜昌站。三峡库区百年以来的气候变化由这两个代表站平均值的变化来表示。三峡库区气温资料年限为 1924—2011 年,降水资料年限为 1883—2011 年。

3.2.1.1 温度变化

图 3.26 给出了 1924—2011 年三峡库区年平均气温距平变化曲线。总的来说,三峡库区近 88 年年平均气温的线性趋势变化不明显,为 -0.024℃/10a。从 20 世纪 20 年代至今,三峡库区温度主要经历了明显的暖—冷—暖阶段性变化,1924—1949 年和 1994—2011 年为显著偏暖阶段,而 1950—1993 年以偏冷为主的时期也出现了阶段偏暖的时段,比如 1958—1966 和 1973—1979 为短暂的偏暖时期。

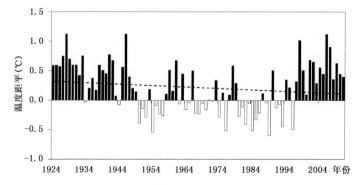

图 3.26 1924—2011 年三峡水库年平均气温距平(相对于 1971—2000 年)
虚线为线性趋势

三峡库区 20 世纪 90 年代中后期至今出现的显著增温现象在时间上迟于我国 1986 年前后开始的普遍增温(林学椿,1995);说明三峡库区气温变化与全球及全国气候变暖存在非同步性。三峡库区显著偏暖的 10 年包括 20 世纪 20 年代、30 年代、40 年代和 21 世纪前 10 年。与全国相比,全国气温 W 序列的 20 世纪 20 年代、40 年代和 21 世纪前 10 年显著偏暖是一致的,但是全国 T 序列 20 世纪 20 年代的暖期不明显(《第二次气候变化国家评估报告》编写委员会,2011),而全国 20 世纪 90 年代的显著偏暖与三峡库区不一致,说明三峡库区 90 年代的增暖是明显滞后于全国增暖的。

表 3.18 给出了三峡库区每 10 年平均的气温距平及 1924—2011 年的线性趋势。各季节的气温变化存在较大差异。三峡库区 4 个季节 20 世纪 20 年代、30 年代、40 年代和 21 世纪前 10 年都为温度偏高期,80 年代温度都偏低。4 个季节最近一次增暖主要集中在 90 年代中期或中后期,90 年代冬季偏暖相比其他季节最多,说明冬季增暖时间较其他季节提前(图 3.27)。从 21 世纪前 10 年偏暖程度来看,春季增暖相比最显著,夏季相比增暖最不明显。

表 3.18　三峡水库每 10 年平均的气温距平及 1924—2011 年的线性趋势(℃/10a)

时间	春季	夏季	秋季	冬季	全年
1924—1930 年	1.02	0.83	0.70	0.40	0.70
1931—1940 年	0.35	0.64	0.58	0.09	0.40
1941—1950 年	0.46	0.36	0.41	0.36	0.35
1951—1960 年	−0.16	0.09	0.04	−0.24	−0.06
1961—1970 年	0.15	0.33	0.03	−0.29	0.07
1971—1980 年	−0.03	0.26	−0.01	−0.10	0.03
1981—1990 年	−0.11	−0.19	−0.16	−0.24	−0.17
1991—2000 年	0.14	−0.07	0.17	0.33	0.14
2001—2010 年	0.88	0.36	0.69	0.50	0.61
1924—2011 年线性趋势	−0.019	−0.070	−0.028	0.005	−0.024

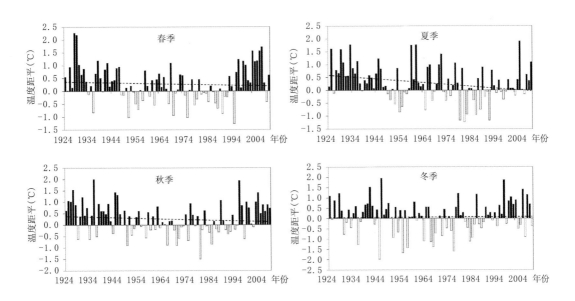

图 3.27　1924—2011 年三峡水库四季平均气温距平(相对于 1971—2000 年)

虚线为线性趋势

3.2.1.2 降水变化

图 3.28 给出了 1883—2011 年三峡库区年降水量距平百分率的变化。三峡库区近百余年来年降水量无明显的线性变化趋势,在 20 世纪 60 年代之前 10 年以上的周期比较明显,之后多雨、少雨的转换周期有明显缩短的趋势。19 世纪 80 年代、90 年代、20 世纪前 10 年、20 世纪 20 年代和 70 年代为少雨期,20 世纪 10 年代和 30 年代属于多雨期。

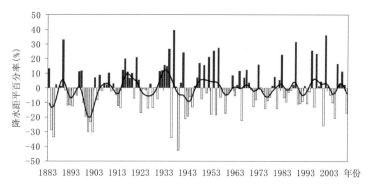

图 3.28 1883—2011 年三峡水库年降水量距平(相对于 1971—2000 年)
曲线为低频滤波值

表 3.19 给出了三峡库区每 10 年平均的降水量距平及 1883—2011 年的线性趋势。从三峡水库年和各季节降水量变化趋势发现,以 10～20 年左右周期性变化为主,无明显趋势变化。与全国相比,全国平均的年降水以 20 年左右的周期性变化为主,也无明显变化趋势(《第二次气候变化国家评估报告》编写委员会,2011)。三峡库区各季节的降水量变化存在较大差异。春季 20 世纪前 10 年和 80 年代属于少雨期,70 年代多雨明显。夏季 19 世纪 90 年代和 20 世纪 70 年代少雨明显,90 年代和 21 世纪前 10 年属于多雨期。秋季 19 世纪 80 年代、20 世纪 20 年代、50 年代、90 年代和 21 世纪前 10 年属于少雨期,20 世纪 30 年代、40 年代和 80 年代属于多雨期。冬季 21 世纪前 10 年多雨最明显。

表 3.19 三峡水库每 10 年平均的降水量距平及 1883—2011 年的线性趋势(mm/10a)

时间	春季	夏季	秋季	冬季	全年
1883—1890 年	3.7	18.4	−46.3	1.4	−20.4
1891—1900 年	13.8	−76.9	−16.6	−7.6	−87.1
1901—1910 年	−40.5	−8.9	16.2	−4.5	−38.8
1911—1920 年	−5.9	23.1	8.8	3.6	27.8
1921—1930 年	−5.0	19.1	−34.0	−7.5	−27.3
1931—1940 年	−3.4	19.1	19.2	5.8	53.3
1941—1950 年	−13.4	−10.4	29.9	−7.8	−1.9
1951—1960 年	11.0	25.1	−30.6	0.3	6.1
1961—1970 年	1.9	−1.4	15.1	0.7	17.2
1971—1980 年	23.9	−51.4	4.0	−4.6	−29.8
1981—1990 年	−23.9	21.0	19.8	1.5	18.0
1991—2000 年	−0.1	30.4	−23.8	3.1	11.7
2001—2010 年	8.2	37.3	−50.4	15.4	10.3
1883—2011 年线性趋势	0.551	2.777	−0.264	0.747	3.794

3.2.2　长江流域近 100 年来气候变化特征

3.2.2.1　温度变化

长江上游(成都、重庆为代表站)、长江中下游(武汉、宜昌、上海、南京为代表站)以及长江流域的增温速率分别为 $-0.06℃/10a$、$0.10℃/10a$、$0.04℃/10a$(图 3.29);自有观测记录以来,上游降温幅度为 0.53℃,中下游和全流域的增温幅度分别为 1.39℃、0.35℃。长江流域年平均气温近百年来出现了两个变暖期,第一个在 20 世纪 20 年代,气温开始出现显著的上升,但仍有下降过程,第二个变暖期开始于 80 年代后,此时气温显著上升,长江流域增温幅度达 0.4℃以上。三峡库区与长江上游温度变化趋势比较一致,但降温幅度低于上游流域。长江流域平均气温变化具有明显空间差异,1981—1999 年与 1951—1980 年相比,长江流域上游和中下游表现出不同的结果,上游地区降温 0.2℃,而中下游地区则增温 0.2～0.6℃,增温极值 0.8℃出现在长江三角洲地区(何丽等,2007)。长江流域的武汉、宜昌两地在 20 世纪 10 年代末 20 年代初升温,该高温时段一直持续到 40 年代末,而 40 年代末年平均气温存在一次较强的降温突变(陈正洪,2000)。

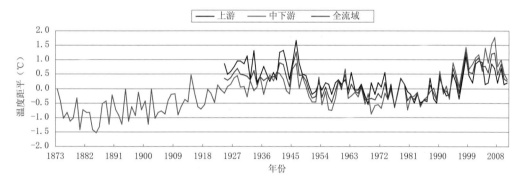

图 3.29　长江流域上游、中游、下游及全流域温度距平变化(相对于 1971—2000 年,℃)

1885 年以来,长江中下游四季气温均呈增加趋势,平均每 100 年增加 0.59(秋季)～0.92(冬季)℃。1885 年—1920 年代气温偏低,20 世纪 30—50 年代偏高,随后的 20 年左右偏低,从 20 世纪 70 年代末开始,气温又偏高。长江中下游的夏季和冬季气温有明显不同的变化幅度,夏季在 20 年代前后,气候变率小(1920 年为 0.39℃),60 年代以后气温变化幅度增大(1969 年为 0.70℃),反映出近期长江中下游频繁发生的酷暑与冷夏。在冬季,变化幅度最大发生在 40—60 年代(1954 年为 1.1℃),20 世纪 10 年代最小(1914 年为 0.63℃),近期在暖背景下的冬季气温变率变小的特征表明中下游冬季出现持续的暖冬特征(陈辉等,2001)。

3.2.2.2　降水变化

长江上游(成都、重庆为代表站)、长江下中游(武汉、宜昌、上海、南京为代表站)以及长江流域的降水距平百分率的变化速率分别为 $-1.2\%/10a$、$0.108\%/10a$、$-0.48\%/10a$(图 3.30);自有观测记录以来,上游、全流域的降水减少 140.3 mm、63.5 mm,中下游降水量增加 2.4 mm,总体变化不明显。长江流域 1900—2000 年的降水量总体上呈弱的下降趋势,20 世纪 80 年代后增加趋势显著。长江流域的降水变化与全球气温变化呈正相关性,总体上当全球气温上升时,长江流域降水量也呈上升趋势;当全球气温下降时,长江流域降水量呈下降趋势。

长江流域降水主要集中在夏季,夏季降水量距平变化有一定的规律,大致在 10 年有一个波动,20 世纪 50—80 年代振幅较大,90 年代后频率增加(何丽等,2007)。

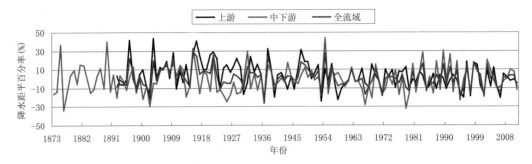

图 3.30 长江流域上游、中游、下游及全流域降水距平百分率变化(相对于 1971—2000 年,%)

1885 年以来,长江中下游四季降水均呈增加趋势,其中春、夏季分别每 100 年增加 39 mm、27 mm,秋、冬增加不到 10 mm。在春季和冬季,长江中下游的降水变幅不大。夏季在 20 世纪 30—40 年代降水变幅较小,60 年代以后夏季降水变幅增大,反映出近期长江中下游频繁发生的特大洪涝(陈辉等,2001)。

3.2.3 三峡库区与长江流域近 100 年来气候变化特征关系分析

1840—2000 年长江流域共发生 32 次大洪水,13 次出现于 1849—1910 年间的冷期,频率为 1.9 次/10a,19 次出现于其后的 1921—2000 年的暖期,频率为 2.4 次/10a,高于前者。冷期 13 次大洪水中没有全流域型的大洪水,而有中下游型大洪水 6 次,所在年代较为分散。上游与上中游型大洪水 6 次,主要集中于 1860—1900 年代(5 次),其中,1870 年特大洪水在宜昌洪痕记录为 105000 m³/s,是已知历史上的最大洪水记录,特大暴雨出现于嘉陵江中游和川江干流附近,淹没江汉平原 30000 km²,灾情惨重(施雅风等,2004;乔盛西等,1999a)。

1900—2000 年中长江流域共出现旱灾 9 次,在第一个暖期中发生 2 次,频率为 1 次/10a,第二个暖期中出现 3 次,频率为 1.5 次/10a,两个暖期间出现 4 次,发生频率为 1 次/10a。第二个暖期较第一个暖期旱灾发生频率增加,表明全球气候变暖后干旱发生的次数增多,频率加快(何丽等,2007;乔盛西等,1999b)。

20 世纪以来,三峡库区旱涝均呈增加趋势,偏涝以上、偏旱以上次数增加至 34 次,旱涝次数显著增加,且旱年出现次数大于涝年,反映三峡库区气候趋旱趋势。与此同时,长江流域偏旱以上、偏涝以上发生次数分别增至 26 次和 35 次,尤其偏旱以上年份比 19 世纪之前增加 10 次;20 世纪以来长江流域旱、涝年均为 6 次。近 100 年三峡库区旱涝变化与长江全流域及长江上游旱涝变化趋势基本一致,上游偏旱以上年份达 39 次,比偏涝以上多 10 次左右,而旱、涝年份出现 8 次,均比 19 世纪之前明显增加。三峡库区旱涝变化与长江流域及其上游相关关系显著,两者相关系数分别达到 0.73、0.83。1900 年以来,三峡库区与长江上游出现 8 年同旱年,5 年同涝年,分别为 14 年一遇和 22 年一遇。

在全球气候变化的背景下,三峡库区旱涝演变并不是孤立事件,而是与长江上游乃至整个长江流域旱涝背景密切相关,是在全球变暖背景下大尺度范围的大气环流发生异常的结果。

3.3　三峡库区近 500 年旱涝演变特征

3.3.1　三峡库区及长江流域 500 年旱涝序列的建立

　　根据长江流域各站分布及历史资料情况,在长江流域选取上游(重庆、成都、万县、宜昌)、中游(荆州、武汉、岳阳、九江)、下游(安庆、南京、扬州、上海)12 个代表站,其中三峡库区有 3 站(重庆、万县、宜昌)。利用中国 500 年旱涝图集等级(气象科学院,1981),得到上述 12 个代表站 1470—1979 年的旱涝等级,缺少的资料用邻近站内插。1980—2011 年的旱涝等级用各站历年降水观测记录中 5—9 月降水量,按旱涝图集的标准进行划分(表 3.20),得到长江流域 12 站 1470—2011 年共 542 年的旱涝等级资料。全流域、上游、中游、下游流域及三峡库区旱涝序列,为流域内各站旱涝等级的算术平均值(叶愈源等,1995)。

表 3.20　长江流域及三峡旱涝等级划分标准

旱涝等级	1	2	3	4	5
旱涝特点	涝	偏涝	正常	偏旱	旱

3.3.2　三峡库区 542 年来旱涝气候演变特征

3.3.2.1　三峡库区旱涝气候年际变化

　　1470—2011 年三峡库区历经多次旱涝转换,20 世纪后库区旱涝频率有所加剧。20 年滑动平均曲线显示,三峡库区经历明显的旱涝阶段,其中 1650—1770 年、1830—1920 年为偏涝(包括涝)阶段,1480—1530 年、1620—1650 年、1770—1820 年、1920—1980 年为偏旱(包括旱)阶段(图 3.31)。1470—2011 年三峡库区旱涝等级变化与长江上游较为一致,两者呈正相关关系,相关性达到 0.83,与长江上游流域东、西部相关系数分别为 0.88、0.76,与长江上游东部相关性相对较大。

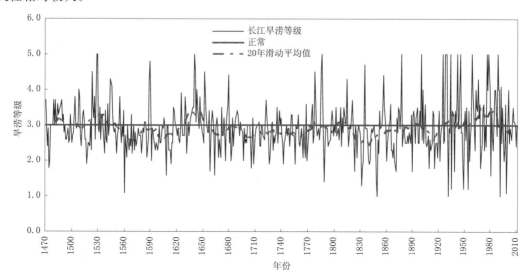

图 3.31　1470—2011 年三峡库区旱涝等级逐年变化

1470—2011年三峡库区出现正常(3级)年份300年,约占总年份的55%;偏涝以上出现120次,占22%;偏旱以上出现122次,约占23%。542年三峡库区流域旱涝出现次数基本一致,占总年份约3%~4%(表3.21)。

表 3.21　1470—2011 年三峡库区流域旱涝发生频次

旱涝等级	三峡库区	
	次数	频率(%)
1	16	3
2	104	19
3	300	55
4	103	19
5	19	4

3.3.2.2　三峡库区旱涝气候年代际特征

1470—2011年三峡库区偏旱、偏涝以上发生次数呈上升趋势(表3.22),尤其进入20世纪库区的旱涝次数明显增加。18世纪之前偏旱(包括旱)次数多于偏涝(包括涝)次数,以偏旱(包括旱)为主;20世纪偏旱、偏涝频次均有明显上升。三峡库区涝年次数由16—18世纪的1~2次,增至19—20世纪6次;而旱年次数在20世纪大幅增长,由19世纪3次增至20世纪10次。研究1980—2007年三峡库区洪涝年际表化表明,三峡库区年均洪涝、区域向洪涝变化趋势不明显,但区域性洪涝较为频繁;三峡建坝前洪涝年份环流异常相比建坝后更有利于降水形成(李强等,2010)。

542年中(1470—2011年)三峡库区涝年次数16次,达到34年一遇;旱年次数为19次,达到29年一遇。就年代际变化而言,涝年由18世纪之前的百年一遇,升至19世纪和20世纪17年一遇;旱年发生频率多于涝年,由19世纪前的近50年一遇,上升至20世纪的10年一遇。

表 3.22　1470—2011 年三峡库区流域旱涝次数世纪分布

年份	三峡库区流域旱涝等级/次数						
	1	2	3	4	5	1~2合计	4~5合计
1470—1500 *	0	4	17	9	0	4	9
1501—1600	1	12	70	15	2	13	17
1601—1700	2	17	57	22	2	19	24
1701—1800	1	23	63	11	2	24	13
1801—1900	6	20	61	10	3	26	13
1901—2000	6	26	38	20	10	32	30
2001—2011 *	0	2	6	4	0	2	4

注:表中由于资料所限1470—1500年、2001—2011年均不够100年。

近200年气候变化,大体分出19世纪为全球性小冰期的第三个冷期,20世纪为全球变暖时期。20世纪全球和中国变暖集中在两个时段,前一个时段1920—1940年,后一个时段为1980年开始持续至今;冷期集中在1960—1970年。第一个暖期三峡库区出现2次大涝和4

次大旱,第二次暖期则出现 3 次大涝和 5 次大旱;而冷期间库区没有发生大旱、大涝。

3.3.3　长江流域 542 年来旱涝演变特征

3.3.3.1　长江流域旱涝年际变化

1470—2011 年长江全流域及上、中、下游历经多次旱涝转换(图 3.32),20 世纪后长江全流域及上、中、下游旱涝频率有所加剧(周月华等,2006)。20 年滑动平均曲线显示,长江流域及上、中、下游经历明显的旱涝阶段。长江流域涝(包括偏涝)时期主要分布在 1540—1620 年、1700—1770 年、1810—1860 年;而旱(包括偏旱)时期主要分布 1500—1530 年、1620—1650 年、1920—1980 年。上游流域涝(包括偏涝)时期主要分布在 1650—1770 年、1830—1930 年;而旱(包括偏旱)时期主要分布在 1480—1530 年、1610—1650 年、1770—1820 年、1960—1980 代。中游流域涝(包括偏涝)时期主要分布在 1540—1580 年、1600—1630 年、1700—1770 年、1810—1890 年、1900—1920 年;而旱(包括偏旱)时期主要分布在 1630—1650 年、1960—1980 年。下游流域涝(包括偏涝)时期主要分布在 1550—1640 年、1730—1770 年、1810—1850 年、1980—2010 年;而旱(包括偏旱)时期主要分布在 1530—1550 年、1630—1650 年、1930—1980 年。

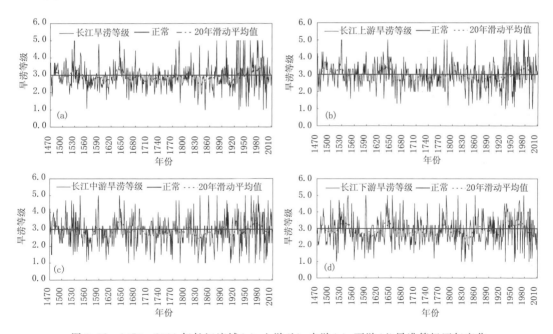

图 3.32　1470—2011 年长江流域(a)、上游(b)、中游(c)、下游(d)旱涝等级逐年变化

542 年间长江流域、上游、中游、下游正常级(3 级)分别出现 346 次、310 次、284 次、272 次,约占总次数 64%、57%、52%、50%。全流域、上游、中游、下游偏涝以上级别分别出现 103 次、106 次、129 次和 131 次,分别占总次数的 19%、20%、24% 和 24%;偏旱以上级别分别出现 93 次、126 次、129 次和 139 次,分别占总次数的 17%、24%、24% 和 26%。542 年间全流域的涝出现了 11 次,而全流域的旱出现了 23 次,上游、下游旱次数多于涝 10 次左右,与全流域相似。而中游旱涝发生次数基本一致(表 3.23)。

表 3.23   1470—2011 年长江流域及其上、中、下游旱涝发生频次

旱涝等级	全流域		上游		中游		下游	
	次数	频率(%)	次数	频率(%)	次数	频率(%)	次数	频率(%)
1	11	2	14	3	25	5	17	3
2	92	17	92	17	104	19	114	21
3	346	64	310	57	284	52	272	50
4	70	13	101	19	103	19	113	21
5	23	4	25	5	26	5	26	5

3.3.3.2　长江流域旱涝年代际特征

1470—2011 年长江全流域及上、中、下游偏旱、偏涝以上发生次数呈上升趋势,尤其进入 20 世纪全流域的旱涝显著增加(表 3.24 至表 3.27)。全流域的涝年共出现 11 次,达到 50 年一遇,20 世纪出现 6 次,其中 1954 年、1998 年长江全流域发生了大洪水。上游涝年次数共出现 14 次,且呈显著增长趋势,15 世纪和 16 世纪上游均未出现涝年,18 世纪上游出现·次涝年,1788 长江上游及全流域出现洪水,据调查(王俊等,2002)推算宜昌站最高水位为 57.14 m,洪峰流量大 86000 m³/s。全流域出现 23 次旱年,达到 25 年一遇,较涝年频繁一倍。上游流域共出现 25 次旱年,达到 22 年一遇,且旱年也随年代增多,17 世纪仅发生 1 次大旱,而 20 世纪

表 3.24   1470—2011 年长江全流域旱涝次数世纪分布

年份	长江流域旱涝等级(次数/等级)						
	1	2	3	4	5	1~2 合计	4~5 合计
1470—1500 *	0	3	21	6	0	3	6
1501—1600	1	19	64	12	4	20	16
1601—1700	0	14	72	11	3	14	14
1701—1800	1	18	74	4	3	19	7
1801—1900	3	18	66	11	2	21	13
1901—2000	6	19	42	25	6	25	33
2001—2011 *	0	1	9	2	0	1	2

表 3.25   1470—2011 年长江上游流域旱涝次数世纪分布

年份	长江上游流域旱涝等级(次数/等级)						
	1	2	3	4	5	1~2 合计	4~5 合计
1470—1500 *	0	4	16	10	0	4	10
1501—1600	0	13	67	10	5	13	15
1601—1700	2	15	60	15	8	17	23
1701—1800	1	22	63	12	2	23	14
1801—1900	3	19	61	15	2	22	17
1901—2000	8	19	35	30	8	27	38
2001—2011 *	0	1	8	4	0	1	1

表 3.26　1470—2011 年长江中游流域旱涝次数世纪分布

年份	长江中游流域旱涝等级（次数/等级）						
	1	2	3	4	5	1～2 合计	4～5 合计
1470—1500 *	0	4	15	11	0	4	11
1501—1600	2	24	54	14	6	26	20
1601—1700	3	18	59	16	4	21	20
1701—1800	5	18	62	13	2	23	15
1801—1900	4	19	58	15	4	23	19
1901—2000	11	18	38	24	9	29	33
2001—2011 *	0	3	3	5	1	3	1

表 3.27　1470—2011 年长江下游流域旱涝次数世纪分布

年份	长江下游流域旱涝等级（次数/等级）						
	1	2	3	4	5	1～2 合计	4～5 合计
1470—1500 *	0	8	18	4	0	8	4
1501—1600	4	23	47	18	8	27	26
1601—1700	1	20	54	20	5	21	25
1701—1800	1	20	60	15	4	21	19
1801—1900	4	22	53	18	3	26	21
1901—2000	7	18	43	26	6	25	32
2001—2011 *	0	3	7	2	0	3	2

* 注：表 3.24 至表 3.27 中由于资料所限 1470—1500 年、2001—2011 年均不够 100 年。

上游发生 8 次大旱。中下游流域旱、涝年变化趋势与全流域基本一致，中游流域共出现 25 次涝年，达到 22 年一遇；下游流域共出现 17 次涝年，达到 32 年一遇，均呈增加趋势；中游流域涝年次数由 19 世纪 4 次增加到 11 次，旱年次数有 4 次增加至 9 次；下游流域涝年次数增幅程度不及中游流域，由 4 次增加至 7 次，旱年由 3 次增至 6 次。长江中下游干旱主要以夏、秋旱最为主，集中于 5—8 月，占全部受旱次数的 80% 以上，其次春、夏旱，少数出现春、夏、秋甚至四季连旱（张海滨等，2011）。长江流域及其上、中、下流域旱年出现的概率大于涝年。

1840 年以来，1920—1940 年和 1980—2011 年两个暖期中全流域出现分别 2 次大涝年，1998 年长江流域大洪水出现在第二个暖期中，1960—1970 年冷期间没有出现大涝年；第一个暖期出现 4 次全流域大旱，第二个暖期则出现 1 次全流域大旱，冷期中出现 2 次大旱，1931 年长江流域大旱出现在第一个暖期，但冷期间也会出现大旱事件如 1976 年。中下游第二个暖期大涝次数多于第一个暖期，且第二个暖期中大涝的次数多于大旱次数。

3.3.4　三峡库区及长江流域 500 年旱涝趋势分析

3.3.4.1　长江全流域与上、中、下游流域旱涝协同变化关系

长江全流域的旱涝与上游、中游流域和下游流域具有良好的正相关关系，且相关系数通过 0.05 显著性水平检验。表 3.28 结果显示，长江全流域旱涝变化与上游、中游、下游流域具有

良好的一致性特征,542年里有23年长江全流域与上游、中游、下游呈同涝关系,这直接导致长江全流域出现洪水,如20世纪以来典型的1954年、1998年大洪水(温克刚,2007)。同时出现43年全流域及其上游、中游、下游呈同旱的局面,如新中国成立以来1978年、1959年的长江流域大旱均位于前两位。长江全流域旱涝与中游流域旱涝相关系数最大,表明这两个流域协同变化程度较其他流域高。

表3.28　长江全流域与上、中、下游流域旱涝相关关系

	上游流域	中游流域	下游流域
全流域	0.745	0.854	0.756

3.3.4.2　长江全流域(或上、中、下游流域)与三峡库区旱涝协同趋势分析

三峡库区旱涝与长江全流域、流域上、中、下游均存在正相关关系,表3.29结果显示,三峡库区旱涝变化与上游流域旱涝变化具有较高的一致性,相关系数达到0.8,与全流域相关系数也达到了0.63,而与中下游相关系数较低,表明三峡库区与长江全流域及上游旱涝变化具有良好协同变化关系。近500年中,三峡库区流域和长江全流域出现30次同涝、46次同旱,与长江上游出现43次同涝、55年同旱,协同变化关系较好。在20世纪以来的112年里,三峡库区流域与全流域同旱、同涝次数分别达到22次、10次;与上游流域同旱、同涝次数分别达到24次、13次,较20世纪之前均有增加。这也从另一个方面反映了20世纪以后长江全流域旱涝次数增加的现象。

表3.29　长江全流域(或上、中、下游流域)与三峡库区旱涝相关关系

	全流域	上游流域	中游流域	下游流域
三峡库区	0.633	0.80	0.535	0.375

第 4 章　三峡水库蓄水前后气候对比分析

4.1　引言

　　三峡地区位于我国西南地区的东北部,四川盆地的东南部,东亚季风区的西部,冬暖春早,夏热秋雨。气候分析表明(王梅华等,2002;邹旭恺等,2005),三峡地区的降水主要集中在春季至秋季,春夏旱的发生概率较低,而伏旱发生频率较高(何永坤等,2001)。

　　三峡工程是世界最大的水电工程,长约 660 km,水域覆盖面积超过 1000 km²,控制了重庆至宜昌的长江段。2003 年 6 月 10 日,三峡库区蓄水水位达到 135 m。三峡库区带来的大规模下垫面类型变化如何影响区域气候目前还不是很清楚。2006 年三峡库区的降水量较常年同期明显偏少,气温显著偏高(张强等,2007),围绕着这一高温干旱事件,民间出现了对三峡区域气候效应的争论。数值模拟结果表明,三峡库区蓄水带来的影响主要体现在水道周围几十千米的范围(吴佳等,2011),对近年来极端天气事件的影响并不明显(马占山等,2010)。

　　有研究指出,三峡库区蓄水前后在蒙古和我国东北地区的环流背景合成明显不同,蓄水前典型洪涝年份环流异常更有利于降水(李强等,2010)。陈鲜艳等(2009)利用 33 个气象观测站资料,分析讨论了 1961 年以来三峡水库附近的气温和降水的时空分布特征,并根据 2004—2006 年的台站监测资料,对蓄水前后三峡库区的温度和降水变化特征做了分析。但陈鲜艳等(2011)对蓄水后 3 年的气候特征分析后也未得出明确结论,库区的气候变化是水库蓄水造成的,还是全球气候变化背景下的区域体现,需要更长时间的观测分析。

　　空间卫星遥感最初是通过可见光和红外光谱卫星数据间接和定性地估计降雨分布,随后才发展到用被动和主动微波技术去定量地观测降雨(Prigent,2010)。随着遥感观测技术的迅速发展,微波遥感观测能够基本上覆盖全球且探测频率高,有利于进行降雨量时空分布的反演(Gu 等,2010)。目前可用的降雨数据产品很多,这些产品具有不同的时间和空间分辨率(Todd 等,2001;Boi 等,2004;Brown 2006)。TRMM(Tropical Rainfall Measurement Mission)降雨数据相较于其他卫星数据产品具有更高的空间分辨率且更可靠(Nicholson 2005)。Gu 等(2010) 将 TRMM 3B42V6 数据产品引入中国南部长江流域的水文模拟循环中,研究结果表明该降雨产品在长江流域较可靠,有较好的精度。雨季时,该数据略高估了降雨量,而枯水季节时,该数据略低估了降雨量。Zhao 等(2012)利用三峡库区 1998—2009 年 34 个国家降雨站点的数据验证 TRMM 多卫星降雨分析数据(TMPA)的精度。第一次利用区域的年、季节平均降雨量数据验证卫星降雨量数据的精度。与站点数据相比,卫星降雨数据平均每月高估了约 3 mm。在日尺度上,卫星数据与站点测量数据在所有雨势类别上有较好的一致性,除了小于 1 mm/d 的小雨。在空间上,将利用泰森多边形插值的站点数据与卫星数据相比,结果表明在水库旁的山区,卫星降雨产品高估了降雨量,特别是对于春季和夏季。总的来说,验证结果为卫星降雨数据用于三峡库区的水文气候研究提供了充足的数据统计支持。

Wu 等(2006)的研究是目前我们能找到的基于 TRMM 降雨产品和 MODIS 地表温度产品来分析三峡水库蓄水前后库区降雨和温度变化的文献。其研究结果显示,三峡水库在蓄水到 135 m 以后,远在三峡库区以北约 250 km 的大巴山和秦岭之间河谷地带的降雨有显著提高,该区域的地表温度(MODIS)降低了 0.67℃,而库区周围的降雨则有所减少。Wu 等(2006)认为三峡水库的气候效应至少在区域级的 100 km 以上,而不是像张洪涛等(2004)和段德寅等(1996)的模拟结果所显示的 10 km 级的局地影响。同时,Xiao 等(2010)利用库区周围 27 个降雨站数据的分析结果显示,Wu 等(2006)观测到的三峡库区周围的降雨变化都在该区降雨的自然变化范围之内,没有确凿的证据显示该降雨变化是由三峡水库蓄水造成的。

三峡水库蓄水经历了三个阶段。2003 年 6 月至 2006 年 5 月是蓄水第一阶段,水库水位提高到 135～140 m;2006 年 9 月至 2008 年 8 月是第二阶段蓄水,水位提高到 145～156 m;2008 年 9 月以来是第三阶段蓄水,水位提高到 175 m。而 Wu 等(2006)只用到第一阶段蓄水后的数据,并不能充分显示三峡水库在不同水位蓄水后对库区周围温度和降雨的影响。Zhao 等(2012,邮件交流)正在用验证后的 TMPA 产品分析 1998—2012 年三峡水库蓄水前后的降雨变化特征,我们期待其结果的正式发表。同时,我们还需要类似地用遥感卫星温度产品对库区周围的温度变化做最新对比分析。

4.2 三峡水库蓄水前后淹没面积和库容变化分析

三峡水库在 2003 年 6 月份首次从坝前 66 m 蓄水到 135 m,2006 年 10 月份水位升到 156 m,2008 年 11 月 11 日达到高水位的 172.8 m,并在 2010 年 10 月 25 日第一次达到最高水位 174.9 m。在前两年的高水位的试运行中,2008 年和 2009 年仅在高水位(＞170 m)保持了 1 个月,在 12 月中旬就下降到 170 m 以下。自 2010 年 10 月底到达最高水位开始,三峡水库转入正常的运行之中,并在高水位(＞170 m)一直持续到 2011 年 2 月中旬,然后才逐渐将水位下降到汛期来临前 145 m 的最低水位线。

在 175 m 高水位,三峡水库的淹没长度从三峡大坝到重庆约 660 km,宽 1～2 km,水库面积约 1000 km²,蓄水体积约 40 km³(Wang 等,2005;张强等,2007;Wang 等,2011)。三峡水库的淹没面积、库区水域面积和库容等基础数据在文献报道中有较大差异(表 4.1)。大多数文献主要使用三峡公司及中国驻美国大使馆公布的官方数据,而 Wang 等(2005) 和 Wang 等(2011)用 SRTM 高程数据得出的水域面积与官方报道值有较大差异;且官方报道中没有提及他们所报道数据使用的方法、数据源和所报道数据的不确定性或精度。文献中所报道的值都是三峡水库蓄水前的理论计算值。利用卫星遥感影像来精确测定水库实际运行时在不同水位时的面积、体积等参数显得尤其重要;这些数据将为我们综合评估水库的水文气候效应以及水库的日常管理和科学研究提供准确的基础数据(左振鲁等,2010)。

本节利用 Landsat 卫星影像和 SRTM 高程数据,研究三峡水库在实际蓄水过程中不同水位时的淹没面积和库容变化。

表 4.1 文献使用的三峡水库在 175 m 水位时水域长度、面积和库容
(括号里的数字是蓄水后淹没的陆地面积)

来源	方法	长度（km）	水域面积（km²）	体积（km³）
中国驻美大使馆,2012	—	663	1045(630)	—
中国长江三峡集团公司,2012	—		—(630)	39.3
三峡环境影响报告书,1992	—	580	1080	39.3
Wang 等(2011)	SRTM 高程数据	～600	976	39.3*
Xu 等(2011)	—	—	1080	39.3
汪汉胜等（2007）	—	～600		39.3
Wu 等（2006）	—	660	1040	
Miller 等(2005)	—	663	1040	39.3
Wang 等(2005)**	SRTM 高程数据	673	1077(555)	45.9
Boy and Chao (2002)	—	～600		40
Wang (2000)	—	～600	1084	39.3

注:～表示约等于;* 引用 Wang(2000)的数据,Wang 等(2011) 只计算水域面积,没有计算库容体积;＊＊ Wang 等(2005)
用 SRTM 高程数据独立算出不同水位时三峡水库的长度、水域面积、淹没的陆地面积以及水库库容体积,其计算结果偏高。

4.2.1 淹没面积变化

根据中国三峡水库的实测水位数据,挑选出五个蓄水水位(136 m、145 m、155 m、170 m、
175 m)时的覆盖三峡库区的 Landsat 数据,并利用最大似然监督分类法提取各水位的淹没面
积。同时,利用 SRTM 数据提取这五个水位时的淹没面积。研究结果表明,SRTM 数据和
Landsat 数据提取的淹没面积基本一致。当水位由 136 m 上升为 145 m 时,Landsat 提取的水
域面积由 427 km² 增加为 516 km²,SRTM 提取的淹没面积由 438 km² 增加为 524 km²;当水
位上升为 155 m 时,Landsat 提取的水域面积增加为 643 km²,SRTM 增加为 647 km²;当水
位上升为 170 m,Landsat 和 SRTM 提取的水域面积分别为 877 km² 和 902 km²,二者之间的
误差小于 3%;当水位上升为 175 m 左右时,Landsat 和 SRTM 提取的水域面积分别为
929 km² 和 1008 km²,二者相差约 8%。官方公布的淹没面积在 136 m、155 m、175 m 水位时
分别为 427 km²、652 km²、1040 km²。将 Landsat 数据结果与三峡公司公布的面积相比,二者
的相对差别(以 Landsat 为参照)分别为 0%、1%、12%(图 4.1)。

4.2.2 库容变化

这里所指的水库库容都是指静态库容,即假设三峡库区的水面是平的,这样就可以利用
ARCGIS 的 surface volume 工具计算 SRTM 数据在给定水位的体积。在 70 m 水位,利用
SRTM 提取三峡库区体积约为 0;在其他水位,其体积分别为 11.79 km³(136 m)、15.65 km³
(145 m)、20.97 km³(156 m)、31.83 km³(170 m)、36.25 km³(175 m)。据三峡公司公布的实
测水位数据及三峡水库库容变化数据,王先伟等(2011)得出三峡水库的库容与水位服从幂指
数关系($V = 0.2968 \times 1.0284H, R^2 = 0.999$)。根据这个关系可以推知当水位为 70 m（蓄
水前)时,三峡河道的水体体积为 2.11 km³。在其他水位,三峡公司报道的库容分别为
13.4 km³（136 m)、17.2 km³（145 m)、22.8 km³（155 m)、34.7 km³（170 m)、39.3 km³

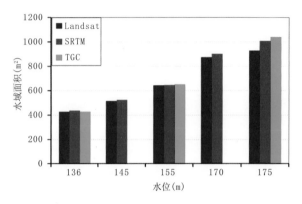

图 4.1 不同水位的淹没面积：Landsat，SRTM 和三峡公司（Three Gorges Company-TGC）

（175 m）。为了将 SRTM 计算得出的体积与三峡公司报道的水库库容进行对比，只能比较二者的在不同水位之间的体积变化量，即用三峡公司报道的各水位之间的库容变化值与 SRTM 算出的各水位间的库容变化值。我们的研究结果表明，SRTM 的体积变化与三峡公司报道的库容数据基本一致，二者的差距小于 5%（图 4.2）。

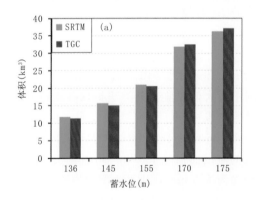
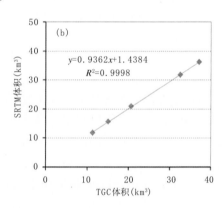

图 4.2 三峡库区库容变化（a. 表示在 5 个给定蓄水位时，由 SRTM 数据运算所得体积和官方公布数据的对比；b. 表示 SRTM 数据运算所得的体积与官方公布数据的相关性比较）

当水位由 70 m 上升到 175 m，由 SRTM 所提取的库容变化与水位变化的关系曲线和三峡公司报道的库容变化与水位变化的关系曲线非常相近，均呈现二次相关性，或者服从幂指数关系（王先伟等，2011），且拟合程度较好（SRTM 的 R^2 为 0.9971，官方公布体积的 R^2 为 0.9922）（图 4.3）。

4.3 三峡水库蓄水前后重力变化分析

美国 GRACE 重力卫星发射后在 2002 年 4 月份即开始向地面传回有效数据，一直正常运行至今。这刚好与三峡水库的蓄水过程同步，用 GRACE 重力卫星可以估测三峡库区蓄水量的变化；同时将其与实测数据相比，可验证 GRACE 重力卫星数据的估测精度。

GRACE 重力卫星检测的重力变化包括土壤水、地表水（水库、河流、冰、雪）、地下水和大气水分变化。大气水分可由实测值在 GRACE 数据处理时就过滤掉；土壤水和地表水的自然

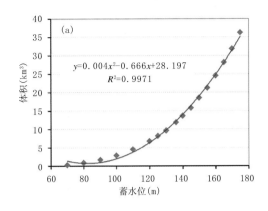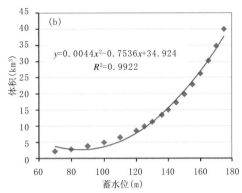

图 4.3　三峡水库库容与水位的相关性

（a.表示 SRTM 的所提取库容与水位的相关性；b.表示官方公布的库容与水位的相关性）

变化用 WaterGAP 全球水文模型（WGHM）的模拟值。这样，假定地下水变化不大，GRACE 估计值与 WGHM 水文模型得模拟值的差值即可当作水库的库容或者质量/重力变化，进而与实测值对比分析。

首先，将 2002—2005 年和 2008—2010 年两个时间段的月平均降雨量、入口流量、出口流量、GRACE 观察的重力变化和水量变化进行比较。研究结果表明：

降雨主要集中在 5 月到 8 月，且 GRACE 重力卫星检测的体积变化一般滞后于降雨变化 2 个月，说明降雨是总蓄水量变化的控制因素（图 4.4a）。

在 2006 年以前，GRACE 重力卫星观测和 WGHM 模型估计的水量季节变化基本一致，且其峰值基本上滞后于降雨峰值 1～2 个月（图 4.4a）。

在 2002—2005 年间，三峡库区的蓄水位约为 135 m，库容约为 13 km³，三峡水库的月入库流量和出库流量基本相等（除了 2003 年 6 月，这时候水位达到 135 m），因为这段时间三峡大坝的水位基本上保持不变，直到 2006 年第二次试验性蓄水（图 4.4a）。

在 2008—2010 年间，蓄水月份（9—10 月）的入库流量大于出库流量，而接下来的 1 月—5 月的出库流量大于入库流量（图 4.4b）。

GRACE 重力卫星检测的 2008—2010 年的平均蓄水量明显大于 2002—2005 年，并且 2008—2010 年的季节变化幅度明显小于 2002—2005 年（图 4.4）。

将 GRACE 观察的结果与三峡库区实测库容进行对比。研究结果表明：根据对美国国家环境预测中心（NCEP）提供数据的再分析表明，三峡库区的冬季（例如 1 月和 2 月）的雪水当量小于 3 mm（除了 2008 年 1 月，雪水当量达到 12 mm）。所以在冬季，三峡库区雪水的变化只占三峡库区水量变化的极少一部分。其他月份受雪水的影响更小，基本可忽略。评价 GRACE 检测精度的最好月份是 10—12 月，这段时间降雨量少，雪少，并且蓄水位最高，库区人为水体重力变化最大。

GRACE 观察结果减去 WGHM 模型估测结果前（图 4.5a）、后（图 4.5b）的时间序列显示出了和三峡库区蓄水的三个蓄水阶段相一致的上升趋势。相反，WGHM 模型对自然状况（没有包括三峡水库）的模拟结果没有显示出任何趋势，表明在没有考虑三峡库区时，区域水文模型模拟结果没有显示蓄水量的上升趋势。所以，ΔGRACE－ΔWGHM 的剩余体积的上升趋

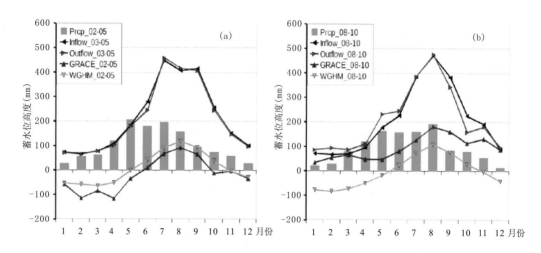

图4.4 两个时期的降雨、入口流量、出口流量、GRACE重力卫星检测、WGHM估计的月平均异
常指数变化（等价于水的高度）(a. 2002—2005年；b. 2008—2010年。入口流量和出口
流量转换为集中于110°E，31°N的面积为400 km × 400 km的月水量高度)

势正好和三峡库区的蓄水变化相关。

2003年6月，蓄水位达到135 m，GRACE－WGHM估测和三峡库区实测的库容分别为10.84 km³和11.56 km³。2006年，蓄水位达到156 m，GRACE－WGHM估测库容较三峡库区实测的库容小于5.57 km³。在2008年，蓄水位达到172 m，GRACE－WGHM估计库容(11.5 km³)较三峡库区实测库容(6.12 km³)上升趋势更大。

图4.6显示了GRACE观测的最高水位和蓄水前异常指数的差值的空间分布。最大的差值为175 mm或者28 km³。GRACE－WGHM的估测水位高度的不确定性为29 mm，估测体积的不确定性为4.62 km³。

GRACE－WGHM估计值与三峡水库的实测值在低水位(135 m和156 m)时吻合较好；但在三峡水库高水位蓄水阶段(2008.6—2010.5，172.5 m)，GRACE－WGHM估计值高于实测值5 km³。除了汉江流域在同期内新建的水库如丹江口水库蓄水的贡献外，三峡水库对地下水的补给和向比邻区域的渗漏也是一个非常重要的因素。根据Chao等(2008)对人造水库初期蓄水渗漏率(5%)的估计，三峡水库对地下水的补充和向比邻区域的渗漏总量可超过2 km³(20亿 m³)。三峡水库在低水位的微量渗漏与在高水位的巨量渗漏提示我们，除了三峡库区的自然地质结构外，库区的人为活动，特别是三峡库区在蓄水前的煤矿等矿产开采活动所产生的废弃矿井可能对水库在高水位的渗漏以及对地下水的补给发挥重要作用。因此，进一步结合GRACE卫星重力监测和库区的地质结构，去调查分析三峡水库渗漏的主要分布区域、渗漏方式、渗漏量以及库区的主要煤矿等废弃矿井的分布和他们对水库渗漏和地下水补给以及陆面塌陷、滑坡的潜在影响将具有重要意义。

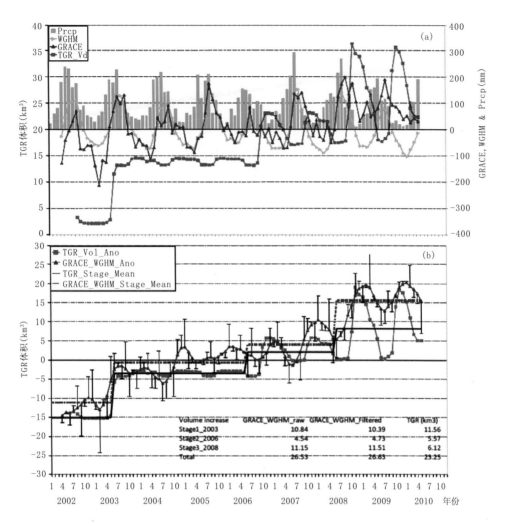

图 4.5　(a)集中于(111°E,31°N)的面积为 400 km × 400 km 的月降雨量变化,WGHM 和 GRACE
估测体积的月变化异常值以及三峡水库实测库容的月变化;(b)(ΔGRACE−ΔWGHM)、三峡库区
实测库容变化的异值。三峡水库蓄水四个阶段(2002 年 6 月至 2003 年 5 月、2003 年 6 月至
2006 年 5 月,2006 年 6 月至 2008 年 5 月,2008 年 6 月至 2010 年 5 月,分别代表蓄水前、
蓄水第一阶段,第二阶段和第三阶段)的平均值的变化。这四个阶段包含了几个完整
水文年,所以平均值不会受水文的季节性变化的影响。"I"字条(b 图)代表原始的
(GRACE—WGHM)和经过单通道低通滤波(SSA)的(GRACE—WGHM)的差值。
GRACE 和 WGHM 的水位高度异常指数乘以 400 km × 400 km
(恒定面积与 GRACE 的空间分辨率一致)转换为体积异常指数。
(b)图中的表格代表在两个连续阶段的平均体积变化。

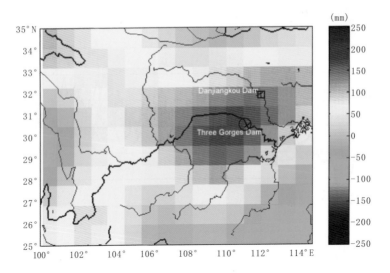

图 4.6 三峡库区蓄水第三阶段(06/2008—05/2010)和第一阶(06/2002—05/2003)的
GRACE—WGIIM异常指数的差异(圆形标志处是指三峡大坝所在的位置,
正方形方框处是指丹江口大坝所在的位置,蓝色的线代表河流)

4.4 三峡水库蓄水前后气象要素变化分析

4.4.1 资料和方法

4.4.1.1 三峡库区气象观测资料

　　三峡成库前,一些学者分析了三峡成库前其周边的气候特征(如王梅华等,2002;孙士型等,2002;张强等,2005;邹旭恺等,2005),并有学者通过数值模拟认为三峡库区蓄水将导致三峡地区土地利用类型发生变化,进而在一定区域内改变温度、降水等气象要素(如张洪涛等,2004;Wu等,2006)。陈鲜艳等(2009)利用1961—2006年气象观测资料分析了水库蓄水后其局地气候变化;张天宇等(2010)采用同样的分析方法,将资料扩展到2008年。本节在前人的研究基础上,采用同样的方法及更长时间的观测资料(1961—2011年),进一步分析蓄水后三峡库区局地温度和降水的变化特征。

　　本节利用1961—2011年库区气象站点的逐日地面气象观测资料,主要观测项目包括:降水量、气温、相对湿度、平均风速、雾日等,采用气象部门常用的连续30年气候资料平均值作为标准气候平均值(除另有注明外,一般指1971—2000年气候平均值),使用线性倾向估计、蓄水前后多时段对比等方法,分析三峡水库蓄水前后气象要素的变化特征。

4.4.1.2 近库区、远库区站点选取

　　参照陈鲜艳等(2009)的选站方法,本研究选取近库区(巫山、巴东)、长江以北远库区(巫溪、兴山)、长江以南远库区(恩施、建始)为代表站,见图4.7。采用近库区和远库区两个区域的气温和降水的差值比较法,分析水库对库区及其附近地区气温和降水的影响。

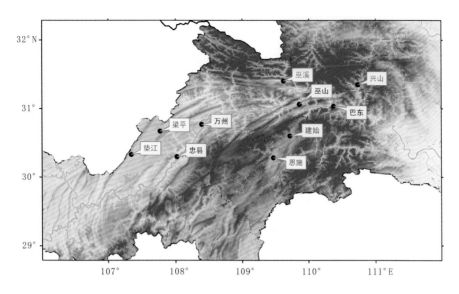

图 4.7　三峡库区远库区与近库区站点分布

4.4.1.3　坝区地理位置及站点选取

三峡坝区为湖北宜昌境内所辖范围,位于北纬 31 度、东经 111 度附近,面积 15.2 km², 平均海拔高度约 80 m 左右。该坝区位于秦岭大巴山脉以南、云贵高原以北、四川盆地以东、江汉平原以西,属我国第二级地阶东缘,处在山区向平原过渡、上游向中游过渡、南北冷暖空气交汇频繁而剧烈的地区,同时又处于梅雨雨带西侧,华西秋雨、川东伏旱东缘,这些对坝区气候均有影响。坝址北岸属大巴山脉东段巫山支脉的神农架南坡,南岸为武陵山脉石门支脉,两支山脉对峙延伸于长江两岸,长江自西向东穿流其间,形成高峡深谷地形。峡谷和水体效应对坝区局地气候有明显影响,坝址南岸地势陡峭,北岸地势较平缓,为低山丘陵,坝区处地形相对开阔。

坝区地表多为黄壤和沙壤,属常绿阔叶林和阔叶混交林植被,除疏木、幼林、灌丛自然植被外,长江水体也占坝区相当大的面积。随着工程建设和坝区绿化进程以及建成后的分期蓄水,坝区地表属性和局地气候也处于相对变化的过程中。

三峡坝区具有冬暖、春早、夏热、秋雨、湿度大、云雾多、风力小、霜雪少等气候特征。夏长冬短,四季分明,热量丰富,降雨充沛,雨热同季,气候资源丰富,气象灾害频繁。

使用的观测资料为坝区附近 15 个国家气象观测站观测的气温、降水、相对湿度等资料,其中包括三峡工程生态与环境监测系统局地气候监测基层站 11 个。蓄水前资料统计时段为建站(迁站)到 2003 年 5 月 31 日。蓄水后资料统计时段为 2003 年 6 月 1 日到 2011 年 12 月 31 日。

4.4.1.4　地表温度遥感资料及分析区域

截至目前,卫星遥感地表温度产品还较少用在三峡的气候影响评价中,已有一些研究中采用的数据,时间跨度较短、空间分辨率较粗,而且也缺乏对四季温度变化趋势的分析。本次研究利用 2001—2010 年 8 d 合成 MODIS/LST 产品(MOD11A,空间分辨率为 1 km),计算蓄水前后年均地表温度的变化、四季地表温度的变化以及变化显著性,分析三峡工程对地表温度的影响。

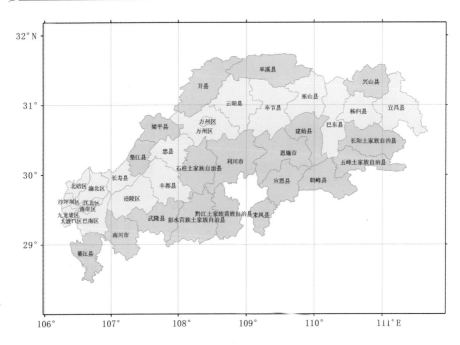

图 4.8　MODIS 资料研究区域示意图(淡绿色区域为干流区,淡蓝色区域为外围区)

　　研究区域如图 4.8 所示,淡绿色区域为三峡库区长江干流 12 站所在县,简称为干流区;淡蓝色区域为除长江干流 12 个站外,剩余 23 个站所在的县区域,简称外围区。外围区与干流区组合在一起,构成三峡大库区研究区域范围为 28.46°~31.73°N,106.25°~111.65°E。干流区面积大约 36349 km²,外围区面积大约 51324 km²。

4.4.1.5　地面降水遥感资料及分析区域

　　本文利用的资料是 1998—2010 年的 TRMM 3B42 卫星观测资料,分析三峡蓄水前(取 1998—2003 年,共 6 年)后(取 2004—2010 年,共 7 年)降水的变化。该资料是 TRMM 卫星的三级产品,由红外亮温采用 3B42 算法制作得到(Huffman 等,2007),空间分辨率为 0.25°×0.25°。三峡库区的范围取图 4.9 所示的矩形区域(陈鲜艳等,2009),该范围利用库区外围 33 个气象站点的经纬度形成矢量图得到。

4.4.2　蓄水前后气温对比分析

4.4.2.1　地面气温观测资料对比分析

　　(1)库区各站蓄水前后年平均气温变化特征

　　由图 4.10 可知,蓄水前后库区沿江各站年平均气温除云阳站基本保持不变,其余各站均有不同程度的升高。

　　由整个库区年平均气温的空间分布可知(图 4.11),三峡库区蓄水后(2004—2011 年)大部分地区气温较蓄水前(1996—2003 年)有所升高,但均未通过统计检验信度,这表明库区各站的增温并不显著。此外,库区增温最明显的区域中心位于三峡水库以南(黔江、来凤等地)。相比而言,三峡水库沿江各站的平均增温幅度略小于库区其他站点。

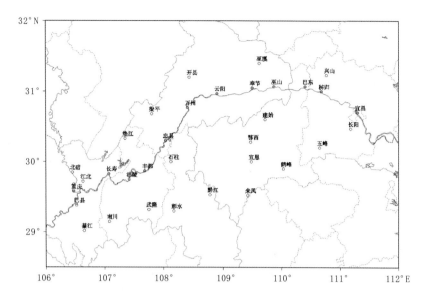

图 4.9　三峡地区的气候监测站分布

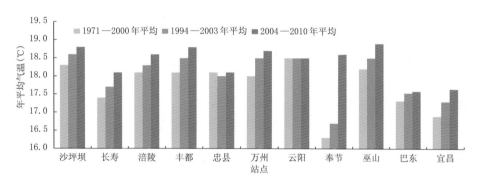

图 4.10　三峡库区沿江各站蓄水前后年平均气温对比

　　三峡库区蓄水后,2004 年和 2005 年的气温基本正常;由于受大气环流异常的影响,2006 年库区平均气温异常偏高,为 1961 年以来最暖的一年;2007 年气温也明显偏高,尤其春冬季偏高尤为显著;虽然 2008 年的年平均气温与 2004 年和 2005 年的数值比较接近,但考虑到 2008 年我国南方遭遇雪灾,冬季气温异常偏低,才使得 2008 年三峡库区年平均气温未出现显著偏高的迹象;2009—2011 年库区的年平均气温较常年分别偏高 0.7℃、0.4℃和 0.4℃。三峡水库蓄水后的几年内,发生了两次极端天气气候事件(2006 年和 2008 年),这无疑使得对水库蓄水后产生的气候效应问题的研究变得更加困难和复杂。就年平均气温而言,三峡库区年平均气温有上升趋势,特别是 20 世纪 90 年代以来这种趋势更加明显,这与西南地区区域背景气温变化趋势基本一致,也与全球平均气温变化趋势特征相吻合。

　　(2)近库区、远库区气温变化对比分析

　　如上一节提到的,我们划分了近库区(巫山、巴东站)和远库区(巫溪、兴山、建始、恩施站),进而分析库区不同区域的气温变化特征。图 4.12 给出了近库区和远库区年平均气温的年际变化,近库区测站的年平均气温数值最高;距离三峡水库约 40 km 的兴山和巫溪次之;距离水库约 50~60 km 的恩施和建始,海拔高度相对偏高,年平均气温值最低。由图 4.12 还可以看

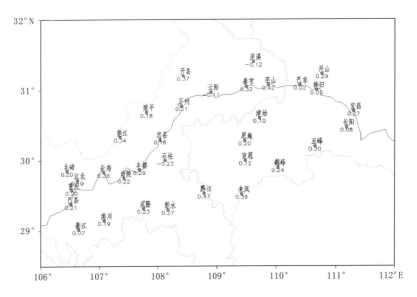

图 4.11　三峡地区各气候监测站蓄水后气温与蓄水前气温差值
（蓄水前为 1996—2003 年，蓄水后为 2004—2011 年）

出，近库区和南北远库区的年平均气温变化趋势基本一致，这表明影响这些地区的气温变化环境基本一致。图 4.13 显示了近库区分别于南北远库区的年平均气温差，代表水库库区与江南、江北两地的气温差异。由图可见，近库区与江北远库区年平均气温差值在 2003 年以后有增加的趋势，与江南远库区也存在同样的现象，尤其在 2004 年以后。近库区与远库区多年的逐月（1 月和 7 月）气温差值也反映出冬季温差波动加大，但夏季差异不明显；江北远库区比江南远库区的温差更明显。由于气温差值已经排除了大气候背景对整个库区的影响，可以近似认为这种近远库区平均温差突然增强是由水域面积增大，近水地区的站点一定程度上受到水体导致的冬季增温和夏季降温的调节作用，进而形成的水库局地气候效应造成的，但夏季降温效应不明显，总体表现为增温。

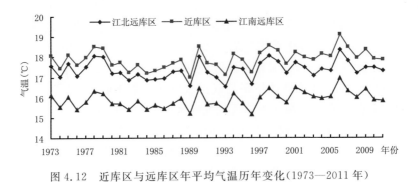

图 4.12　近库区与远库区年平均气温历年变化（1973—2011 年）

为了进一步体现不同季节的三峡水库局地气候效应，表 4.2 统计了蓄水前（1994—2003 年）后（2004—2010 年）冬夏两季近库区分别与南北远库区平均气温差值。类似地，表 4.3 列出了蓄水前后 1 月和 7 月近库区与南北远库区的平均温差。

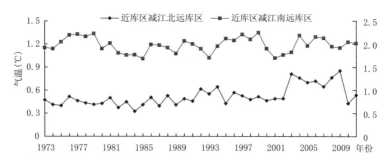

图 4.13 近库区与远库区年平均气温差值的历年变化(1973—2011 年)

表 4.2 近库区与远库区冬季和夏季气温差值

时段	内容	冬季平均气温差	夏季平均气温差
1994—2003 年	近库区与江北远库区 区气温差值变化	0.51℃	0.51℃
2004—2010 年		0.95℃	0.38℃
		冬季温差增大 0.44℃	夏季温差减小 0.13℃
1994—2003 年	近库区与江南远库区 区气温差值变化	1.95℃	2.02℃
2004—2010 年		2.24℃	1.82℃
		冬季温差增大 0.29℃	夏季温差减小 0.20℃

注:近库区代表站—巫山、巴东;江北远库区代表站—巫溪、兴山;江南远库区代表站—建始、恩施。

表 4.3 近库区与远库区 1 月和 7 月气温差值

时段	内容	1 月平均气温差	7 月平均气温差
1994—2003 年	近库区与江北远库区 区气温差值变化	0.54℃	0.42℃
2004—2010 年		0.98℃	0.36℃
		1 月温差增大 0.44℃	7 月温差减小 0.06℃
1994—2003 年	近库区与江南远库区 区气温差值变化	1.84℃	1.94℃
2004—2010 年		2.35℃	1.76℃
		1 月温差增大 0.51℃	7 月温差减小 0.18℃

注:近库区代表站—巫山、巴东;江北远库区代表站—巫溪、兴山;江南远库区代表站—建始、恩施。

统计结果显示,1994—2003 年蓄水前近库区与江北远库区夏季和夏季地面气温平均温差均为 0.51℃,2004—2010 年蓄水后两者夏季地面气温平均温差为 0.38℃,比蓄水前减小 0.13℃;冬季两者的平均温差为 0.95℃,比蓄水前增加 0.44℃。江南远库区的统计结果基本与江北远库区一致:蓄水后近库区与江南远库区夏季平均地面气温差比蓄水前减小 0.20℃;冬季温差平均增大 0.29℃。选取的冬夏季代表月份(1 月和 7 月)的统计结果与上述的冬夏季的统计结果基本一致,均表现出蓄水后夏季地面气温平均温差比蓄水前略有减小,而冬季平均温差比蓄水前有所增大。

(3)坝区气温变化对比分析

为分析蓄水前后大坝附近的气象要素的变化,用建坝前后的气温均值差计算气象要素变率,即:

变率＝(蓄水后均值－蓄水前均值)/(蓄水前均值)×100%

图 4.14 给出了蓄水前后大坝附近不同地区气温变率的空间分布。蓄水后仅坝址附近的秭归、三峡站气温变率为负,表明两站所在地区的温度降低。其中,距离坝前水体最近的秭归降温幅度最大,其气温变率为－1.78%,其次是三峡站,为－0.58%。其余各站年平均气温均有所升高,且气温增幅较大(巴东站增幅相对较小,可能与迁站后海拔变化有关)。蓄水后坝区范围内大部增温 0.3～0.8℃,增幅都在 0.6%以上,高于大坝东部江汉平原荆州、荆门、京山、武汉、英山等站的同期气候变化值。年平均气温正变率最大的为坝址下游的夷陵区、宜昌城区、枝江、宜都、远安以及距坝址相对远的神农架。

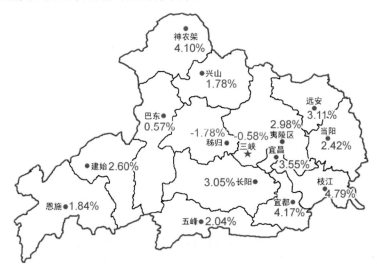

图 4.14 坝区区域蓄水前后气温变率水平分布(%)

4.4.2.2 地表温度遥感观测资料分析

(1)三峡库区地表温度变化分析

以 2003 年为界,将时间序列分成两段:2001—2003 年和 2004—2010 年,计算大库区每个像元在两个时间段的年均地表温度和季节平均地表温度,得到变化幅度信息,并对变化的显著性进行 t 检验。

图 4.15(a)显示了 2003 年前后,三峡库区年均地表温度的变化图,从中可以看出,绝大部分地区都出现降温,东部地区降温明显,尤其是靠近长江的地区,降温幅度更大,达到 1～2℃。西部有部分地区出现了升温。图 4.15(b)显示了年均地表温度变化的显著度图,值越小(蓝色区域),说明变化的可信度越高。从图 4.15(b)可以看出,库首两侧大片的降温地区和西部零散的升温地区具有较高的可信度,但其他地区温度变化的可信度不高。

图 4.16(a)显示了 2003 年前后,不同季节平均地表温度均值的变化,可以发现地表温度变化具有明显的季节特征。春季增温非常明显,夏季以降温为主,其中东部降温更明显,秋季西部增温明显,东部仍是降温,冬季在北部有降温,在南部有增温。综合四季来看,东部地区最符合冬暖夏凉的格局,西部地区在四季均有增温,但增温范围和强度在春秋季明显、夏冬季微弱。从 4.16(b)显著度图来看,可信度较高的是春季的中部增温、夏季的东部降温、秋季的东部降温和西部增温、冬季的中北部降温。

-2.0　　-1.5　　-1.0　　-0.5　　0　　0.5　　1.0　　1.5　　2.0 (℃)

图 4.15(a)　2003 年前后年均地表温度的变化

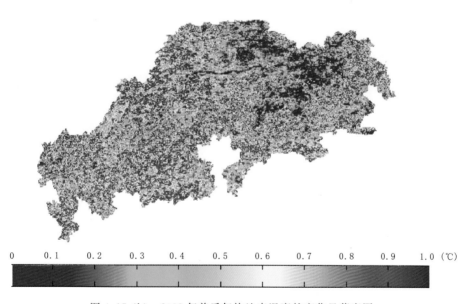

0　0.1　0.2　0.3　0.4　0.5　0.6　0.7　0.8　0.9　1.0 (℃)

图 4.15（b）　2003 年前后年均地表温度的变化显著度图

（2）三峡库区地表温度时间序列验证

由于地表温度与气象站点测量所得的空气温度有密切联系,为了验证基于遥感地表温度的分析结果,计算了研究区内气象站点的气温序列(2001—2010 年)与站点所属像元的地表温度序列(2001—2010 年)之间的相关性,结果如表 4.4 所示。可以看出,除五峰站以外,其他站点的地表温度时间序列和气温时间序列之间均具有很好的相关,表明基于遥感地表温度的分析结果具备一定的可信度。

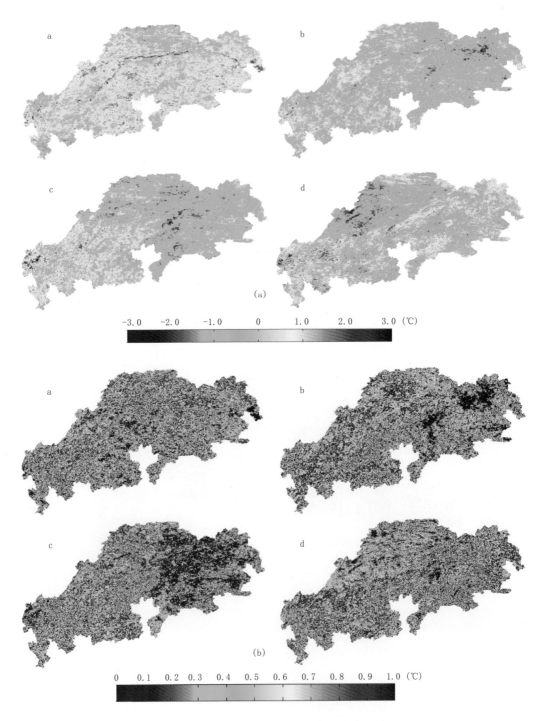

图 4.16　2003 年前后不同季节平均地表温度的变化及显著度信息图
(a)平均地表温度的变化　(b)平均地表温度的变化的显著性
a. 春季；b. 夏季；c. 秋季；d. 冬季

表 4.4　气象站点地表温度年均值与气温年均值时间序列(2001—2010 年)之间的相关系数

站号	站点名称	相关系数
57426	梁　平	0.9168
57432	万　县	0.8412
57447	恩　施	0.8548
57458	五　峰	0.5512
57461	宜　昌	0.8433
57462	三　峡	0.8785
57516	重庆沙坪坝	0.8414
57522	涪　陵	0.9141
57545	来　风	0.8198

（3）全国区域地表温度变化

为了体现三峡库区地表温度变化与其周围区域温度变化的差异,图 4.17 给出了 2003 年前后全国地表温度年均值的变化。由图可见,三峡库区(红色边界内)处于温度变化较为缓慢的区域,也是西北部降温向东南部增温的过渡地带。具体而言,库区以外西南方向(云南、贵州)、库区外以北(陕西南部)和西北方向(四川、青海)都以降温为主,库区以外东南方向区域(湖南、江西等)和西南方向区域(重庆西部、四川东南局部区域)以增温为主,库区内部的降温和其周围所处大环境的降温变化比较一致,但是,库区内西南部的增温相对于其周围大环境则略显特殊。

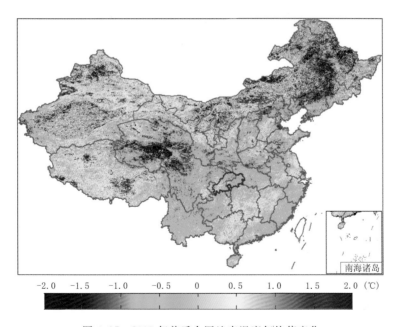

图 4.17　2003 年前后全国地表温度年均值变化

通过遥感资料对比分析,可以得出如下结论:①大坝蓄水以后,库区内有大片区域年均地表温度比蓄水前有所下降;②从季节变化来看,库区东部最符合"冬暖夏凉"的变化趋势;③库区以外的北部和西部区域地表温度变化也以下降为主,因此,库区内部降温可能是大尺度气候变化在局地的响应;④三峡水库对地表温度有一定影响,但影响范围很小,仅局限在库区周边。

4.4.3 蓄水前后降水对比分析

4.4.3.1 降水观测资料对比分析

(1)库区蓄水前后年降水对比

对比分析库区沿江平均与库区所有站点平均年降水的历年变化发现,库区沿江 11 站年平均降水量与库区各站平均降水量两者的变化趋势基本一致。库区蓄水后(2004—2011 年)三峡各站的降水与蓄水前(1996—2003 年)相比(图 4.18 和图 4.19),除巴东站和云阳站年降水偏多外,其余大部分测站年降水量均有不同程度的减少。在空间分布上,蓄水后库区东段万州至宜昌段的年降水量偏少比库区西段偏少明显。

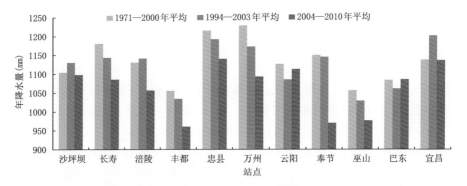

图 4.18 三峡库区沿江各站蓄水前后年降水量对比

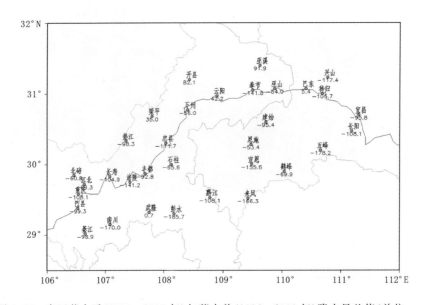

图 4.19 库区蓄水后(2004—2011 年)与蓄水前(1996—2003 年)降水量差值(单位:mm)

从蓄水前后各月份降水来看,库区蓄水后与蓄水前,冬季的 12 月,沿江 11 站比蓄水前都偏少。1 月,沿江 11 站有 9 站降水偏少,云阳和宜昌偏多。2 月,沿江 11 站比蓄水前显著偏多。

春季 3 月,库区西段偏少(沙坪坝至云阳),东段偏多(奉节至宜昌)。4 月,沿江 11 站有 9 站降水偏少,涪陵和云阳偏多。5 月,沿江 11 站有 8 站降水偏少,云阳、巫山和巴东偏多。

夏季 6 月,沿江 11 站有 10 站降水偏少,仅长寿偏多。7 月,沿江 11 站库区西段 8 站降水偏少,东段(巫山至宜昌)偏多。8 月,沿江 11 站仅涪陵和丰都 2 站降水偏少,其余 9 站降水都偏多。

秋季 9 月,沿江 11 站仅西段的沙坪坝和长寿降水偏少,从涪陵至宜昌的降水都显著偏多。10 月,沿江 11 站有 10 站降水偏少,且库区东段(万州至宜昌)显著偏少,仅丰都 1 站偏多。11 月,主要为库区东段(万州至宜昌)偏少,库区西段(沙坪坝至忠县)偏多,但西段涪陵站偏少。

(2)近库区、远库区降水变化对比分析

仍然采用远、近库区参考站对比的方法。采用近库区、远库区两个区域的降水量比值比较法,去除大尺度变化的影响并得到一个相对稳定的比值变化,给出近库区和远库区年降水量比值的历年变化曲线(图 4.20),可以看到近库区降水和远库区的降水的变化趋势一致,相关系数达到 0.8 以上。恩施、建始地区由于地处山区,海拔较其他两个地区略高,因此,年平均降水量为三个地区中最大。比较了近库区和远库区四季降水量比值的历年变化曲线显示(图 4.21),2004 年以后的比值都没有明显的变化,与前几年相比,其波动都仍位于年代际变化周期中。

观测表明库区降水趋势与西南地区的平均年降水量变化趋势基本一致。三峡地区降水变化在很大程度上受到西南区域大环流气候背景影响(陈鲜艳等,2009)。从本研究站点的尺度范围(30 km)看,目前为期 8 年的沿水库测站观测分析中尚未发现水库对降水的明显影响。

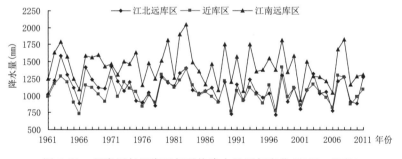

图 4.20 近库区与远库区年平均降水量历年变化(1961—2011)

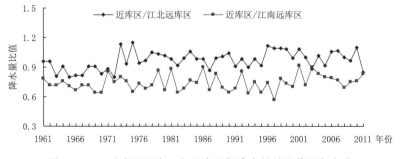

图 4.21 三峡库区近库区与远库区年降水量的比值历年变化

（3）降水日数对比分析

根据日雨量≥0.1 mm 为雨日的规定，三峡库区降水日数较多，各地降水日数基本上为130～170 d，几乎是 2～3 d 一场雨，其地域分布与年降水量的分布类同，由西向东大致是多—少—多的分布格局，自万州以西各站年降水日数偏多，均在 140 d 以上，长寿最多，为 177 d；奉节向东各站偏少，均不足 140 d，巫山最少，为 128 d，至宜昌又多至 135 d。

三峡库区平均年降水日数为 145.4 d，历年最大值为 166.6 d（1964 年），最小值为 125.2 d（2006 年）。从变化趋势来看，近 50 年来，库区年降水日数有减少趋势，减少率为 4.6 d/10a，21 世纪以来降水日数比常年偏少明显，其中 2006 年夏季库区发生特大高温伏旱，库区平均年降水日数显著偏少，为历史同期最少值。

蓄水后库区的降水日数时空分布发生一定的变化，各站降水日数普遍减少。库区沿岸各站一般偏少 10 d 以内，而长江以南的站降水日数较常年同期减少日数较多，一般在 10 d 以上（图 4.22）。

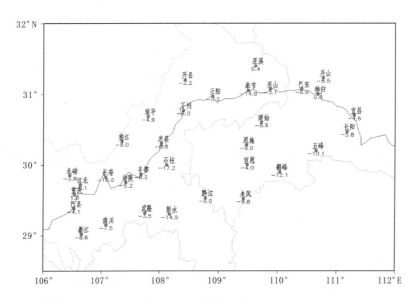

图 4.22 库区蓄水后（2004—2011 年）与蓄水前（1996—2003 年）降水日数差值（单位：d）

（4）坝区降水变化对比分析

根据坝区区域 15 个国家气象观测站蓄水前后降水观测资料统计，2003 年 6 月蓄水前大坝附近年平均雨量约 1191.4 mm，各站年平均雨量介于 986.3～1457.5 mm，面分布差异达471.2 mm，年雨量较大的依次为秭归、恩施、建始；年均雨量总体呈 SW-NE 轴向分布，由南至北、由西向东递减。蓄水后年平均降水约 1125.9 mm，各站年平均雨量 913.7～1359.9 mm，面分布差异 446.2 mm，分布差异变小。年均雨量空间分布变化不大，总雨量普遍减少，坝址附近的秭归年雨量明显减少，年雨量较大的依次为恩施、建始、五峰。

从降水变率（图 4.23）分析看，蓄水后仅东部的远安年均降水明显增加，其余各站均减少，坝址上游及坝址附近南、北岸站点减雨量大，减少最明显的是坝址附近的秭归、五峰、兴山、三峡站，秭归年平均降水变率达−18.03%。降水日数（图略）都呈减少趋势。

图 4.23　坝区区域蓄水前后年降水变率水平分布(%)

4.4.3.2　地面降水遥感资料对比分析

(1)蓄水前后年降水对比分析

首先分析蓄水前后三峡地区的年平均累积降水量。由图 4.24 可见,三峡地区的年降水量十分丰富,大部分地区的年降水量在 1100 mm 以上,大值区呈西北—东南向分布,尤其是在 2004 年之后,这种分布形式更加明显。在蓄水前(1998—2003 年),降水量的分布西北低,东南高。三峡干流的最强年累积降水超过 1200 mm,位于干流的中段。在蓄水后(2004—2010 年),在库区干流的西北和东南侧分别存在两个降水大值中心,强度超过 1300 mm,其中东南侧降水中心强度超过西北侧的中心,而干流的中段降水量与蓄水前基本相当。

总体来说,蓄水后,三峡库区的西北部降水增加,东南部降水减少。其中,干流的上游,如重庆、长寿降水减少 150 mm 以内;干流的涪陵、丰都、忠县、万州、云阳降水增加 150 mm 以内;干流的下游奉节、巫山、巴东等地降水减少。与观测站点资料的分析结果(图 4.23)比较,降水变化总体形势基本相近,三峡库区及其东南部大部分地区降水减少,库区西北部降水增加,说明卫星资料反演的降水资料基本可信。由于所用资料的时间长度不同,个别地区(如万州)出现相反的变化趋势。由于卫星资料缺乏更长时间的气候态平均场,因此,暂时无法讨论蓄水前后年降水量相对气候平均的异常。

为了比较三峡地区蓄水前后年降水量变化是蓄水的局地效应,还是更大空间范围内降水变化的区域体现,我们给出中国地区的年降水量在 2003 年前后的变化(图 4.25)。可见,在 2003 年之后,在 31°N 以南的大部分地区水都是减少的,包括西藏、四川、重庆三省市的南部,以及云南、贵州、广西、湖南、江西、广东和福建省的大部分地区。降水增加的区域位于长江以北地区,大值区主要位于西北地区东部、四川盆地东北部、江汉、江淮、黄淮、华北及东北地区。三峡库区(如图 4.25 黑色方框所示区域)正处在降水增加和减少区域的交界处,大库区西北部降水增加,东南部降水减少。可见,三峡库区蓄水前后的降水变化是更大范围降水变化的区域体现。至于三峡蓄水对局地降水强度和分布形态变化的影响,需要更长时间的卫星资料予以验证。

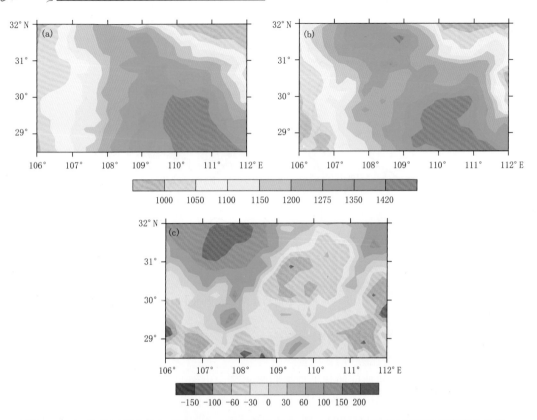

图 4.24　三峡地区蓄水前(a.1998—2003 年平均)后(b.2004—2010 年平均)年平均累积降水量及
差值(c.2004—2010 年平均减 1998—2003 年平均)(单位:mm)(以 2004—2010 年平均
与 1998—2003 年平均之差表示蓄水前后年累积降水总量的变化)

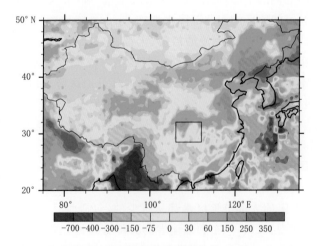

图 4.25　中国地区蓄水前后年平均累积降水量的变化(单位:mm),以 2004—2010 年
与 1998—2003 年两个时期的差值表示,其中黑色方框表示三峡地区

(2)蓄水前后季节降水对比分析

前文分析了三峡蓄水前后年累积降水量的变化。由于三峡地区的雨季主要集中在仲春至

仲秋时段,且库区的西部秋季多连阴雨天气,因此,各季节降水的变化可能并不一致。为此,我们检查了蓄水前后不同季节的降水变化。

在气候态上,冬季的降水量相对较小。在图 4.26 中,蓄水之后,冬季几乎整个库区的降水量都有所增加,尤其是在中下游的支流,月平均降水量增加超过 15 mm。春季的月降水量变化与年平均累计降水量变化类似,干流的上游个别地区降水减少,干流的中游降水增加,干流下游降水减少。在夏季,除库区下游的宜昌、长阳和五峰,绝大部分库区的测站夏季降水都有所减少;在干流的中游,月平均降水减少超过 20 mm。在秋季,库区的上游和中游降水都有所增加,尤其是在支流的垫江、梁平、开县一带;而库区的下游降水减少,尤其是在宜昌和长阳地区。同时我们应该注意,基于站点资料的分析表明,即使在同一个季节中,不同月份降水的变化也是显著不同的(见 4.4.3.1 节)。

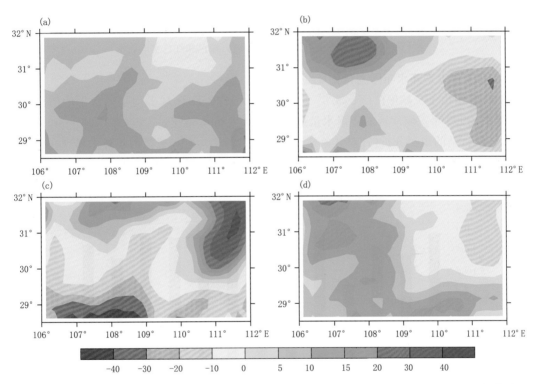

图 4.26 三峡地区蓄水前后不同季节平均的月降水量变化(单位:mm),((a)~(d)分别为冬季、春季、夏季和秋季,以 2004—2010 年平均与 1998—2003 年平均差值表示)

对整个三峡大库区(28.5°~32°N,106°~112°E)进行平均,考察区域平均季节降水量的历年变化。在四个季节中,夏季月平均降水量的年变化最为剧烈。最强的夏季降水出现在 1998 年,其次是 2007 年。夏季月降水量最少的年份为 2001 年和 2006 年,均为 125 mm 左右。春季月降水量变化在 2005 年之前与夏季类似,但 2005 年之后变化较小,维持在 120 mm 上下变动。秋季降水量在 2003 年蓄水之后保持准两年的年际变化趋势。冬季由于总的降水量较少,因此,月平均降水的年变化也不显著。但总体来说,2002 年之前冬季降水量偏少,每月在 25 mm 之下,2002 年之后冬季降水有增加趋势。图 4.26 和图 4.27 对比可知,整个库区区域平均降水的年变化主要是春季和夏季降水年际变化的体现。

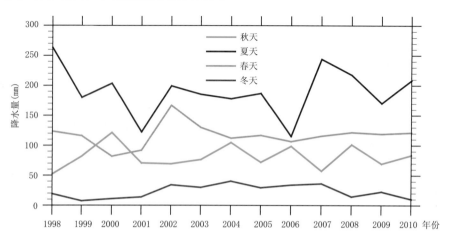

图 4.27 长江三峡库区各季节月平均降水量的历年变化(单位:mm)

(春、夏、秋、冬四个季节分别用粉色、蓝色、绿色和红色实线表示)

(3)1998 年以来降水年际变化特征

图 4.28 给出了三峡库区(取 28.5°~32°N,106°~112°E)区域平均年降水量的历年变化。近 13 年中,2002 年三峡库区的年降水量最大,为 1398 mm,略超过 1998 年(1367 mm)。陈鲜艳针对气象台站的观测分析(针对气象站观测降水进行平均)中,最强的年降水出现在 1998 年(陈鲜艳等,2009)。2001 年降水量最少,仅为 888 mm。由图 4.28 可见,对于整个大库区来说,蓄水前后年降水量的变化并不显著。

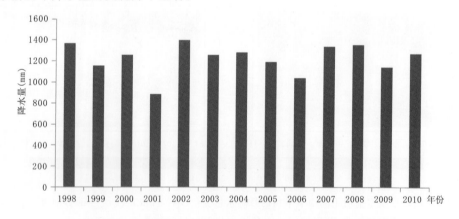

图 4.28 长江三峡库区年降水量的历年变化(单位:mm)

在 1998—2010 年,如图 4.29 所示,三峡库区降水的年变化是比较显著的。在多数年份,年累积降水量大值中心更偏向于库区的东南侧,如 1998 年、2002 年、2003 年、2004 年、2006 年、2008 年和 2010 年。同时,有些年份在三峡干流的西北部也出现一个降水中心,如 2000 年、2003 年、2004 年、2005 年、2007—2009 年。通常干流西北部的降水中心要弱于干流东南部的降水中心强度,2009 年除外。2001 年三峡库区的降水最弱,多数地区年累积降水量低于 1000 mm,尤其是在干流的上游地区。

图 4.30 分别给出 7 个干流气象站点(重庆、涪陵、奉节、巴东、巫山、宜昌和万州)及 7 个支流气象站点(巫溪、兴山、彭水、五峰、恩施、梁平和来凤)年累积降水(以离该站点最近的格点上

TRMM 3B42 数值表示)的逐年变化。由图可见,总体来说,干流和支流站点的降水变化是比较一致的,站点降水均具有较强的年际变化,与整个长江库区年累积降水量的变化比较一致。

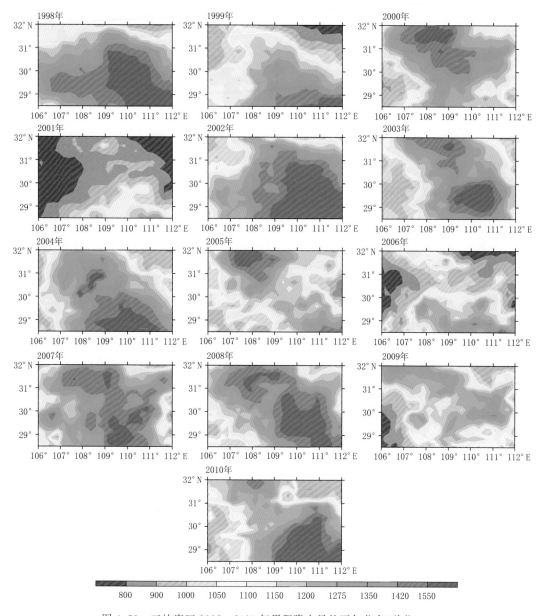

图 4.29 三峡库区 1998—2010 年累积降水量的逐年分布(单位:mm)

值得注意的是,在 2002 年之前,大部分站点降水的年际变化都很一致,年降水量差距也不大。从 2002 年开始,尽管各站点的年降水量变化仍然较为一致,但是各站的差距开始变大,尤其是重庆和万州这两个干流站点,年降水量最多可相差将近 400 mm。这样的变化说明三峡蓄水可能对离库区较近范围的降水量产生了一定影响,干流站点的降水差别增大;但是对于较大的空间范围,例如整个三峡大库区(28.5°~32°N,106°~112°E),蓄水的影响是不显著的,这点从图 4.25 可以得到。这与基于数值模拟的研究结果也是一致的(吴佳等,2011)。

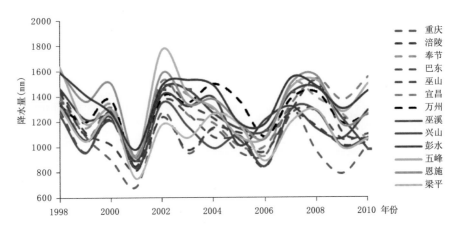

图 4.30　干流气象站点(虚线)及支流气象站点(实线)的年累积降水量变化(单位:mm)

（4）小结与讨论

总体来说,蓄水之后,三峡库区的西北部降水增加,东南部降水减少。其中,干流的上游,如重庆、长寿降水;干流的涪陵、丰都、忠县、万州、云阳降水增加 150 mm 以内;干流的下游奉节、巫山、巴东等地降水减少。这种降水变化是更大范围降水变化的区域体现。

三峡蓄水应该对离库区较近范围的降水量产生了一定影响,不同干流站点的降水差别增大;但是对于整个大库区来说,蓄水前后年降水量的变化并不显著。

不同季节蓄水前后降水量的变化并不相同。蓄水之后,冬季几乎整个库区的降水量都有所增加;春季的月降水量在干流的上游个别地区降水减少,干流的中游降水增加,干流下游降水减少;在夏季,除库区下游的三个站,绝大部分库区的降水都有所减少;在秋季,库区的上游和中游降水都有所增加,而库区的下游降水减少。大库区区域平均的季节降水的年际变化无明显趋势。

由本文的分析可知,三峡蓄水带来的降水变化尺度可能只局限在很小的空间范围内(近库区),大库区的降水变化是否是大的气候变暖背景下的局地效应,利用目前的资料长度,难以得出结论,需要综合利用更长时间的观测分析与数值模拟手段进行验证。另外,资料分析表明,三峡库区的夏季气候还存在明显的年代际变化(廖要明等,2007;叶殿秀等,2009),近 43 年旱年出现的频率明显高于涝年出现的频率(周毅等,2005)。目前较短的资料长度无法判别三峡水库的气候变化是独立于年代际变化之外。

4.4.4　蓄水前后湿度对比分析

4.4.4.1　相对湿度变化

三峡库区年平均相对湿度为 78.5%。年际变化不大,历年年平均相对湿度最小值与最高值分别为 74.0%(2006 年和 2011 年)和 80.8%(1989 年)(图 4.31)。就年平均相对湿度历年变化来说,具有阶段性变化的特点,20 世纪 60 年代中期至 70 年代末,库区年平均相对湿度处于较低阶段,20 世纪 80 年代至 2003 年平均相对湿度处于较高阶段。近 50 年三峡库区年平均相对湿度经历了低—高—低的变化趋势,特别是 21 世纪以来平均相对湿度明显降低。2004—2011 年较 1996—2003 年平均相对湿度减少 2.4%(表 4.5)。

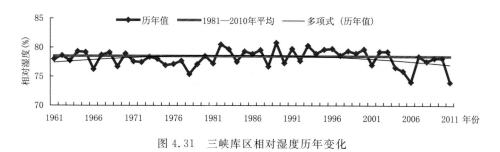

图 4.31　三峡库区相对湿度历年变化

表 4.5　库区蓄水后(2004—2011 年)与蓄水前(1996—2003 年)相对湿度

	年相对湿度(%)
蓄水后	76.6
蓄水前	79.0
差值	−2.4

三峡库区总体来说相对湿度大,特别是库区西段万州至重庆段的年平均相对湿度整体较高,大部分测站的年平均相对湿度 80%左右,奉节至秭归段为 68%～71%,宜昌所在的东段为75%左右。库区整体东西向呈现两头大,中间小且西高东低的格局。从三峡库区年平均相对湿度分布图来看,蓄水后库区大部地区年平均相对湿度比前期减少 1%～5%,其中丰都站偏小 7%,云阳、巫山等站基本无变化(图 4.32)。

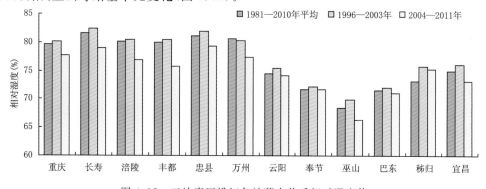

图 4.32　三峡库区沿江各站蓄水前后相对湿度值

冬季,库区各地常年季平均相对湿度在 65%～85%。蓄水后季平均相对湿度值与常年同期相比,自西段的重庆至中段的万州相对湿度均比常年同期减小(除长寿站),云阳以东各站较常年同期略偏高。由于冬季是库区季平均相对湿度地域差异最大的季节,各站相对湿度升高或减小的差异较大。

春季是库区平均相对湿度最小的季节。从常年平均看,相对湿度在 62%～79%,空间分布与冬季相同为库区两头湿度大,库区中段湿度小。蓄水后库区各站春季平均相对湿度较常年同期偏小,其中宜昌、涪陵、丰都站减少 6%～8%。

夏季,由于库区降水集中在夏季,因此,库区的相对湿度地域差异最小。常年季平均相对湿度最小为 70%(巫山),最大为 80%(万州),变幅为 10%。蓄水后夏季库区相对湿度与常年同期相比,基本接近常年或略有偏少,其中丰都偏少 8%,万州偏少 7%,其余各站偏少 2%～3%左右。

秋季,华西秋雨连绵,同时库区温度开始下降,因此,秋季库区季平均相对湿度是一年中最大的季节,库区万州以西常年平均相对湿度一般有 83%～84%,以东一般有 71%～77%。蓄水后库西段的涪陵相对湿度较常年同期减小 6%,其余各站基本接近常年同期或略有偏少。

三峡库区月平均相对湿度年内分布表现为双峰型曲线。第一峰值出现在 10 月,为 79%,第二峰值出现在 12 月,为 78%;最小值为 72%,出现在 8 月份,相对湿度年较差为 7%。蓄水后库区各月平均相对湿度为 70%～80%,除 2 月、11 月略偏多外,其余各月接近常年同期或偏少,其中 4 月、9 月平均相对湿度偏小 4%。

4.4.4.2 绝对湿度变化

空气的温度越高,容纳水汽的能力就越高。上一章节中计算的相对湿度指的是绝对湿度和最高湿度的比值,值越高显示库区水汽的饱和度越高,但并不能表示出库区大气中实际水汽的含量,因此,需要计算大气中实际的水汽即计算绝对湿度的变化。给出库区近 50 年来的水汽压历年变化,见图 4.33。由图可见,蓄水以来库区的水汽含量整体呈现增加的趋势。

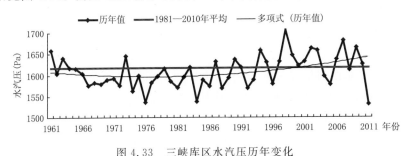

图 4.33 三峡库区水汽压历年变化

4.4.4.3 坝区相对湿度变化对比分析

图 4.34 为蓄水前后三峡坝区区域相对湿度变率分布,总体来看,蓄水后相对湿度除坝址上游建始、巴东以及南部长阳持平外,其余各站呈一致减少趋势,坝址下游东部平原枝江、宜都减少相对明显。

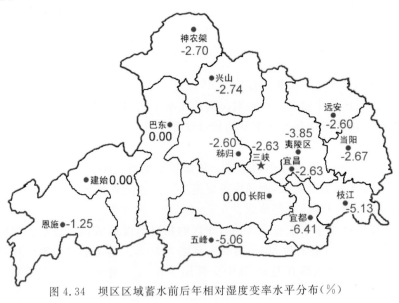

图 4.34 坝区区域蓄水前后年相对湿度变率水平分布(%)

4.5 三峡水库蓄水前后主要气候事件变化分析

随着全球气候的持续变暖,一方面与气温有关的气候事件频繁发生,另一方面由于变暖带来的水循环加快,与降水有关的气候事件等亦可能增多。愈来愈多的资料证实,近 10 年来,世界各地因各种气候事件所造成的直接经济损失呈指数上升趋势,特别是近几年,全球范围内各种类型的天气气候事件活动更加频繁。近年来,三峡库区高温、干旱、暴雨洪涝等极端天气事件频繁发生,这一地区的天气气候异常及其未来趋势变化备受关注。2003 年 6 月三峡水库开始蓄水,局地地表物理结构、下垫面构成发生了变化,尤其是 2006 年开始高位蓄水以来,随着水位抬升,水面扩大,山体相对高差缩小,动力、热力作用将发生变化,局地气候也将随之变化。本部分据 1961—2011 年三峡库区周边 35 个气象站观测资料,分析三峡库区主要气候事件的气候特征,并对三峡库区蓄水前后主要气候事件的变化进行分析。

4.5.1 高温

4.5.1.1 三峡库区高温时间变化特征

参考叶殿秀等(2008)关于三峡库区高温天气的分析方法,日最高气温≥35℃定义为高温天气。过去 51 年间,三峡库区平均每年有 24.8 d 是高温天气,其中 2006 年最多(48.1 d),1987 年最少(8.5 d);年高温日平均最高气温以 2006 年最高(37.45℃),1987 年最低(35.62℃)(图 4.35a)。从图 4.35a 可以看出,三峡库区高温日数呈先下降后上升的变化趋势,20 世纪 60—70 年代总体偏多(60 年代平均为 26.5 d,70 年代平均为 25.8 d),80 年代明显偏少(80 年代平均 20.4 d),90 年代高温日数有所增加(90 年代平均 21.5 d),之后出现较大幅度的上升,2001—2011 年高温日数平均每年达 29.6 d。从变化趋势来看,1961—2011 年三峡库区年高温日数呈波动增加趋势,趋势系数为 0.026,未通过 0.05 的显著性水平检验。

三峡库区高温天气最早出现在 4 月,最迟 10 月仍有发生。7—8 月三峡库区主要受副热带高压控制,盛行下沉气流,对流活动受到抑制,干旱少雨,气温偏高(张强等,2005;林德生等,2010),是高温最为集中的时段,其高温发生的频数远高于其他月份,占全年的 77.6%;两个月高温日平均最高气温也是最高的,分别为 36.8℃和 37.0℃(图 4.35b)。虽然同样主要发生在7 月和 8 月,但比例相差较大,7 月占 34.3%,而 8 月的比例达 43.2%,这也是三峡库区 8 月更易于发生高温伏旱的原因之一。

4.5.1.2 三峡库区高温空间分布特征

三峡库区地形复杂、山岭交错、江河纵横,特殊的地理条件致使高温日数的空间差异显著。由图 4.36 可见,库区有三个高温中心,分别为綦江(包括江津、沙坪坝、北碚)、丰都(包括彭水、涪陵、忠县、万州)、兴山(包括巫山、巴东),年高温日数为 30~42 d;少高温区主要分布在垫江、梁平及库区南部等海拔较高地区,在 20 d/a 以下,来凤、建始、黔江等不足 10 d/a,其中咸丰仅为 0.8 d/a。高温日平均最高气温以库区东南部较低,东北部较高(图 4.36b)。在 51 年间,三峡库区有 8 个站高温日平均最高气温超过 37.0 ℃,其中綦江最高,为 37.3 ℃,其次是兴山,为37.2 ℃。有 5 站高温日平均最高气温低于 36.0 ℃,主要集中在库区东南部,其中咸丰站最低,为 35.6 ℃。总体来看,1961—2011 年三峡库区高温日数的分布与叶殿秀等(2008)计算的

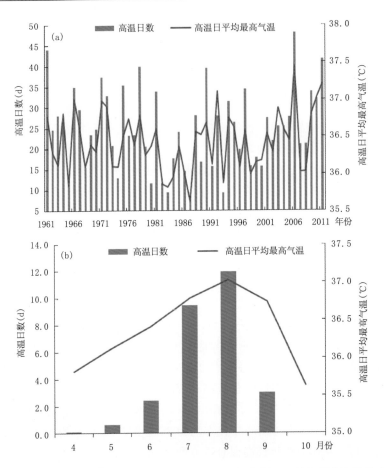

图 4.35　1961—2011 三峡库区年(a)、月(b)平均高温日数和高温日平均最高气温的变化曲线

1961—2002 年三峡库区高温日数空间分布特点相一致,但高温日数偏多。

4.5.1.3　三峡库区蓄水前后高温变化

就整个三峡库区而言,其蓄水前的高温日数平均为 22.6 d,蓄水后为 29.9 d,主要受 2006 年和 2011 年异常高温天气的影响,蓄水后高温日数增加了 9.1 d,差值通过 0.05 的显著性水平检验;从空间分布来看,蓄水后与蓄水前相比,武隆增幅最大,为 19 d,巴东减少 0.9 d,其余各站基本在 6～13 d,其中 26 站为增加趋势,增幅具有区域性差异,万州站以西,除垫江、丰都、渝北、巴东外,差值均通过 0.05 的显著性水平检验(图 4.37a);高温日平均最高气温呈相同的变化趋势,有 90% 的站呈增加趋势,除丰都站外,差值均未通过 0.05 的显著性水平检验(4.37b)。

4.5.2　干旱

近年来的几次异常干旱灾害都发生在西南地区,如 2006 年夏季川渝地区特大干旱以及 2009 年秋季至 2010 年春季的西南大旱。本节采用气象干旱等级国家标准(GB/T 20481—2006),计算三峡库区 35 个站点 1961—2011 年共 51 年各年各季发生干旱日数。2003 年三峡蓄水后夏季 6—8 月水位处于 145 m 低值时期,冬季 12 月到翌年 2 月水位处于 175 m 高值时

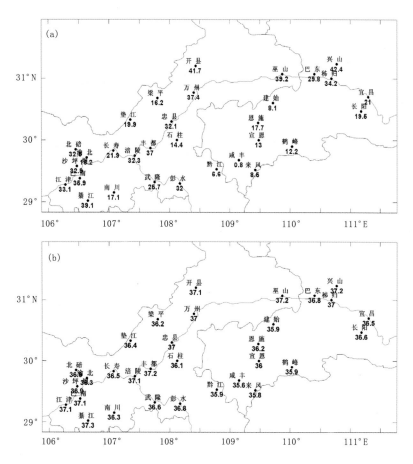

图 4.36　1961—2011 年三峡库区年高温日数(a,单位:d)、高温日平均最高气温(b,单位:℃)分布

期,且夏、冬水位相对稳定;春、秋季水位处于调整时期,故本文只分析三峡库区全年、冬季干旱和伏旱(6 月下旬至 9 月上旬)的变化特征。

4.5.2.1　三峡库区干旱时间变化特征

图 4.39 给出了区域平均的年、伏旱和冬季干旱日数的逐年变化。由图 4.38a 可知,年平均干旱日数为 44.5 d,其中 1966 年最多(84.6 d),1983 年最少(12.1 d);年平均伏旱日数为 20.1 d,以 1990 年最高(43.8 d),1993 年最低(0.7 d)(图 4.38b);年平均冬旱日数为 7.2 d,其中 1966 年最多(28.1 d),1973 年、1974 年、1989 年和 1992 年没有发生冬旱(图 4.38c)。51 年来,三峡库区年干旱、伏旱和冬季干旱日数均有所下降,速率分别为 −0.2 d/a、−0.04 d/a 和 −0.09 d/a。

4.5.2.2　三峡库区干旱空间分布特征

由 1961—2011 年三峡库区年干旱日数分布图可见(图 4.39a),年干旱日数主要表现为盆地和谷地多、山区少,库区东北多、西部少的分布特点。其中鹤峰最少,平均每年只有 14.8 d;兴山最多,达 76.7 d。51 年来,伏旱的分布与年干旱日数分布有所差异,主要表现在库区西部多于东部,低值区还是位于库区东南部,其中鹤峰最少,年平均只有 6 d,涪陵最多,达 29.2 d(图 4.39b)。冬旱日数呈东部大于西部、北部大于南部的分布特征,低值区还是位于库区东南

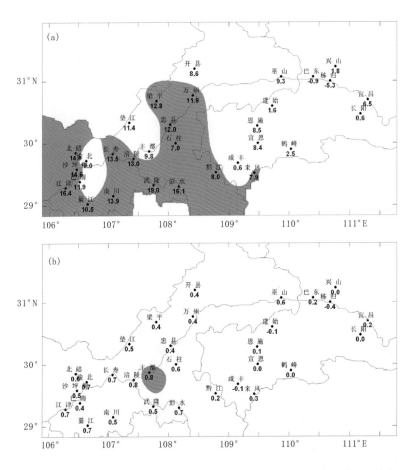

图 4.37　三峡库区 2004—2011 年与 1996—2003 年两时段高温日数差值(a,单位:d)和
高温日平均最高气温差值(b,单位:℃)(阴影区表示通过 0.05 的显著性水平检验)

部(图 4.39c),其中云阳最大,达 24.5 d,库区东南部的咸丰、宣恩站从未发生过冬旱。

4.5.2.3　三峡库区蓄水前后干旱变化

　　平均而言,蓄水前(1996—2003 年)整个三峡库区年干旱、伏旱、冬旱日数分别为 42.0 d、
18.9 d 和 6.5 d,蓄水后(2004—2011 年)分别为 40.8 d、20.5 d、6.8 d,与蓄水前相比,差值分
别为−1.2 d、1.6 d、−0.3 d,差值均未通过 0.05 的显著性水平检验。从各个站点的情况看,
2004—2011 年与 1996—2003 年相比,年干旱日数东西部变化趋势相反,西部基本上呈增加趋
势,东部呈减少趋势,其中巴东、兴山、秭归的差值通过 0.05 的显著性水平检验(图 4.40a)。
与蓄水前相比,伏旱(图 4.40b)、冬旱(图 4.40c)日数变化比较一致,东北部呈减少趋势,西部
呈增加趋势,其中巴东、秭归等站的差值通过 0.05 的显著性水平检验。

4.5.3　暴雨

　　为了分析三峡库区暴雨的区域特征,定义 2 个暴雨特征量,它们分别是:①暴雨日数:日降
水量≥50 mm 的暴雨日数的累积。②暴雨强度(年暴雨强度:年暴雨量/年暴雨日数;月暴雨
强度:月暴雨量/月暴雨日数)。

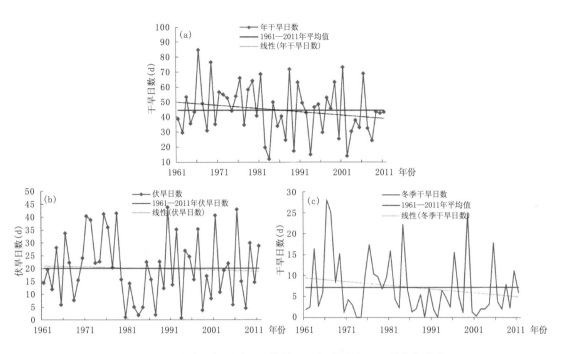

图 4.38　三峡库区年干旱(a)、伏旱(b)、冬季干旱(c)日数变化曲线

4.5.3.1　三峡库区暴雨时间变化特征

1961—2011 年期间,三峡库区年均暴雨日数为 3.4 d,暴雨强度为 72.9 mm/d。年暴雨日数以 1998 年最多(6.3 d),2001 年最少(1.3 d)(图 4.41a)。年暴雨强度以 1982 年最高(88.4 mm),1973 年最低(64.8 mm)。51 年间,三峡库区有 4 年暴雨日数少于 2 d,有 9 年暴雨日数多于 4 d;有 13 年暴雨强度低于 70 mm,有 2 年高于 80 mm。从变化趋势来看,暴雨日数存在增多的变化趋势,暴雨强度存在减小的变化趋势,但经检验,趋势变化均不显著。

51 年来,三峡库区除 2 月和 12 月外,其他各月均出现过暴雨天气,但主要出现在汛期(5—9 月),占暴雨日数的 92.2%(图 4.41b)。夏季(6—8 月)三峡库区主要受高层的南亚高压、中层中高纬度环流与冷空气以及西太副高、低层热带季风涌及其输送的暖湿气流等环流系统的共同影响(陶诗言等 2001),是暴雨最为集中的时段,三个月平均暴雨次数分别约为 0.68 d、0.88 d 和 0.6 d,其暴雨发生的频数远高于其他季节,占全年的 65.1%。冬季西风带主要受高原地形影响出现南北两支气流,两支气流都比较干,难以形成发生发展暴雨的特殊环流条件,12 月、2 月没有出现过暴雨天气,1 月三峡库区 51 年来只有五峰站在 1967 年 1 月 27 日出现 56.6 mm 的暴雨天气,也是三峡库区历年出现最早的暴雨天气。在 3 月和 11 月,51 年分别共出现 13 d 和 29 d 暴雨。

4.5.3.2　三峡库区暴雨空间分布特征

由于三峡库区及其周边地区山多,丘陵、盆地、河谷交错其间,地理位置特殊,暴雨日数空间分布差异明显。由 1961—2011 年三峡库区年暴雨日数分布图可见(图 4.42a),年暴雨日数存在两个高值区与两个低值区,两个低值区分别以巴南(包括江津、沙坪坝、北碚、綦江)、巴东(包括巫山、秭归、兴山)为中心,年暴雨日数一般为 1.9~2.9 d,其中兴山最低(1.9 d);两个高值区分别以恩施(包括咸丰、宣恩、建始、鹤峰)、万州(包括开县、梁平)为中心,年暴雨日数均在3.9 d以上,其中鹤峰最多,平均每年达5.6 d暴雨。总体来看,三峡库区暴雨日数的分布基本上呈现盆地和谷地少、山区多,库区西部少、东南多的分布特点。三峡库区年暴雨强度以库区西南部较低,东南部较高(图4.42b)。51年来,三峡库区有29个站年暴雨强度超过70 mm,其中鹤峰站最高,达80.7 mm,有6站年暴雨强度低于70 mm,主要集中在石柱至南川一带,其中南川站最少,仅为66.3 mm。

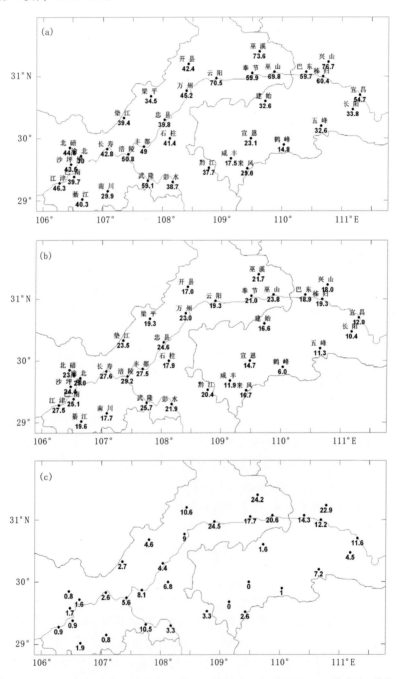

图4.39 1961—2011年三峡库区年干旱(a)、伏旱(b)、冬季干旱(c)日数分布(单位:d)

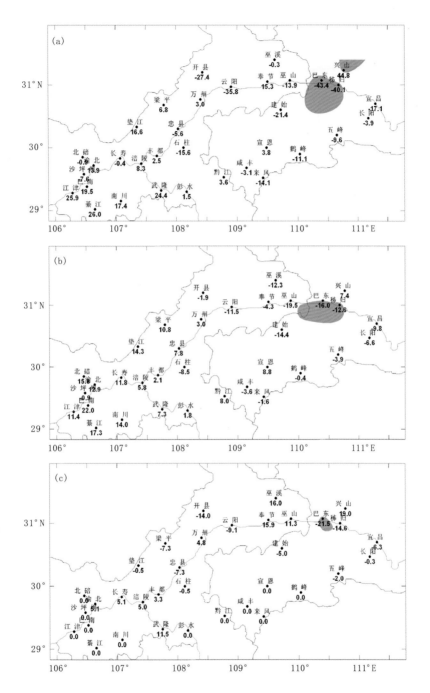

图 4.40 三峡库区 2004—2011 年与 1996—2003 年两时段干旱(a)、伏旱(b)、冬季干旱(c)
日数的差值(单位:d,阴影区表示通过 0.05 的显著性水平检验)

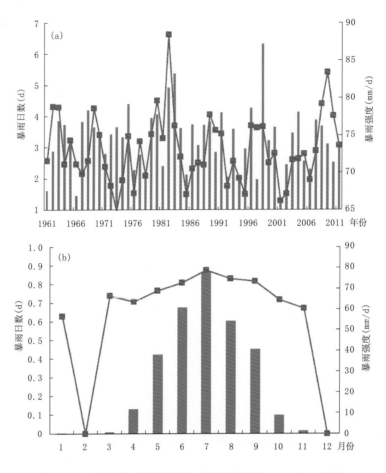

图 4.41　三峡库区暴雨日数和暴雨强度的年(a)和月(b)分布

4.5.3.3　三峡库区蓄水前后暴雨变化

就整个三峡库区而言,其蓄水前(1996—2003)的年暴雨日数、暴雨强度平均为 3.3 d、72.2 mm,蓄水后(2004—2011)为 3.2 d、75 mm,比蓄水前暴雨日数减少 0.1 d,暴雨强度增多 2.8 mm,差值均没有通过 0.05 的显著性水平检验。从各个站点的情况看(图 4.43a),2004—2011 年与 1996—2003 年相比,巫溪增幅最大,为 1.6 d;秭归减幅最大,为 −2 d,其余各站在 −1~1 d,其中 20 站(占 57%)为减少趋势。暴雨强度与暴雨日数基本呈相反的变化趋势,有 57% 的站呈增多趋势,减少区域主要位于库区东南部(图 4.43b)。蓄水后暴雨日数、暴雨强度与蓄水前相比,除南川站外,差值均未通过 0.05 的显著性水平检验。

4.5.4　低温

采用低温监测地方标准(DB50/T 270—2008),计算了三峡库区 35 个站点 1961—2011 年共 51 年各年发生低温的日数。

4.5.4.1　三峡库区低温时间变化特征

1961—2011 年期间,三峡库区年均低温日数为 32 d,以 1984 年最多(66 d),2006 年最少(1 d)。51 年间,三峡库区有 2 年低温日数少于 10 d,有 6 年低温日数多于 50 d(图 4.44a)。

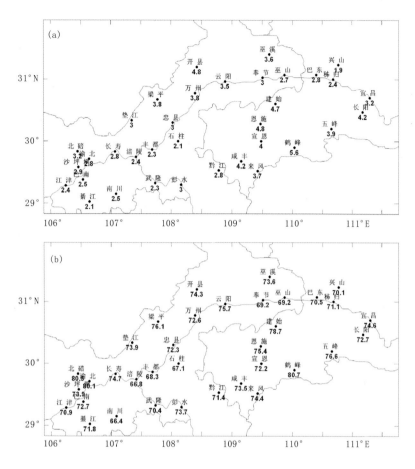

图 4.42　三峡库区年暴雨日数(a,单位:d)、年暴雨强度(b,单位:mm)分布

从变化趋势来看,低温日数存在减少的变化趋势,但趋势变化不显著。51 年来,三峡库区除 8 月外,其他月都可能出现低温,但主要出现在秋、冬季节,其中又以 1 月出现低温日数最多(图 4.44b)。

4.5.4.2　三峡库区低温空间分布特征

由 1961—2011 年三峡库区年低温日数分布图可见(图 4.45),年低温日数存在两个高值区与两个低值。两个高值区分别以巫溪(奉节)与五峰为中心,年低温日数在 40 d 以上,其中巫溪最多,平均每年达 65 d;低值区分别以忠县、宣恩(鹤峰)为中心,年低温日数在 25 d 以下,其中忠县低温日数仅有 14 d。总体来看,三峡库区低温日数的分布基本上呈现盆地和谷地少、山区多的分布特点。

4.5.4.3　三峡库区蓄水前后低温变化

就整个三峡库区而言,其蓄水前(1996—2003 年)的年低温日数平均为 24 d,蓄水后(2004—2011)为 19 d,比蓄水前低温日数减少 5 d,差值通过 0.05 的显著性水平检验。从各个站点的情况看(图 4.46),2004—2011 年与 1996—2003 年相比,秭归增幅最大,为 8 d;宜昌减幅最大,为 -16 d,其余各站在 -11～5 d,其中 28 站(占 85%)为减少趋势。

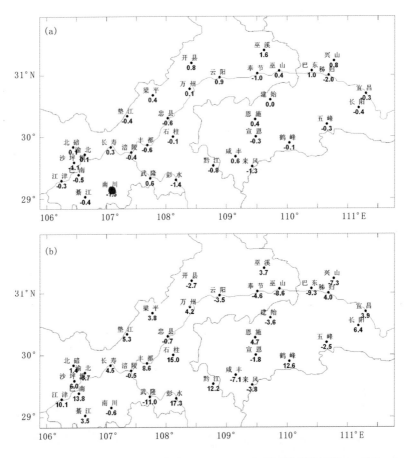

图 4.43　三峡库区 2004—2011 年与 1996—2003 年两时段暴雨日数(a,单位:d)、
暴雨强度(b,单位:mm)的差值(阴影区表示通过 0.05 的显著性水平检验)

4.5.5　连阴雨

参考关于研究三峡库区连阴雨的分析方法(邹旭恺等,2005),确定三峡库区各站历史上连阴雨过程:①一次连阴雨过程持续时间不少于 5 d。②当连阴雨过程持续时间为 5 d 的,期间不允许出现无雨日;过程持续 6～7 d 的,中间允许有 1 个无雨日;过程持续 8～10 d 的,中间允许有 2 个不相邻的无雨日;持续时间≥11 d 的,不严格规定非连续降水间隔天数。③连续 2 d 或以上没有出现降水,视为连阴雨过程结束。

4.5.5.1　三峡库区连阴雨时间变化特征

在 1961—2011 年期间,三峡库区多年平均连阴雨为 11.7 次,其中 1989 年最多,为 14.5 次,其次为 1993 年和 1967 年,分别为 14.5 次和 14.3 次,而 1987 年、2006 年和 1988 年连阴雨过程较少,分别为 8.5 次、8.6 次和 8.9 次(图 4.47a)。与多年(1961—2011 年)平均值相比,20 世纪 70、80 年代,多数年份连阴雨频次为正距平;2000 年以后,11 年中有 10 年连阴雨频次为负距平。

连阴雨过程平均降雨量与连阴雨频次的变化并不相同。1961—2011 年期间,三峡库区连阴雨过程平均降雨量为 63.3 mm/次,其中 1998 年最高,为 111.2 mm/次,其次是 1983 年,为

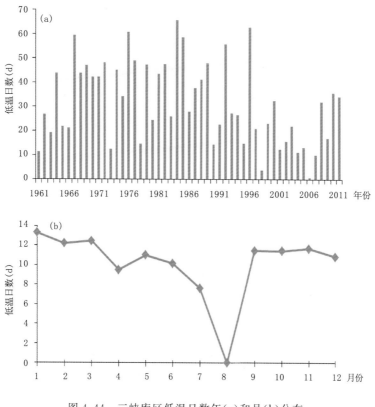

图 4.44　三峡库区低温日数年(a)和月(b)分布

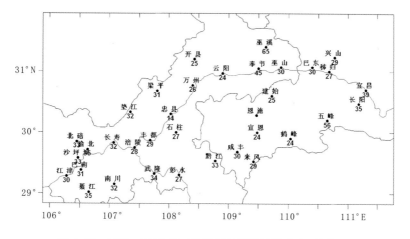

图 4.45　1961—2011 年三峡库区年低温日数分布(单位:d)

88.4 mm/次,2006 年最低,为 42.5 mm/次。与多年(1961—2011 年)平均值相比,1984 年以前,连阴雨过程平均降雨量有 75% 的年份为正距平;1985—1995 年期间,82% 年份为负距平;1996—2000 年,多数年份高温日数为正距平,其中 1998 年正距平最高,达 44.9 mm/次;2001年以后,多数年份连阴雨过程平均降雨量为负距平,尤其是 2008—2011 年,连续 4 年为负距平。

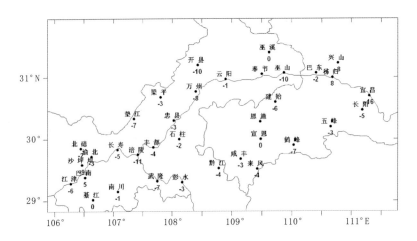

图 4.46　三峡库区 2004—2011 年与 1996—2003 年两时段低温日数差值(单位:d)

　　1961—2011 年三峡库区年平均连阴雨持续时间为 8.9 d/次,其中 1964 年最高,为 10.9 d/次,2008 年最低,为 7.5 d/次。连阴雨持续时间具有明显的阶段性变化(图 4.47b),其中 1964—1979 年呈下降趋势,1980—1997 年呈现上升趋势,1998 年以来为减少趋势。

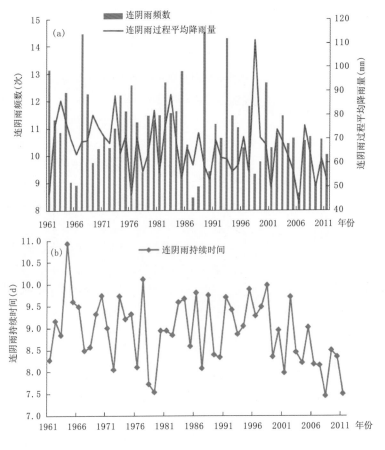

图 4.47　三峡库区连阴雨频数与连阴雨过程降雨量(a)、持续时间(b)变化图

4.5.5.2 三峡库区连阴雨空间分布特征

三峡库区各地年平均发生连阴雨的频次为（8～14）次/a,库区东南部的咸丰、鹤峰等地连阴雨频次最频繁,平均每年发生11～14次左右,以鹤峰最多,多年平均为14.7次/a,库区西南部次之,每年平均约有10次左右;东北部最少,每年只有7～8次左右,其中巫山连阴雨频数最少,多年平均为8.1次/a(图4.48a)。

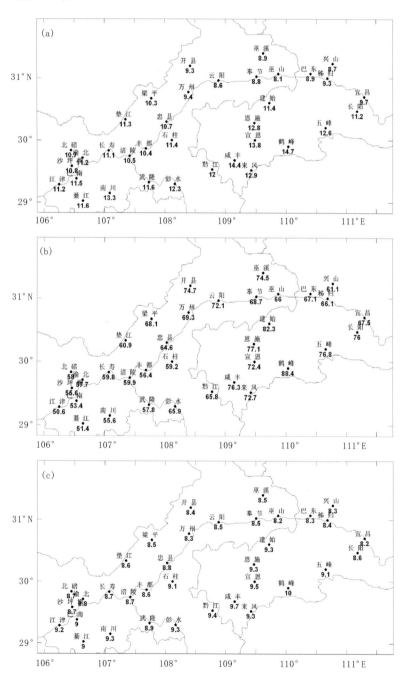

图4.48 三峡库区年连阴雨频数(a,单位:次/a)、连阴雨过程降雨量(b,单位:mm/次)、
持续时间(c:单位:d/次)分布

51年来,三峡库区连阴雨过程降雨量在 $50\sim90$ mm不等,库区东南部最多,有 $70\sim90$ mm,其中以鹤峰最多,多年平均为 88.4 mm/次;其次为东北部,有 70 mm左右;西部最少,一般不足 60 mm(图4.48b),其中江津最少,为 50.6 mm/次。

连阴雨的平均持续时间长短的地区分布特征与连阴雨频次的空间分布相似,东南部地区连阴雨持续时间最长,平均为 9.5 d/次左右;西部次之,平均也可达 $8.5\sim9.0$ d/次,东北部阴雨持续时间最短,为 $8.0\sim8.5$ d/次。

4.5.5.3　三峡库区蓄水前后连阴雨变化

平均而言,蓄水前整个三峡库区年连阴雨频数、连阴雨过程降雨量、持续时间分别为 10.7 次/年、70.1 mm/次、9.0 d/次,蓄水后为 10.1 次/年、58.7 mm/次、8.2 d/次,与蓄水前相比,分别减少 0.6 次/年、11.4 mm/次、0.8 d/次,蓄水前后连阴雨持续时间的差值通过 0.05 的显著性水平检验。从各个站点的情况看,2004—2011年与1996—2003年相比,连阴雨频数有83%(29站)的站点呈减少趋势,其中兴山、石柱、彭水的差值通过 0.05 的显著性水平检验(图4.49a)。与蓄水前相比,连阴雨过程降雨量全区域一致呈减少的趋势,但只有江津、五峰通过 0.05 的显著性水平检验(图4.49b);连阴雨持续时间除丰都站外,均呈一致的减少趋势,其中库区西部减少趋势比较显著(图4.49c)。

4.5.6　雾

雾的定义是贴地层空气中悬浮着大量水滴或冰晶微粒而使水平能见距离下降到 1 km 以下的天气现象,地面水平能见度在 $1\sim10$ km的天气现象定义为轻雾,雾与轻雾是近地层空气中水汽凝结(或凝华)的产物(吴兑等,2007)。

4.5.6.1　重庆三峡库区雾时间变化特征

虞俊等(2009)选取重庆、涪陵、万州、奉节、巴东和宜昌 6 站作为三峡库区的代表站,分析了1954年以来三峡库区雾的气候变化特征,并对近几年三峡水库蓄水以后雾的变化及其产生变化的可能原因进行了讨论,指出1954—2007年三峡库区雾日数呈弱的增加趋势,2000年以后,在全球变暖大背景及城市化的共同影响下,三峡库区气温显著升高,相对湿度明显减小,导致雾日大幅减少,就目前的观测表明,三峡水库蓄水的小气候效应影响还没有明确显现。由于三峡库区大多数站点在 1973 年后才有雾观测资料,考虑到资料的完整性,本文选用1973—2011年重庆34站的雾观测资料分析重庆三峡库区雾的变化特征。年雾日数具有明显的阶段性变化特征,表现为:1993年以前为雾日数显著增多阶段,之后持续减少(图4.50a);而轻雾存在显著增多的趋势(图4.50b),重庆三峡库区 39 年平均雾日数为 36.7 d,平均轻雾日数为 259.6 d。

4.5.6.2　重庆三峡库区雾空间分布特征

重庆三峡库区年平均雾日的空间分布,如图4.51所示。长江与嘉陵江流经区域附近的站点多年平均雾日数大于距离两江水域较远的站点,雾日高值区集中于重庆地区中部和西南部。近 39 年平均雾日最高值出现在重庆中部的涪陵站(图4.51a),年平均雾日达 71.6 d;最低值出现在重庆东北部的城口站,年平均雾日仅 5.9 d。雾日分布总体上呈现由东向西、由北向南先增加后减少的趋势。39 年来,重庆三峡库区年平均轻雾日数的空间分布与雾日数分布基本相同,大值区集中在中部与西部,东北部与东南部相对较少(图4.51b)。

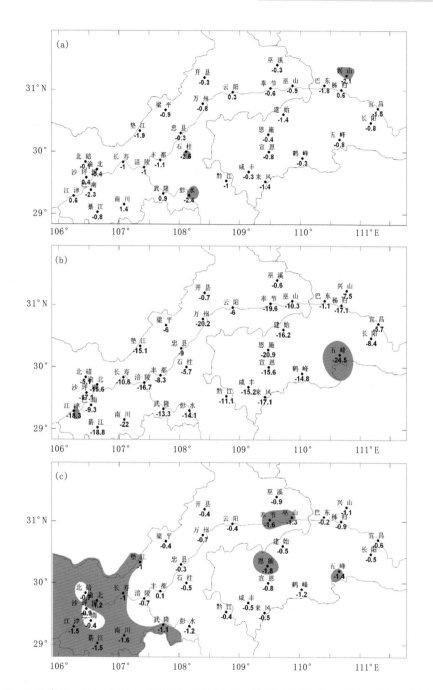

图 4.49　三峡库区 2004—2011 年与 1996—2003 年两时段连阴雨频数（a,单位:次/a）、连阴雨过程
降雨量（b,单位:mm/次）、持续时间（c,单位:d/次）的差值（阴影区表示通过 0.05 的显著性水平检验）

4.5.6.3　重庆三峡库区蓄水前后雾变化

就整个重庆三峡库区而言,其蓄水前(1996—2003 年)的年雾、轻雾日数平均分别为 35.4、
279.3 d,蓄水后(2004—2011 年)分别为 25.1 d、268.1 d,比蓄水前分别减少－10.4 d 和
－11.2 d,其中雾日数的差值通过 0.05 的显著性水平检验。从各个站点的情况看(图 4.52a),

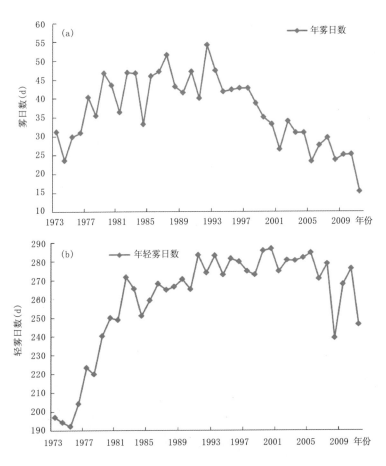

图 4.50　重庆三峡库区雾(a)、轻雾(b)日数的变化曲线

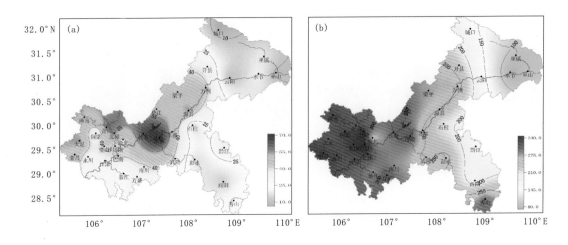

图 4.51　重庆三峡库区年雾(a)、轻雾(b)日数的分布(单位:d)

2004—2011 年与 1996—2003 年相比,雾日数并没有呈现一致的减少趋势,增加趋势分别位于渝北至綦江、石柱至黔江、云阳至城口一带,但差值均未通过 0.05 的显著性水平检验;79%的

站点呈减少趋势,涪陵减幅最大,为 46.9 d,其次是北碚,为 33.1 d(图 4.52b)。开县至涪陵一带在蓄水前后雾日的差值均通过 0.05 的显著性水平检验。蓄水前后轻雾日数的差值的空间分布与雾相同。

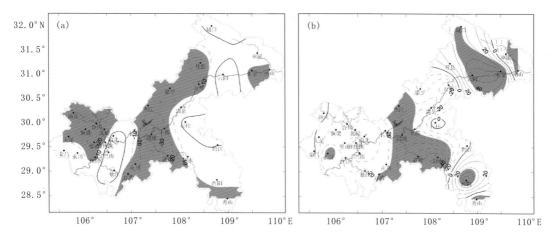

图 4.52 重庆三峡库区 2004—2011 年与 1996—2003 年两时段雾日(a)、轻雾日(b)的差值(单位:d)
(阴影区表示通过 0.05 的显著性水平检验)

4.5.7 坝区气候事件变化对比分析

表 4.6 给出了三峡站蓄水前后气候事件(日数)变化对比。可以看出,蓄水后雾日数明显减少,全年中除 3 月和 4 月增加外其余月份都在减少;蓄水后轻雾及霾的天气日数在明显增加,尤其霾增加最为明显,比蓄水前增加了 4 倍;蓄水后坝区雷电天气明显较少。

表 4.6 三峡站蓄水前后气候事件(日数)对比

月份		1	2	3	4	5	6	7	8	9	10	11	12	合计
雾	前	1	0.4	0.1	0.2	—	0.2	0.2	0.2	0.2	0.1	0.4	0.4	3.4
	后	—	0.1	0.4	0.3	—	0.1			0.1	—	0.3		1.3
轻雾	前	18.5	11.7	13.8	10.4	7.6	12.3	13.9	11.1	8.2	10.5	14.4	18.5	150.9
	后	20.8	18.9	15.4	14.8	16.5	18.5	18.1	19.6	18.8	17.6	17.5	19.5	216
霾	前	3.2	0.6	1.7	0.5	0.2	0.2	0.3	—	0.2	0.4	1.5	2.4	11.2
	后	8.6	4.1	2.8	1.1	3	3.5	1.9	1.4	2.9	2.8	3.6	8.8	44.5
雷暴	前	0.1	0.3	1.4	3.2	2.8	3.5	10.3	8	2.2	0.5			32.3
	后	—	0.8	0.9	2.6	2.9	2.6	7	7.4	1.1	0.1	0.4		25.8
闪电	前	—	—		0.1	0.2	0.2	0.5	0.5					1.5
	后	—	—			0.1	—	0.1	0.3					0.5

4.5.8 小结与讨论

(1)51 年来,三峡库区年平均高温日数为 24.8 d,日平均最高气温为 36.69℃。高温天气出现在 4—10 月,主要集中于 7—8 月;其中 8 月高温天气最多,且平均最高气温最高。三峡库区高温分布与下垫面条件密切相关,呈现海拔较低的峡谷多、丘陵和山区少,东北部多、东南部少的分布格局。趋势系数空间分布显示,近51年三峡库区高温日数变化趋势存在明显的地域性差异,基本呈现出库首与库尾减少,中部增多的变化趋势。蓄水后(2004—2011年)比蓄水前(1996—2003年)高温日数增多,高温日平均最高气温增高。

(2)三峡库区年干旱、伏旱、冬季干旱日数分别为44.5 d、20.1 d和7.2 d;51年来,均表现为下降趋势。年干旱、伏旱、冬旱日数有显著的区域性差异,年干旱为盆地和谷地多、山区少,库区东北多、西部少的分布特点;伏旱主要表现为库区西部多于东部,冬旱日数呈东部大于西部,北部大于南部的分布特征;年干旱、伏旱、冬旱日数的低值区都位于库区东南部。蓄水后(2004—2011年)与蓄水前(1996—2003年)相比,年干旱、伏旱、冬旱日数东西部变化趋势相反,西部基本上呈增加趋势,东北部呈减少趋势。

(3)三峡库区年均暴雨日数为3.4 d,年均暴雨强度为72.9 mm;除2月和12月外,其他各月均出现过暴雨天气,但主要出现在汛期(5—9月),其中以7月的暴雨日数最多且强度最强。暴雨日数有显著的区域性差异,呈现盆地和谷地少、山区多,库区西部少、东南多的分布特点。暴雨强度以库区西南部较低,东南部较高。蓄水后暴雨日数与暴雨强度并没有显著的变化。

(4)1961 -2011年期间,三峡库区年均低温日数为32 d。低温日数的分布基本上呈现盆地和谷地少、山区多的分布特点。与蓄水前相比,大多数站低温呈减少趋势。

(5)三峡库区多年平均连阴雨为11.7次,连阴雨过程平均降雨量为63.3 mm/次,持续时间为8.9 d/次。库区连阴雨的频次、持续时间分布以东南部最多,西部次之,东北部最少;连阴雨过程降雨量东南部最多,其次为东北部,西部最少。从蓄水前后比较来看,连阴雨频数、连阴雨过程降雨量没有明显的变化,持续时间库区西部显著减少。

(6)1973—2011年,重庆三峡库区年均雾日数为36.7 d,轻雾日数为259.6 d;雾日变化总体上呈逐年减少趋势,而轻雾日数为显著增加趋势。雾、轻雾分布特征受地形地貌影响比较明显,表现为两江沿线以及靠近山脉的区域年雾日数较多,离两江水面越远、海拔较高的站点年越少。从蓄水前后比较来看,雾、轻雾的变化呈明显的地域性差异,但大多数站呈现逐年减少的趋势。

(7)蓄水后三峡坝区附近雾日数减少,但轻雾和霾日数明显增加,雷电天气减少。

4.6 三峡水库气候效应数值模拟分析

4.6.1 三峡气候效应数值模拟文献综述

长江三峡大坝建成并开始蓄水以后,周边地区发生了一系列极端的天气和气候事件,引起了人们对三峡水库引起的气候效应的普遍关注。近年来,一些研究利用不同类型、不同分辨率数值模式,对不同季节三峡水库蓄水后所形成水面的影响进行评估。到目前为止,有7篇文章正式发表了数值模拟的结果,都是通过改变水库水面大小来模拟三峡水库的气候影响。数值模式可以分为三类:边界层模式(张洪涛等,2004;刘红年等,2010)、区域气候模式(吴佳等,2011)、中尺度MM5(Miller 等,2005;Wu 等,2006;马占山;2010)和 WRF 模式(李艳等,2011)。在介绍这些模拟的结果之前,需要特别指出的是,由于三峡地区地形复杂,模式和数值试验设计的局限性,这些研究结果存在较大的不确定性,对模拟结果应该审慎理解,综合评估三峡水库的气候效应有待于进一步的研究。总体上,数值试验结果都表明三峡水库可能影响库区局地尺度（<10 km）的温度、湿度、风，而在区域尺度（～100 km）上的影响和局地影响的幅度分歧较大。

4.6.1.1　边界层模式模拟

张洪涛等（2004）最早利用边界层模式评估三峡水库对库区附近温度、湿度和风的影响，模式水平分辨率为 333 m，模式中心位于三峡大坝附近，模式区域是一个 20 km 边长的正方形，大气层顶为 5 km，模式采用理想化的初始场。模拟结果表明，夏季中午气温在库区下风方近 10 km 范围内有 0.3℃以下的降温，伴随着降温，比湿下降 1％～3％，江面上风速有所增强；夏季夜晚在库区周围数十公里范围内有 1℃的增温；比湿增加 3％左右，两岸山顶向江心吹的山风也有所增强。他们进一步认为，三峡大坝的气候影响在 10 km 范围内，无论冬夏影响风、湿度和气温的幅度都不大。

刘红年等（2010）也利用一个边界层模式，模拟范围与张洪涛基本相似，水平分辨率为 500 m，但是他们的初始场是根据 WRF 模式提供的 2001 年和 2005 年 1 月、4 月、8 月和 10 月共 8 个月的初始场和边界条件，积分 11 d。11 d 模拟平均结果表明，冬季在 0.5 km 范围内气温增加 0.4～0.9℃，春季气温下降 1.9～2.0℃，夏季气温下降 1.0～1.3℃，秋季气温下降 1.1～1.3℃；在冬、春、夏和秋季相对湿度增加分别达到 29.8％，37.2％，13.3％和 20.3％，增加 5％的水平范围不超过 5 km；水库地面风速增加小于 0.5 m/s，影响范围不超过 1.5 km。

总的来说，边界层模式区域较小，积分时间较短，没有考虑大气中的对流活动，模式仅能研究三峡水库对局地尺度边界层的影响。这些边界层模式都表明大坝附近的温度、湿度和风速均会有改变，影响范围较小，但是变化幅度相差较大。

4.6.1.2　区域气候模式模拟

吴佳等（2011）的数值模拟是利用的意大利国际理论物理中心的区域气候模式基础上改进的 RegCM3 区域气候模式，水库效应模拟的水平分辨率为 10 km，虽然次网格可以将库区附近 5×5 个格点的分辨率提高到 2 km，但是，模式中的三峡水库的影响是根据夏季平均进行评估的，没有考虑具体天气过程的影响，可能导致水面改变的影响不确定。他们进行了 2005—2006 年中国和三峡地区气候变化的模拟，重点对模式模拟的夏季气候及气候异常进行了分析。结果表明，在狭长的库区，夏季气温下降可以达到 1℃，降水没有明显的变化，区域尺度上的影响在统计上不显著。

4.6.1.3　中尺度区域模式模拟

Miller 等（2005）是最早利用中尺度区域模式来研究三峡水库的气候影响，采用三重嵌套的 MM5 模式，水平分辨率分别是 90 km、30 km 和 10 km，针对 1990 年 3 月 2 日到 5 月 16 日共 44 d 的无雨日，对三峡大坝的影响进行了数值模拟。他们发现，虽然由于三峡水库的水面蒸发作用，降低地面和整个气柱的温度，减弱上升运动，减少云量，增加太阳辐射，可以升高地表气温，但是，蒸发作用导致气温下降，结果大坝附近气温下降了 2.9℃。值得注意的是他们选择的模拟时段降水很少，对降水的评估是有缺陷的。

Wu 等（2006）的数值模拟则利用二重嵌套的 MM5 模式，水平分辨率分别为 9 km 和 3 km，采用了显式的水汽方案，并结合 TRMM 降水资料和 MODIS 地表温度资料的分析。2003 年 8 月 1 日到 30 日的连续积分表明，在 2003 年 6 月三峡水库水位由 66 m 增加到 135 m 后，三峡水库的存在会造成大坝附近的降水略微减少，但增加了大坝以北及以西地区的降水量。他们认为,三峡地区的复杂地形可能会导致三峡水库的气候影响空间尺度变大。

马占山等(2010)也利用三重嵌套的 MM5 模式研究三峡水库的影响,他们的模式细网格分辨率达到 1.5 km,但是模式只积分一天就再初始化,可能会抑制水库的气候影响。结果表明:库区附近春季温度变低,夏季在水库下游气温升高、上游则气温降低,而冬季则以升温为主;春季降水变化主要位于库区沿线的南部山区,增雨带和减雨带相间分布,夏季降水量在三峡库区中上游地区和附近的山区呈增加趋势,在库区下游及附近地区降水呈减少趋势,冬季降水量减少,主要集中在大坝附近地区到三峡(巫山)段;春季库区的相对湿度增加,幅度多在0.5%～1.0%,夏季相对湿度的影响也存在正负两种效应,大坝上游库区附近相对湿度增加,大坝下游地区相对湿度降低,冬季变幅不大,水库对极端天气事件的影响并不明显。

李艳等(2011)采用三重嵌套网格 WRF 模式,最内层网格分辨率也是 1.5 km,对 2007 年1月进行模拟。模拟结果表明,冬季日平均气温的变化较小,仅在狭窄的三峡水道上出现了弱的增温效果,增温幅度主要集中在 0.5～1.5℃;日平均风速在长江河道附近呈现出风速增强的现象,增强幅度不大于 1 m/s,风速减弱的区域较小;三峡库区水体面积扩大后引起了库区北部部分地区的降水增加,与吴立广等(2006)的结果相似。

4.6.2 RegCM3/NCC 模式模拟分析

4.6.2.1 模式、试验设计和资料

（1）模式简介

模拟使用由意大利国际理论物理中心(The Abdus Salam International Center for Theoretical Physics)于近年间在 RegCM2 区域气候模式(Giorgi 等,1993a,b)的基础上,研制开发的改进版 RegCM3(Pal 等,2007)。RegCM3 模式的动力核心是基于宾夕法尼亚州立大学/NCAR 的中尺度模式 MM5(Grell 等,1994)的静力平衡版本。RegCM 系列模式在东亚区域多年代际的气候变化模拟中已经广泛应用,并表现出较好的模拟效果,尤其是夏季(Gao 等,2001,2008,2012;Zhang 等,2007;鞠丽霞等,2006;Ju 等,2007)。

（2）试验设计和资料

试验中模式使用标准的参数设置,包括辐射采用 NCAR CCM3 方案(Kiehl 等,1996),生物圈－大气圈传输方案使用 BATs(Dickinson 等,1993),海表通量参数化方案使用 Zeng 方案,行星边界层方案使用 Holtslag 方案(Holtslag 等,1990),积云对流参数化方案选择基于Arakawa-Schubert 闭合假设的 Grell(1993)方案。模式在垂直方向分 18 层,顶层高度为10 hPa。一共完成 3 组试验,积分时间均为 1995 年 1 月 1 日至 2007 年 1 月 1 日,总共 12 年整,第一年是模式初始化时段,不予以分析。

试验 1 的模拟范围包括整个中国大陆及周边地区(图 4.53a),水平分辨率为 50 km,与Gao 等(2008)类似。植被覆盖采用美国地质勘探局(GLCC)资料。初始场和大尺度环流场(侧边界)的驱动场,我们使用的是 NCEP/NCAR 再分析资料,其水平分辨率为 2.5°×2.5°(经纬度)(Kalnay 等,1996)。侧边界场采用指数松弛边界方案,每 6 h 输入模式一次。海表温度使用美国海洋和大气管理局(NOAA)基于最优插值(OI)的海表温度周数据。

试验 2 中,范围覆盖了三峡水库及周边地区(图 4.53b),水平分辨率为 10 km,通过 SUB-BATS 方法(Giorgi 等,2003),次网格点数取为 5×5,分辨率达到 2 km×2 km。初始和侧边界条件由试验 1 得到。由图 4.53b 可以看到,高分辨率模式对地形的描述更加细致、精确,如处

于山脉环绕中的四川盆地及其以西向青藏高原地势由低到高的陡峭转变,长江从宜昌出三峡后进入的洞庭湖平原,三峡北部重庆与湖北、陕西交界处大巴山及其以南重庆和湖北交界处的山脉等,都得到了较准确的刻画。

将试验 2 中,三峡水库地区[三峡大坝(宜昌附近)至重庆的长江段]的下垫面替换成内陆水(图 4.53),作为试验 3。共替换了 267 个格点,占模拟范围总格点数的 0.1% 左右。

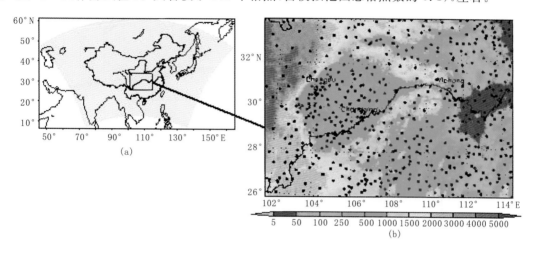

图 4.53　试验范围和地形分布(地形高度单位:m)

(a)50 km;(b)10～2 km

通常全球模式的模拟中,使用气候态的海表温度作为表面边界条件(高学杰等,2003;Oouchi 等,2006)。同样,试验 3 中我们使用气候平均的三峡库区水表温度驱动 RegCM3。这样处理的原因是因为水表温度观测数据较难获取。

首先计算寸滩和庙河两个水文站 2004—2007 年水表温度逐日观测数据的 4 年平均值,随后在试验 3 中将平均后的日水表温度数据线性插值到 267 个下垫面改变的格点上。

寸滩与庙河的水表温度分别由图 4.54a、b 中给出。从图中可以看到,水表温度呈现显著的季节变化,夏季最高,冬季最低。两个站点的水表温度除 2006 年下半年异常偏高外(时间上与 2006 年高温干旱事件吻合),其余几年的年际变化均较小。上游地区的寸滩站水温相比下游的庙河站在上半年偏暖,下半年偏冷。两站之间水温差异值除春季(3—5 月)达 4℃ 以上外,其余时间基本在 1～2℃(图 4.54c)。

试验 1 主要用来为试验 2、3 的 10 km 模拟提供初始和侧边界条件。一般从区域气候模拟的角度讲,驱动场的分辨率和模式分辨率之间的差距,需要低于 10 倍,以 3～5 倍最为合适。因此,不能直接使用 NCEP 再分析资料驱动 10 km 模拟。试验 3 与试验 2 的差被视为三峡水库对当地气候的影响。试验 1 中 RegCM3 对中国当代气候的模拟与观测的比较结果与之前的研究类似(Zhang 等,2007;吉振明等,2010)。

模式能够较好地再现中国地区气温和降水的总体空间分布型,但部分地区仍然存在冷偏差。为简明起见,本研究集中分析三峡地区的冬、夏季气候。检验模式的观测资料使用吴佳等(2012)发展的 CN05.1 数据集,该数据集是基于中国地区 2400 个观测台站的数据建立的,包括了地面温度和降水等变量,分辨率为 0.25°×0.25°(经纬度)。插值使用"距平逼近"方法进行,之前 New 等(2002)和 Xu 等(2009)发展的 CRU 和 CN05 观测数据都是基于同样的方法制作的。所关注的三峡区域大约占有 500 个站点。

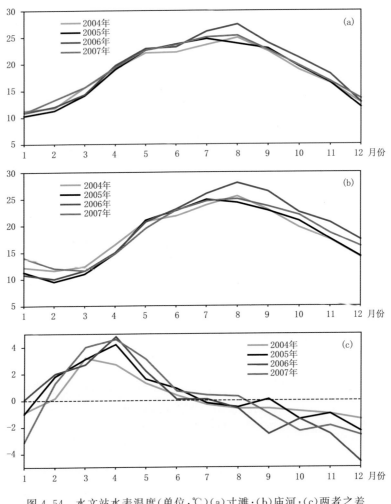

图 4.54　水文站水表温度(单位：℃)(a)寸滩；(b)庙河；(c)两者之差

4.6.2.2　模式模拟性能检验

(1)冬季气温和降水

图 4.55 中给出观测、模式模拟及 NCEP 再分析资料的冬季多年平均地面气温。由图 4.55a可知，观测中气温分布与三峡地区地形有较好的匹配，如四川盆地及东部平原地区气温相对温暖，而西部山区(青藏高原边缘地区)气温相对较低，三峡地区西部长江南北岸山区气温也相对较低。NCEP 资料除对青藏高原边缘的低温有较好的描述外，上述其他分布特征基本得不到反映(图 4.55b)。试验 1 中 50 km 的模拟总体上反映了观测的分布型，但模拟存在一定的冷偏差，偏差在山区普遍比平原要大，整个区域的平均偏差值为−3.4℃。

对比图 4.55c 和图 4.55d 发现，50 km 和 10 km 的模拟结果表现出较大的相似性，但10 km 模式为气温分布提供了更详细的细节特征。例如，长江以南108°～110°E 范围地区气温相对较低，重庆西部沿长江两岸气温相对较高的特征在试验 2 中均得到较好的体现，但在试验 1 中则没有。试验 2 中由于 SUB-BATS 方法(Giorgi 等,2003)的强迫，使得小地形对气温的影响也更加明显,模拟与观测的区域平均差值为 3.0℃,与试验 1 较为一致。

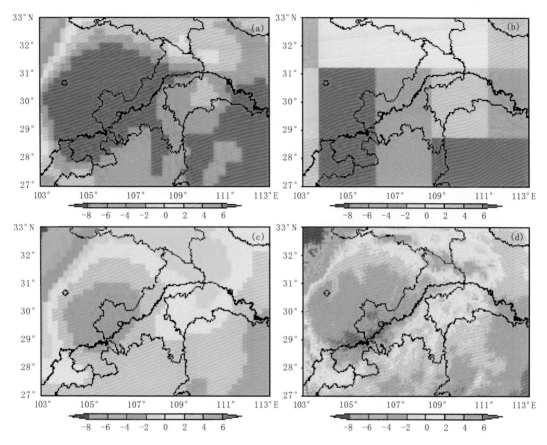

图 4.55 三峡地区多年平均冬季气温(单位:℃)
(a)观测;(b)NCEP;(c)试验 1;(d)试验 2

图 4.56 中给出观测、NCEP 再分析资料、试验 1 及试验 2 模拟的三峡地区冬季平均降水分布。可以看到,观测中东南部地区降水相对较大,并向西南逐渐递减(图 4.56a)。观测中降水的空间分布特征在 NCEP 资料中基本得不到体现(图 4.56b)。试验 1 和试验 2 相比 NCEP 稍有改善,但存在模拟降水量明显偏多的问题(图 4.56c 和图 4.56d),偏多幅度除西南部外其他区域均达 1~2 倍。试验 1 和试验 2 与观测的区域平均偏差分别为 1.8 倍和 2.1 倍。可以看到,至少一部分偏差是 NCEP 再分析资料驱动场引起的,NCEP 资料本身对三峡地区区域平均降水的模拟比观测偏多达 1 倍。此外,试验 1 的模拟区域范围较大,而三峡区域范围则较为局地,导致区域内降水分布的模拟较难实现,试验 2 中模拟的降水数值和空间分布都与试验 1 保持一致。

以往的研究表明,RegCM3 对山区降水的模拟往往存在偏多的问题(Zhang 等,2005;Gao 等,2008)。试验 1 中受季节盛行风环流的影响,四川盆地南/西部山区的南/东坡出现明显的雨带。试验 2 中地形的影响更显著。本研究中用于模式检验的数据也存在一定的不确定性。我国的观测台站主要分布在河谷和平原地带,这将可能造成山区降水的低估。同时研究表明,固态降水观测经常存在风导致的偏小误差造成的不确定性(可能高达 20%,Adam and

Lettenmaier，2003）。

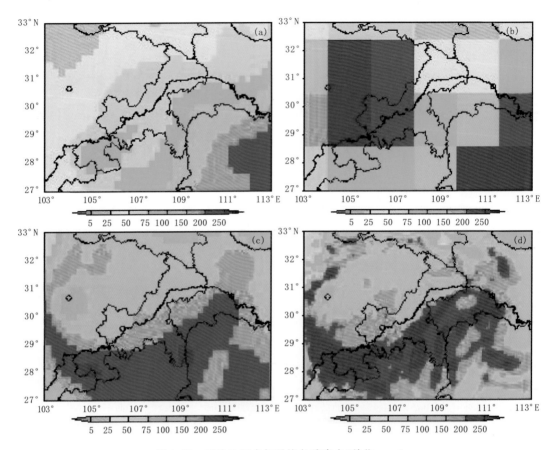

图 4.56　三峡地区多年平均冬季降水（单位：mm）

(a)观测；(b)NCEP；(c)试验 1；(d)试验 2

（2）夏季气温和降水

图 4.57a～d 分别表示观测、NCEP 再分析资料及模式模拟的夏季平均气温。夏季气温的空间分布与冬季类似，但由于季节的差异温度较高。试验 1 模拟的夏季气温相比冬季在数值上与观测更为接近，区域内偏差基本在−1～1℃。

试验 2 由于分辨率较高体现出更多的气温空间分布细节，此外对大巴山及其他高山气温相对周围要低的分布，试验 1 模拟中没有出现，但在试验 2 中得到了较好体现。试验 1 和试验 2 与观测的区域平均偏差值分别为 0.4℃和 0.5℃。

总体上，观测和模拟的夏季降水均没有系统性的空间分布结构（图 4.58）。与冬季相比，试验 1 和试验 2 对夏季降水总量的模拟更好。模拟与观测的偏差普遍在±25% 之间，试验 2 中重庆西部沿江地区除外，其偏多达 50% 以上。NCEP、试验 1 和试验 2 与观测的区域平均偏差分别为 30%，20% 和 26%。

4.6.2.3　蓄水对库区气候影响的模拟

（1）蓄水对冬季气温和降水的影响模拟

三峡水库引起的冬季气候变化（试验 3 与试验 2 之差）由图 4.59 中给出。可以看到，就空

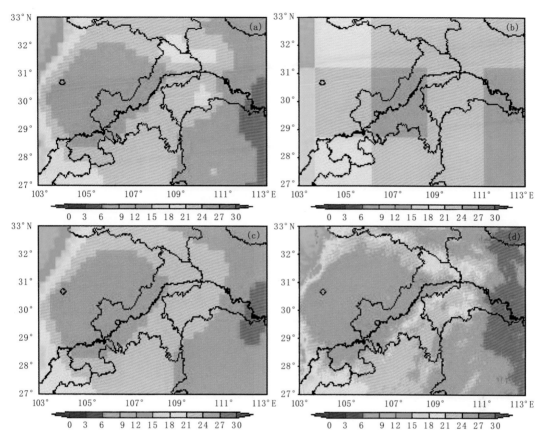

图 4.57　三峡地区多年平均夏季气温(单位:℃)

(a)观测;(b)NCEP;(c)试验1;(d)试验2

间分布而言,三峡水库下垫面改变引起库区本身气温降低1℃以上。水库本身大部分格点上的气温变化通过0.05的显著性水平检验,但其他地区变化不显著。库区降温的原因可能是水体表面蒸发加强(图略),带走更多热量造成的。试验3与试验2的区域平均冬季气温差值为0.0℃。从图可以看出,气温的变化由库区向外快速递减,实际上,在距离库区最近的格点就已经下降为−0.2℃。

冬季降水变化分布(图4.59c)更多表现为模式由于小的改动产生的噪音(模式的内部变率),而非三峡水库的影响,区域平均的冬季降水变化,为非常微弱并没有统计学意义的数值(−0.08%)。由图4.59d可以看到,三峡水库冬季降水变化在不同年内的区域平均值基本在1%~2%,平均变化值为1.6%。三峡水库引起库区本身降水的轻微减少,并由库区向外缓慢下降,在50 km距离处达到0.5%。三峡水库降水减少主要是气温下降引起的蒸发加强,导致高空垂直结构更加稳定造成的。

(2)蓄水对夏季气温和降水的影响模拟

类似于冬季,图4.60为夏季的情况。夏季气温变化总体与冬季类似,但水库本身的降温幅度夏季(1.5℃)比冬季(1.0℃)要大。由以上讨论可以看出,模式模拟的三峡水库下垫面改变后冬、夏季气温均表现为降低,与之前将引起夏季降温及冬季增温的假设有所不同。该假设

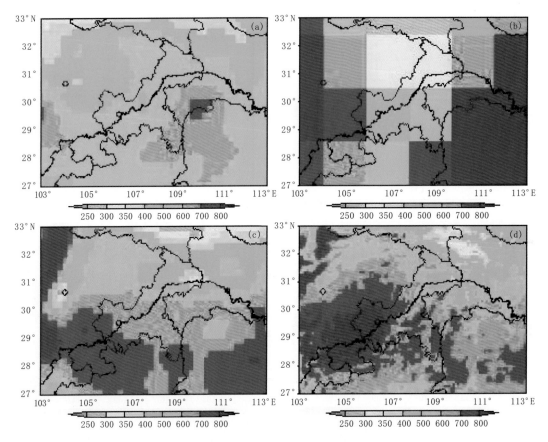

图 4.58 三峡地区多年平均夏季降水(单位:mm)
(a)观测;(b)NCEP;(c)试验1;(d)试验2

可能在气温较低的地区更合理,但三峡地区常年气候温和,气温变化的逐年差异除某些年份稍微偏暖外,其余年份偏差较小。

除在库区减少外,夏季降水变化分布更多表现为模式由于小的改动产生的噪音(模式的内部变率),而非三峡水库的影响(图4.60c,d),三峡区域平均的夏季降水变化为0.25%。三峡水库对夏季降水的影响相对冬季要大,库区本身平均减少10%,随后向外逐渐减少,10 km处减少到3%,20 km处为1%。此外与冬季降水在不同距离及不同年份一致减少的特征不同,夏季部分年份在库区外表现出增加趋势。

4.6.2.4 小结与讨论

使用 RegCM3 区域气候模式,模拟了三峡水库对当地区域和局地气候变化影响,通过双重嵌套方法达到 10 km 高分辨率,下垫面性质通过 SUB-BATS 方法达到 2 km。与观测资料对比的检验结果结果表明,模式能够较好地模拟出三峡地区气温空间分布的基本特征,但模拟仍然存在冷偏差。对降水的模拟效果比气温要差,模拟的降水偏多,尤其是冬季。

三峡水库引起的库区本身气温显著降低及降水减少,影响在冬季比夏季显著。但除了库区本身外,三峡水库对周围地区气候没有明显影响。注意到:我们在模式假设中的水库平均宽度为 2 km,较实际大了近一倍。尽管如此,结果还是表明作为典型的非常狭窄的河道型水库,

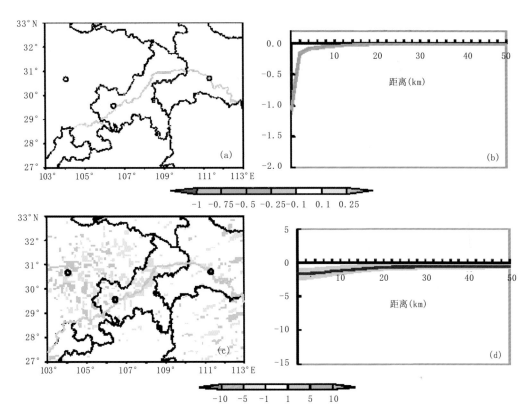

图 4.59　三峡水库引起的三峡区域冬季气候变化(单位:气温,℃;降水,%)
(a)气温空间分布;(b)距库区不同距离上的气温变化;(c)降水空间分布;(b)距库区不同距离上的
降水变化图(b),(d)中实线表示多年平均值,填色部分表示±1标准差

三峡水库对区域气候的影响非常小。这进一步证实了吴佳等(2011)的研究结果,此外观测事实表明,最近10年三峡水库降水变化的部分原因是自然变率引起的,水库本身对周边地区降水变化没有明显影响(Xiao等,2010),这与本结果一致。

存在的不足及未来的工作:

(1)由于再分析资料分辨率较粗,本研究首先进行50 km的模拟以获取10 km分辨率模拟所需的初始和侧边界场。尽管50 km模拟能够较好地体现模拟区域内气温和降水的空间分布及量级,但具体到三峡区域尺度上则产生偏差。随后,10 km模拟保留了这种偏差。未来需要使用更高质量的再分析资料及更高分辨率(如 ERA-interim, Uppala 等,2008)来驱动RegCM3进行三峡气候效应的模拟,还需要改进模式物理过程(如不同的积云对流参数化方案),以便更好地再现当代气候,得到更可靠的结论。

(2)文中对用于检验的气温和降水观测数据的不确定性也进行了讨论。未来需要进行更多观测资料的搜集,对原有的观测数据进行偏差校正,发展更高分辨率的格点化观测数据集,以满足高分辨率模式检验的需要。

(3)到目前为止,RegCM3仍然是静力平衡模式,从而限制了10 km以内分辨率的模拟。未来在计算条件允许的情况下,使用更高水平分辨率(几百米至1 km)的非静力平衡气候模式进行长时间的积分模拟,可以得到三峡局地气候效应的进一步结论。

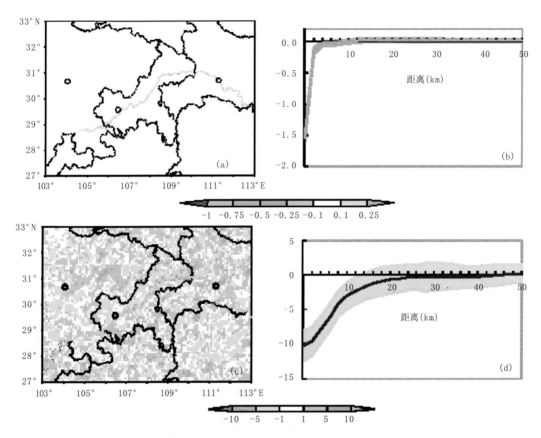

图 4.60 三峡水库引起的三峡区域夏季气候变化(单位:气温,℃;降水,%)
(a)气温空间分布;(b)距库区不同距离上的气温变化;(c)降水空间分布;(b)距库区不同距离上的
降水变化图(b),(d)中实线表示多年平均值,填色部分表示±1标准差

第 5 章　三峡库区及周边地区极端气候事件成因分析

5.1　资料和方法介绍

5.1.1　观测资料

站点资料：①湖北省气象局和重庆市气象局提供 28.5°～32°N,109°～112°E 范围内三峡库区及周边地区具有代表性的 33 个气象台站,1961—2011 年逐日降水、气温、日最高气温和最低气温基本观测的整编资料。②中国气象局气象信息中心提供的 753 台站逐日降水资料,去掉其中缺测较多的站点,选出时间范围为 1960—2010 年的 630 站降水资料。

格点降水资料：APHRO_MA_V1003R1 数据集（APHRO）,空间范围是 60°～150°E,15°S～55°N,主要包括中国、日本、蒙古、印度,东南亚的所有国家,以及中亚的部分国家。该数据集的分辨率是 0.25°×0.25°,时间为 1951—2007 年。APHRO 在中国地区主要采用了中国气象局提供的台站资料,以及世界气象组织整编的 GTS 数据（Yatagai 等,2009）。

再分析资料：采用 NCEP/NCAR 再分析资料,时间是 1948—2010 年,空间分辨率为 2.5°×2.5°（Kalnay 等,1996）。

5.1.2　统计分析方法

主要包括：经验正交分析（EOF）和趋势分析。对线性趋势的显著性检验是利用相关系数检验方法（Niu 等,2004）,检验水平均设置为 0.05（即是否通过 0.05 的显著性水平检验）。主要统计指标包括：夏季 6 月、7 月和 8 月日平均降水量,日最高温度和日最低温度等。极端降水事件定义方法是：把 1961—2011 年夏季日降水量序列的第 95 个百分位值定义为极端降水事件的阈值,当某站某日降水量超过这一阈值时,就称之为极端降水事件（表 5.1）。

表 5.1　极端气候事件指数的定义

名称	缩写	定义	单位
极端降水总量	R95p	日降水量>95%分位值的降水量	mm
极端降水占总降水的比例	R95pt	日降水量>95%分位值的降水量与总水量的比值	%
冷夜发生频率	TN10p	日最低气温（TN）<10%分位值的发生频率	%
暖夜发生频率	TN90p	日最低气温（TN）>90%分位值的发生频率	%
冷日发生频率	TX10p	日最高气温（TX）<10%分位值的发生频率	%
暖日发生频率	TX90p	日最高气温（TX）>90%分位值的发生频率	%

5.1.3 数值模式和模拟试验

本文使用的区域气候模式是 RegCM3(Pal 等,2007)。较之以前的版本,该版本在物理过程等方面做了诸多改进:加入包含次网格尺度云变化的大尺度云和次网格显式水汽、降水参数化方案 SUBEX(Pal 等,2000);对流参数化方案采用 Grell 方案(Grell,1993);辐射过程采用 CCM3 辐射传输方案(Kiehl 等,1998)。行星边界层方案和陆面过程分别采用非局地边界层方案(Holtslag 等,1993)和 BATS1e(Dickinson 等,1993);海表潜热、感热及表面湍流通量则是通过块体公式计算(Zeng 等,1998)。该模式对东亚及我国夏季气候的模拟性能较好(Gao 等,2008;高学杰,2010)。

模拟区域采用 Lambert 投影方式,中心为 105°E,35°N,经纬向 150×110 格点,水平分辨率 60 km。模式垂直分为 23 层,模式层顶为 100 hPa。初始场和侧边界场强迫数据由 NCEP/DOE 再分析资料(Kanamitsu 等,2002)插值得到,原始资料水平分辨率为 2.5°×2.5°。海表面温度数据来自于 NOAA 周平均 OISST 数据(Reynolds 等,2002)。模式侧边界采用线性松弛方案(Davies,1976),取 12 个缓冲圈。同时 RegCM3 中引入了谱逼近技术,采用 Von Storch 等(2000)所构造的谱逼近函数,强度系数取为 0.05,从 850 hPa 以上开始添加谱逼近(曾先锋等,2012)。利用 RegCM3 的模拟数值进行 1982—2007 年逐年夏季片段积分,积分时间从 5 月 1 日 00 时到 9 月 1 日 00 时,选取对应时段的观测资料对模拟结果进行评估。

通过数值模拟的三峡库区夏季降水与观测值进行对比分析,来检验模式的模拟性能。观测中,夏季降水的分布基本上呈现东部多、西部少,山区多、河谷区少的分布特点。模式模拟降水的量级与观测相当,但是分布偏差较大;模式能够模拟东部河谷区的降水低值带,但是高值中心未出现在东部山区,而位于西部。模拟的夏季降水年际标准差普遍小于 1.5 mm/d,明显低于观测值,其空间分布也与观测不一致。模拟夏季降水的气候态和年际变率空间都存在较大误差,可能与模式地形分布有关(图 5.1 和图 5.2)。受模式分辨率的限制,模式地形数据被

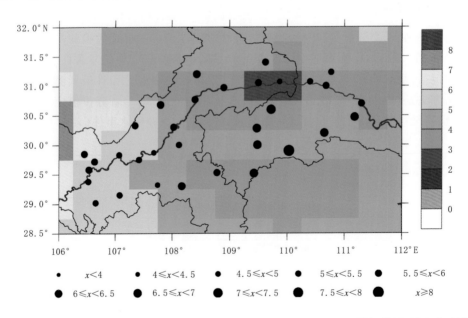

图 5.1 1982—2007 年夏季平均降水量的空间分布(单位:mm/d)(填色为模拟结果,黑点为观测点)

大幅度平滑(图 5.3b),三峡地区复杂的地形分布(如河谷和山谷)(图 5.3a)在模式中不能准确描述。

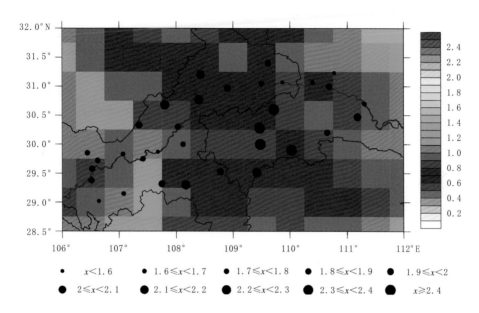

图 5.2 1982—2007 年夏季降水年际标准差的空间分布(单位:mm/d)
(填色为模拟结果,黑点为观测点)

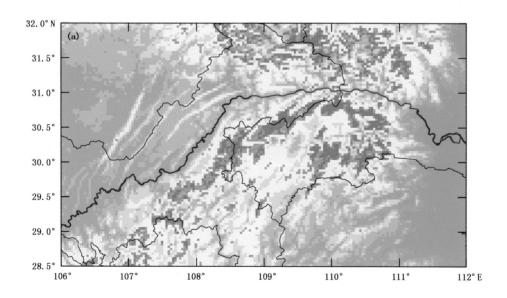

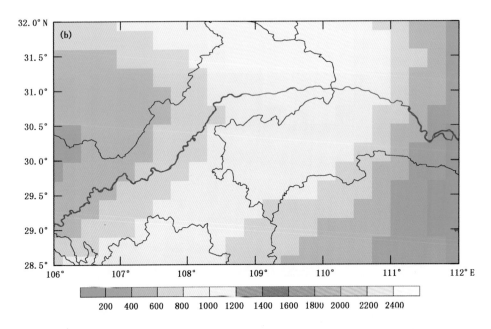

图 5.3　三峡地区(a)2′分辨率 GTOPO30 地形和(b)模拟试验地形分布(单位:m)

5.2　三峡库区及周边地区重大洪涝事件成因分析

5.2.1　三峡库区及其周边地区洪涝年环流特征分析

5.2.1.1　三峡库区夏季降水 EOF 分析

　　首先,基于 33 站的观测资料,对三峡库区年平均的夏季降水进行 EOF 分解。图 5.4a 给出了 EOF 第一模态(EOF1)的空间分布,降水异常的分布特征与气候态夏季降水的空间分布

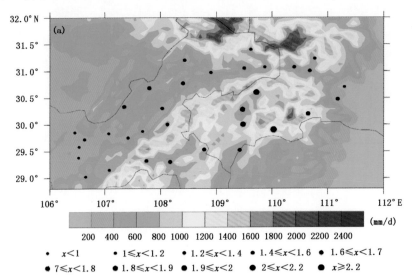

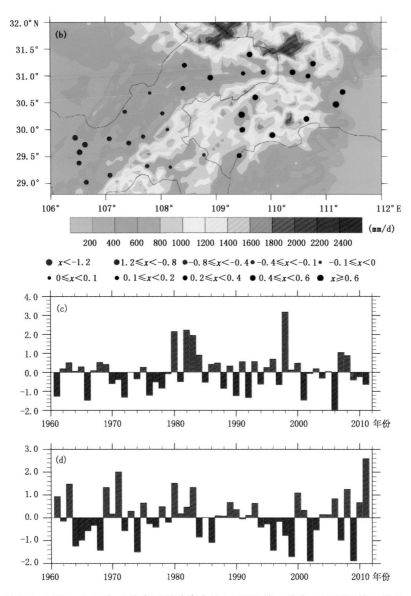

图 5.4　1961—2011 年三峡库区夏季降水的(a)EOF 第一模态,(b)EOF 第二模态,
(c)第一模态对应的时间序列,(d)第二模态对应的时间序列

类似,且解释方差达到了 53%,说明三峡库区各个站点的夏季降水变化具有很好的一致性。EOF1 呈现一致的降水正异常,结合其对应的标准化时间序列(PC1),超过 1 个标准差的年份即对应了三峡库区洪涝或者干旱的年份(图 5.4c)。同时,PC1 的绝对值随时间显著增加,表明近 50 年来三峡库区旱涝发生的强度有加剧的趋势。EOF2 表现为三峡库区上游夏季降水负异常,下游正异常的两极分布(图 5.4b)。根据 PC2(图 5.4d),近年来多以上游降水正异常和下游负降水异常分布为主。由于 EOF1 的解释方差高达 53%,本章后续的分析主要基于EOF1 的结果。

为考查长江下游乃至中国东部地区夏季降水和三峡库区夏季降水的关系,将 PC1 与全国

630站的台站降水(630站)以及APHRO高分辨率格点降水进行回归(图5.5)。从图5.5中可以看出,两套资料的结论非常一致,中国东部地区从南到北呈"－＋－"的距平分布,长江流域降水偏多而华南和华北降水偏少。

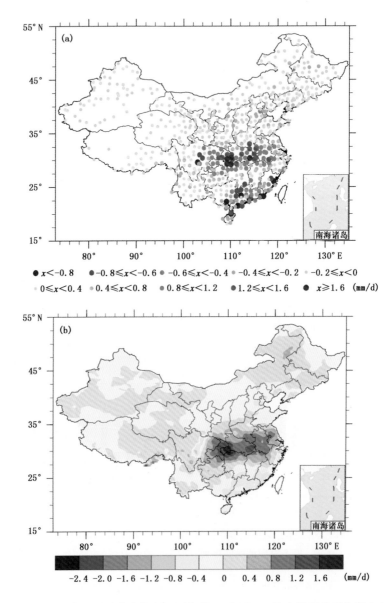

图5.5 三峡库区夏季降水的PC1回归的(a)全国630站台站夏季平均降水和
(b)APHRO高分辨率格点夏季平均降水,时间为1961—2010年

进一步将PC1与NCEP/NCAR整层水汽通量、500 hPa高度场和200 hPa纬向风场做回归,考查与降水EOF1相联系的环流变化(图5.6)。图5.6a为PC1回归的整层水汽通量,可见当三峡库区乃至长江流域夏季降水偏多、华南和华北夏季降水偏少时,东亚中低纬地区存在一个异常的反气旋式水汽输送,大大增强了来自热带地区的暖湿水汽输送;而东亚30°~40°N附近为异常气旋式水汽输送,其西南部异常的西北向水汽输送距平与反气旋西北部的异常西

南向水汽输送距平在 30°N 附近汇合,形成了长江流域的降水正异常。图 5.6b 为 PC1 回归的
500 hPa 高度场,填色部分表示气候平均态,而等值线表示距平。可以看出,当三峡库区降水偏
多时,西太副高(副高)偏南偏东,副高西南侧的偏南气流有利于增强热带向三峡库区的水汽输
送。图 5.6c 为 PC1 回归的 200 hPa 纬向风场,填色区域表示气候平均态,而等值线代表距平。
图 5.6c 可以看出,当三峡库区降水正异常时,急流中心偏南,有利于降水形成。

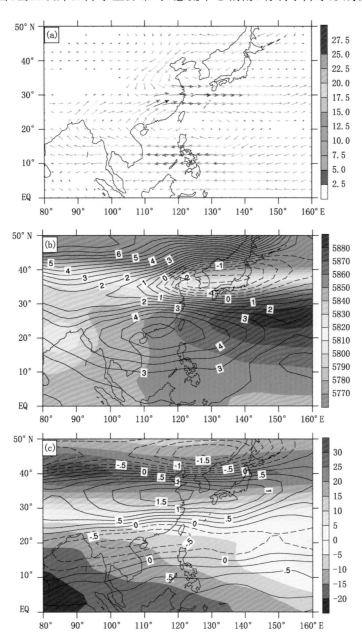

图 5.6　三峡库区夏季降水的 PC1 回归的(a)整层水汽输送,(b)500 hPa 位势高度场
(单位:gpm)和(c)200 hPa 纬向风场(单位:m/s);选取 NCEP/NCAR 再分析
数据中与 33 站降水相同的时间段资料,即 1961—2011 年

5.2.1.2　涝年选取及环流场合成分析

洪涝灾害是一种对人类危害极大的气象灾害,不仅造成直接经济损失和人员伤亡,而且还会带来各种间接损失,进一步导致破坏生产和社会稳定。通过对三峡库区四季降水及距平百分率演变分析选取主要涝年。经统计,1961—2007 年间,库区春季降水距平百分率超过 30% 的年份有 3 年,分别为 1963 年(34.1%)、1977 年(45.1%)、2002 年(45.4%);夏季降水距平百分率超过 30% 的年份有 4 年,分别为 1980 年(47.2%)、1982 年(46.3%)、1983 年(42.2%)、1998 年(68.8%);秋季降水距平百分率超过 30% 的年份有 3 年,分别为 1971 年(30.3%)、1972 年(46.9%)、1983 年(39.5%);冬季降水距平百分率均不超过 30%,超过 10% 的年份有 3 年,分别为 1968 年(10.0%)、1971 年(19.2%)、1984 年(10.6%)。通过对年降水距平百分率的分析,选出 1980 年、1982 年、1983 年和 1998 年为典型的严重涝年。下面通过合成分析方法,对严重涝年的大气环流特征进行分析。

图 5.7 为合成的涝年整层水汽通量距平、500 hPa 高度场距平和 200 hPa 纬向风场距平,与图 5.6 相似但却略有不同。合成的涝年距平图上,水汽输送呈现东亚低纬反气旋式距平、高纬气旋式距平,尤其是三峡库区以南为显著的西南距平水汽输送,增强了来自热带地区的暖湿水汽输送,有利于库区降水的产生,容易发生洪涝(图 5.7a)。西太副高西南部为正的位势高度距平,东北部为负的位势高度距平,对应西太副高偏南偏西,西太副高西南侧东南风距平增强,有利于三峡库区降水偏多(图 5.7b)。从 200 hPa 纬向风距平上看出,急流中心南部为风速正距平,北部为风速负距平,急流中心偏南到 30°N 附近,有利于三峡库区降水形成,容易发生洪涝(图 5.7c)。因此,库区及其周边地区重大洪涝事件的发生,主要与大尺度环流场异常有关。

5.2.2　三峡水库及其周边地区的重大洪涝事件成因分析

5.2.2.1　2004 年 9 月四川、重庆洪涝

2004 年 9 月上旬,四川东部、重庆北部等地区出现了范围广、强度大、持续时间长的区域性暴雨、大暴雨天气,四川盆地东北部过程降水量达 100～200 mm,其中四川渠县、宣汉日最大降水量分别达到 272.9 mm 和 257.0 mm;重庆开县出现 200 年一遇特大暴雨,过程雨量达 415.7 mm。由于本次暴雨过程降水集中,强度大,致使江河水位陡涨,部分市、县城区进水,暴雨还引发多处滑坡、泥石流等地质灾害,造成 188 人死亡,直接经济损失达 98 亿元,成为 2004 年最为严重的暴雨洪涝灾害。

此次大暴雨过程是由 3 次主要的降水时段组成,时间演变和空间分布上都具有明显的中尺度特征,主要受低层西南低涡、高空低槽和地面较强冷空气的共同影响。500 hPa 环流形势表明,亚洲中高纬地区为两槽一脊的环流形势(图 5.8),西西伯利亚地区和东亚沿海地区为低压槽区,贝加尔湖地区为高压脊,青藏高原地区为偏西南气流;西太副高强度偏强且位置偏西。中纬度短波低压槽东移与西伸加强的副热带高压在高原北部地区形成了有利于高原切变线系统生成发展的环流条件;来自南海和孟加拉湾的两支水汽在青藏高原东南侧汇合(图 5.9),在盆地东北部形成明显的水汽辐合。同时青藏高原东部大气对流不稳定,有利于高原切变线发生发展。西南涡的强气旋性环流主要位于对流层中低层,最大的气旋性涡旋出现在 700 hPa 附近,低涡东侧的暖式切变线上低层的辐合上升运动强。低涡暖式切变线南北两侧的正反向垂直环流使得切变线上深厚的上升运动发展维持,为大暴雨的产生提供了有利的动力条件。

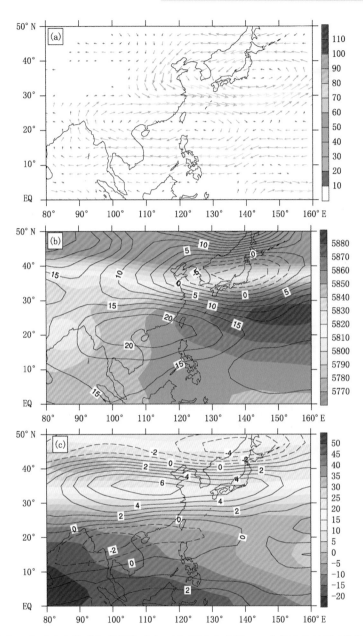

图 5.7　三峡库区典型重大洪涝年份同期大气环流距平合成场,(a)整层水汽输送(单位:kg/(m/s)),
(b)500 hPa 位势高度场(单位:gpm),(c)200 hPa 纬向风场(单位:m/s)

5.2.2.2　2007 年夏季重庆等地洪涝

　　2007 年夏季中国极端强降水事件频发。7 月,淮河发生仅次于 1954 年和 1998 年的流域性大洪水;重庆、四川、山东、新疆、云南等地遭受暴雨袭击,部分地区受灾严重;江南、华南以及黑龙江、内蒙古东部等地的部分地区出现了严重干旱。8 月,黄淮南部、江淮大部、江汉及湖南西部和北部、重庆大部、四川东部和西部、贵州大部、广西南部、海南大部、河北西北部、内蒙古中部、新疆东部等地降水量偏多。其中 8 月 13—17 日,湖北、湖南、重庆、贵州、河南、安徽、江苏等省(市)的部分地区出现大到暴雨、局部大暴雨,部分地区 24 h 降水量破 8 月日降水量历

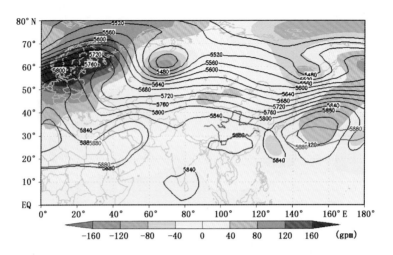

图 5.8　2004 年 9 月 3—7 日 500 hPa 位势高度(黑色实线)及距平(填色)
(蓝色 5880 线为气候场)

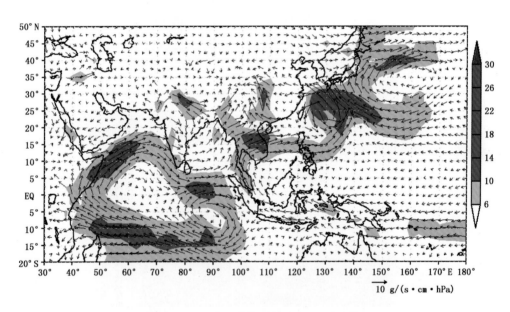

图 5.9　2004 年 9 月第 1 候 850 hPa 水汽输送

史记录(谭桂容等,2009;陈忠明等,2003;李跃清等,2007)。

　　重庆市地处四川盆地东部,为暴雨的多发区。产生重庆暴雨的中尺度天气天气系统有西南涡、高原切变线、低空急流等,其中西南涡是发生频率最高的天气系统。西南涡形成后通常先影响四川盆地,然后逐渐缓慢东移影响重庆、湖北等地。影响本次降水过程的系统有低空西南涡和急流;高空南亚高压东侧高压脊和西风急流。暴雨过程前期,500 hPa 环流形势是欧亚大陆中高纬度地区为两槽两脊型(图 5.10),高纬阻塞高压稳定,北方冷空气不断东移南下。西太副高持续偏强,西太副高脊线稳定少动;中纬度环流较平直,沿西太副高西部外围北上的暖湿气流和来自孟加拉湾的西南暖湿气流汇合,与北方南下的冷空气在重庆地区交汇(图5.11)。加之对流层高层南亚高压脊线位于 30°N 以南,长江流域及重庆上空为持续辐散气流,有利于重庆地区发生持续性降水。暴雨的中尺度系统在西南涡及西南低空急流的直接作用下发生发展。低涡和急流的维持为低层辐合和正涡度场以及与之伴随的上升气流的发展提供了有利条件。对流层高层高压脊的变化和中尺度辐散区发展也是造成这次降水的重要因素,且辐散区的移动造成了强上升运动区的移动,也是引起降水中心移动的原因之一(吉进喜等,2010)。

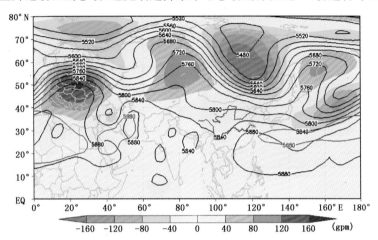

图 5.10　2007 年 7 月 16—20 日 500 hPa 位势高度(黑色实线)及距平(填色)(蓝色 5880 线为气候场)

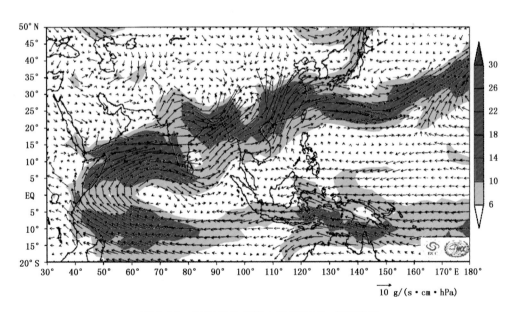

图 5.11　2007 年 7 月第 4 候 850 hPa 水汽输送

5.2.2.3　2011 年 6 月长江中下游旱涝急转,5 次降水过程造成局地严重暴雨洪涝

　　2011 年 6 月长江中下游地区先后出现 5 次强降雨过程,安徽南部、江西北部、湖北东南部、浙江西北部等地降水达 400～800 mm,湖北东南部、安徽南部、江苏南部、上海、浙江中北部、江西北部、湖南中部和东北部较常年同期偏多 5 成～2 倍。长江中下游地区(6 省 1 市)平均降雨量和暴雨日数均为近 12 年来同期最多。连续降水过程使该地区前期旱情得到有效缓解或解除,同时有效增加了江南、江汉南部和江淮南部等地的湖泊、河流和塘库蓄水,使得鄱阳

湖、洞庭湖、洪湖等主要湖泊水库水位明显回升、水体范围明显增大,结束了前几个月水位严重偏低的状况。但降水集中、强度大,导致多省局地发生洪涝及山洪地质灾害。长江中下游5次强降水过程导致江西、湖南、湖北、浙江、安徽等省发生洪涝灾害(图5.12),造成严重经济损失和人员伤亡。强降水导致江河水位上涨,长江支流先后有水阳江、新安江等7条河流相继发生超警戒水位洪水,浙江诸暨浦阳江沿线部分湖泊两次决堤。

图 5.12　2011 年 6 月长江中下游地区暴雨过程影响

2011年5月长江中下游降水异常偏少,6月转为异常偏多,出现了明显的旱涝转换。研究表明,长江中下游地区的旱涝转换主要受南海季风、东亚季风强度以及西太副高(副高)的异常快速北跳的影响。6月亚洲中高纬长期维持两槽一脊的环流形势,东北冷涡活动频繁,多次引导冷空气南下(图5.13)。同时,副高异常偏北、偏西,并出现多次西伸过程。索马里越赤道气流和赤道印度洋越赤道气流在孟加拉湾地区汇合输送至中南半岛,与来自西太副高西侧的暖

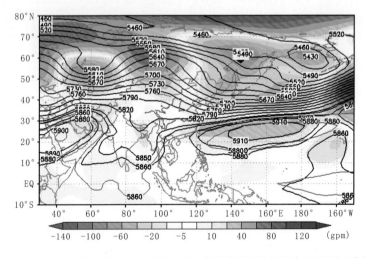

图 5.13　2011 年 6 月 1—20 日 500 hPa 位势高度(黑色实线)及距平(填色)

湿气流在我国长江流域及以南地区汇合,为该地区强降水过程创造了非常有利的水汽条件(图5.14)。由于冷涡的加强南压与西伸的西太副高相互作用,促使长江以南地区西南气流明显增强,使得冷暖空气在长江中下游地区交汇,使得该地区对流活动异常强势(图5.15),最终导致该地降水偏多(司东等,2012)。

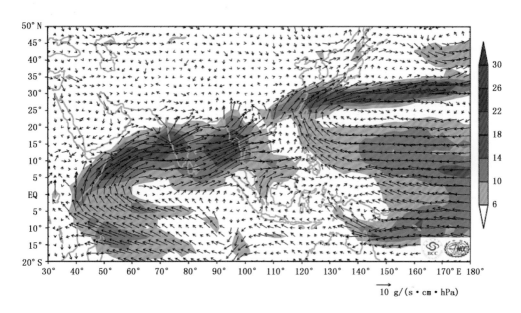

图 5.14　2011 年 6 月 6—11 日 850 hPa 平均水汽输送图

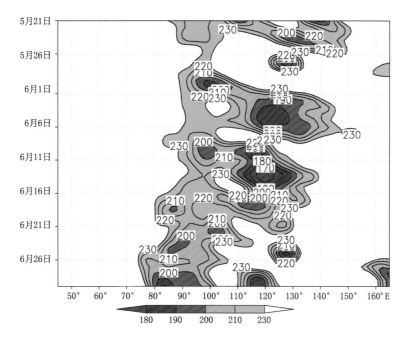

图 5.15　2011 年 5 月 21 日—6 月 30 日长江中下游地区 5 次降雨过程平均的射出
长波辐射(OLR)的时间—经度图(27°~32°N)(单位:W/m²)

5.2.3 典型洪涝事件的数值模拟

利用数值模式模拟的结果,对三峡库区典型涝年的环流形势场进行合成分析。根据观测中重大洪涝事件的统计,选出1982年、1983年和1998年为典型的严重涝年。从模拟PC1可以看出,1982年模拟降水偏少,因此,这里选用1983年和1998年两年对模拟的大气环流变化做合成分析。

图5.16给出合成的涝年整层水汽通量距平、500 hPa高度场距平和200 hPa纬向风场距平。与观测一致,中国南部表现为增强的水汽输送,北部也有气旋式异常,水汽通量的辐合中心位于长江流域,有利于三峡地区洪涝事件的发生。但是模拟水汽通量在南侧偏强,北侧偏弱,使得水汽更多地供应到长江下游,这也是三峡库区夏季降水年际变率偏小的一个重要原因。同时,模式较好地模拟了洪涝年中高层环流形势,500 hPa副高西伸,200 hPa急流南移,有利于洪涝事件在三峡库区的发生。

5.3 三峡库区及周边地区重大干旱事件成因分析

5.3.1 三峡库区及其周边地区干旱年环流特征分析

5.3.1.1 三峡库区干旱年的选取

干旱灾害是我国最主要的自然灾害之一,干旱对农业生产影响大,平均每年干旱受灾面积占农作物总受灾面积的一半以上,严重干旱年份干旱受灾面积占农作物总受灾面积的比例高达75%。基于气象观测资料,通过对三峡库区四季降水及距平百分率演变分析,确定三峡库区的干旱年。经统计,1961—2007年间,库区春季降水距平百分率小于-20%的年份有3年,分别为1965年(-33.8%)、1995年(-25.1%)、2000年(-24.7%);夏季降水距平百分率小于30%的年份有8年,分别为1961年(-31.4%)、1966年(-36.7%)、1972年(-34.5%)、1976年(-30.4%)、1990年(-31.2%)、1992年(-34.0%)、2001年(-35.6%)、2006年(-48.4%);秋季降水距平百分率小于-20%的年份有11年,分别为1966年(-21.8%)、1978年(-21.1%)、1981年(-25.0%)、1990年(-22.0%)、1991年(-27.3%)、1992年(-26.0%)、1997年(-24.9%)、1998年(-33.8%)、2001年(-28.5%)、2002年(-31.3%)、2005年(-26.1%);冬季降水距平百分率小于10%年份有4年,分别为1974年(-10.1%)、1990年(-10.6%)、1996年(-10.8%)、2007年(-12.0%)。对比分析发现,蓄水前后,并未见水库及其周边地区重大干旱事件有明显异常。

5.3.1.2 三峡库区干旱年环流特征分析

基于前面的分析结果,选取1966年、1976年、2001年和2006年为典型干旱年,通过合成分析方法来分析三峡库区典型干旱年的大气环流特征。合成的旱年距平图上,东亚东部地区以及三峡库区上空呈现一致的东北向水汽输送异常,减弱了低纬地区的暖湿水汽向库区输送,不利于三峡库区降水形成,容易出现干旱(图5.17a)。严重旱年的副高偏北偏西,三峡库区上空均为正的位势高度场距平,容易造成库区干旱(图5.17b)。从200 hPa纬向风距平(图5.17c)上看出,急流中心南部为风速负距平,北部为风速正距平,急流中心加强偏北,不利于三

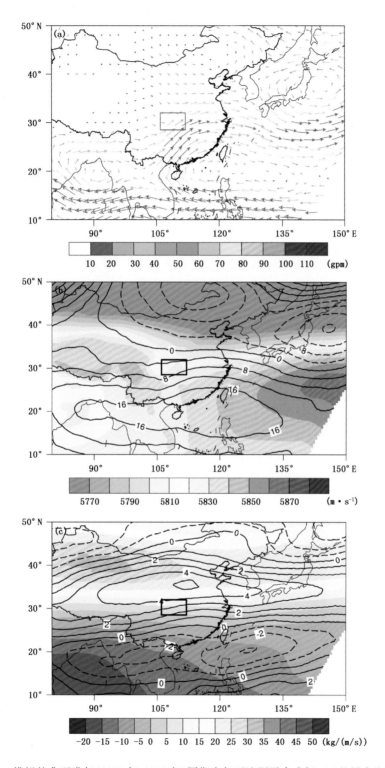

图 5.16   模拟的典型涝年(1983 年,1998 年)同期大气环流距平合成场,(a)整层水汽输送,
(b)500 hPa 位势高度场,(c)200 hPa 纬向风场

峡库区降水形成。

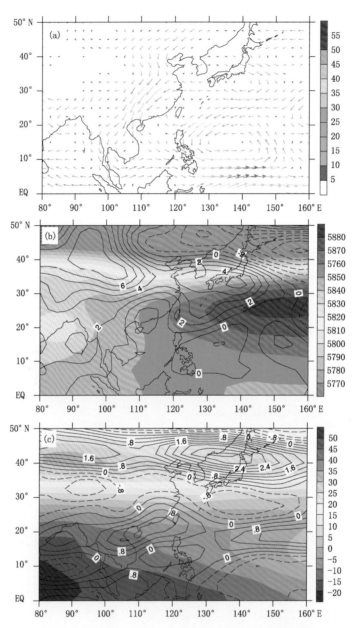

图 5.17 三峡库区典型干旱年份(1966,1976,2001,2006 年)同期大气环流距平合成场,
(a)整层水汽输送(单位:kg·m^{-1}s^{-1}),(b)500 hPa 位势高度场(单位:gpm),
(c)200 hPa 纬向风场(单位:m/s)

5.3.1.3 三峡库区干旱年与洪涝年环流特征对比分析

从图 5.7 和图 5.17 上可以看出,典型洪涝年份与典型干旱年份的大气环流异常大体上是相反的空间分布,但并不完全反对称。合成洪涝年与干旱年的大气环流差值场(图 5.18),分析洪涝年份和干旱年份东亚地区大气环流的差别。

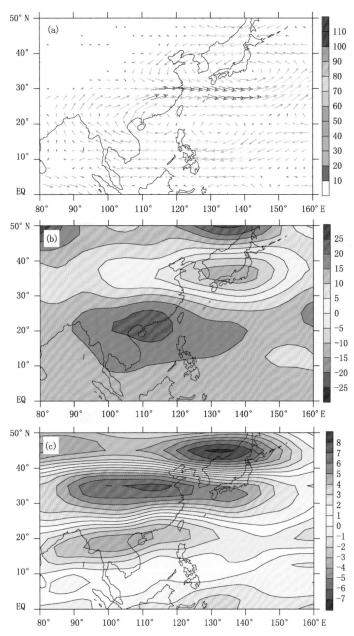

图 5.18　三峡库区严重洪涝年和干旱年同期大气环流距平差值合成场，
(a)整层水汽输送(单位:kg/(m/s)),(b)500 hPa 位势高度场(单位:gpm),
(c)200 hPa 纬向风场(单位:m/s)

　　对比结果表明,涝年相对于旱年,南海地区水汽输送增强,水汽不易在华南沿海地区汇集,
而易在三峡库区汇集增强;副高偏南偏东,有利于位于副高西北部的三峡库区降水的形成和增
强;同时 200 hPa 西风急流偏南,其出口区南侧正好位于三峡库区上空,有利于当地强降水的
形成。因此,库区及其周边地区极端干旱事件的发生,与大尺度环流系统异常密切相关,与三
峡水库本身无明显联系。

5.3.2 三峡水库及其周边地区的重大干旱事件成因分析

5.3.2.1 2006年夏季重庆、四川持续高温干旱

2006年夏季,重庆、四川持续高温少雨,两省(市)夏季平均降水量345.9 mm,只有常年同期的67%左右,为1951年以来同期最少值。特别是7月中旬以后,重庆、川东等地遭受持续高温热浪袭击,部分地区高温日数持续之长、强度之强,创下了当地有气象记录以来历史同期极值。重庆市7月中旬至8月下旬,平均酷热日数(最高气温≥38℃)21 d,远多于常年同期(3.2 d),达历史极大值。重庆遭遇百年一遇特大伏旱,四川出现1951年以来最严重伏旱,两地农作物受灾面积338.3万 hm²,其中绝收72.1万 hm²,直接经济损失192.6亿元。

2005/2006年冬季,青藏高原积雪日数较常年同期明显偏少(图5.19),高原春夏季感热加热增强并引起上升运动加强,感热向上输送加热高原上空对流层,致使高原大气温度偏高,海陆热力差异显著,亚洲季风增强,我国夏季雨带位置偏北,长江流域降水相对偏少。(海香、李强、任明明等,2008)。

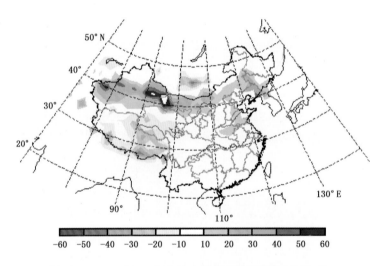

图5.19 2005/2006年冬季中国积雪日数距平(单位:d)

盛夏,500 hPa中高纬以纬向环流为主,高压脊发展较弱,北方冷空气南下不明显,冷暖空气难以交汇于西南地区,造成该地区降水偏少(图5.20)。西太副高位置较常年偏西、偏北,尤其是8月,西太副高脊线持续大幅偏北(图略)。西太副高的这种异常形态,不利于南方暖湿气流到达西南地区东部。此外,受大陆高压稳定控制,川东、重庆上空盛行下沉气流,对流活动受到抑制,致使该地区降水偏少,气温偏高,旱情严重。这种气候状况长期控制了我国长江中游地区,导致伏天高温天气出现时间较长,对重庆、四川等地区影响十分突出。

高原热力异常导致的高原高度场偏高,与西太副高连接成一个强大的高压带,持续控制重庆市的大部分地区,阻断了来自中低层孟加拉湾的水汽通道,使我国西南地区水汽条件不充足,空气湿度偏低,7月1日至8月31日主旱区(102.5°~107.5°E,27.5°~32.5°N)范围内水汽净亏损85%。

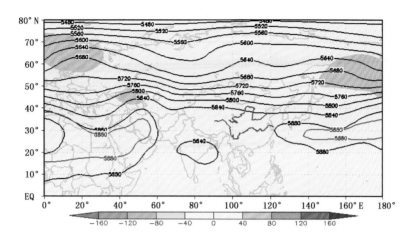

图 5.20　2006 年 7—8 月 500 hPa 位势高度场(黑色实线)和距平场(阴影区)
(蓝色 5880 线为气候场)(单位:gpm)

5.3.2.2　2009/2010 西南地区秋、冬、春季持续干旱

2009—2010 年秋冬季,我国西南地区的云南、贵州、四川南部等地气温持续偏高、降水异常偏少,云南、贵州等地发生历史罕见干旱。云南省自 2009 年 9 月开始旱情初现,2010 年 4 月下旬旱情才得到缓解,干旱持续 7 个多月。贵州省旱情持续 6 个多月。四川、重庆等地秋冬季也发生较为严重干旱。这次发生在我国西南地区的水文气象干旱具有持续时间长、影响范围广、干旱程度重等特点,已对当地群众生活、农业生产、塘库蓄水、森林防火等造成极大影响。

2009—2010 年秋冬季长江上游大气环流出现异常。从 500 hPa 环流形势场(图略)看出,西太副高偏强、偏西,印缅槽不活跃,使孟加拉湾和南海水汽无法向金沙江流域及长江上游输送。850 hPa 风场监测表明,该时期西南地区主要为西风控制,且有西北风距平,空气相对干燥(图 5.21);OLR 距平场上,西南地区为显著正距平区,表明该地区盛行下沉气流,对流明显

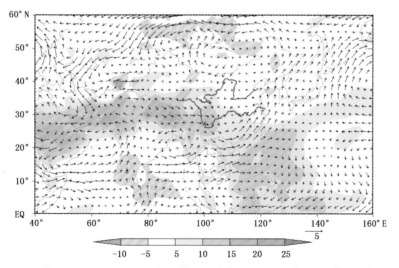

图 5.21　2009 年 10 月 29 日至 2010 年 4 月 3 日平均 850 hPa 风场距平(箭头,单位:m/s)和
出射长波辐射(OLR)距平(阴影区,单位:W/m²)

偏弱,不利于降水产生。图 5.22 是 2009—2010 年西南秋冬春连旱期间 850 hPa 水汽通量及水汽通量散度距平场。可见,西风带干冷水汽控制着不断输入西南地区,水汽通量散度正距平表明该区域水汽辐散,均不利于西南地区降水的产生,进一步促进了干旱。

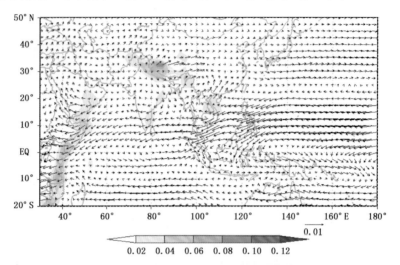

图 5.22 2009 年 10 月 29 日至 2010 年 4 月 3 日 850 hPa 平均水汽通量(箭头,单位:g/hPa·cm·s)
及水汽通量散度距平(阴影区,单位:10^7 g/hPa·cm²·s)

2009 年 9 月至 2010 年 2 月,长江上游大部分地区气温较常年偏高 1℃左右(金沙江流域偏高 1~2℃),2009 年 11 月和 12 月,即使是全国大部分地区气温明显偏低,我国青藏高原及高原东部地区(金沙江流域)气温仍较常年偏高 1~2℃,足以证明秋冬季冷空气对长江上游及金沙江流域影响较弱,形成降雨的动力条件不足。此外,秋冬季长江上游,特别是金沙江流域气温明显偏高,导致土壤及植物蒸发量增加,加剧了上游旱情(沈浒英等,2011)。

另有研究也表明,受中部型 El Niño 的影响,反 Walker 环流导致赤道 100°~120°E 附近形成显著异常的下沉运动,南海及东南亚周边地区存在一个强大的异常反气旋;同时,西南地区受副热带反气旋性高压脊异常环流控制的影响,两者的共同作用,对流层低层存在明显气流辐散区,其持续异常是极端干旱发生的重要原因(王晓敏等,2012)。

5.3.2.3 西南地区持续 4 年降水异常及干旱成因

2009 年以来,西南地区降水持续偏少(图 5.23),干旱特征明显,造成西南地区降水异常及干旱的原因主要有 3 个方面:

首先西南地区降水处在年代际偏少的背景下。在全球气候变化的背景下,西南地区年降水减少趋势比较明显,近 10 年(2003—2012 年)中有 7 年降水较常年同期偏少,其中 2006 年、2009 年和 2011 年年降水量较常年同期偏少 100 mm 以上,是 1961 年以来降水最少的 3 年,其中 2011 年偏少 190 mm,为历史最少(图 5.24)。年代际的特征上,1998 年以来线性递减更加明显,2003 年后进入持续偏少时期。

其次南亚季风异常偏弱是影响降水偏少的直接原因。西南地区干湿季分明,通常 5—10 月间处于雨季,降水量占年 8 成多,而 11 月至次年 4 月处于干季,降水少。因此,汛期雨水充沛,干季发生干旱程度减轻;反之则加重。近 20 年来南亚夏季风主要表现为偏弱特征,尤其是在 2006—2012 年南亚夏季风异常偏弱,为 1951 年以来最弱的时段(图 5.25)。受此影响,自

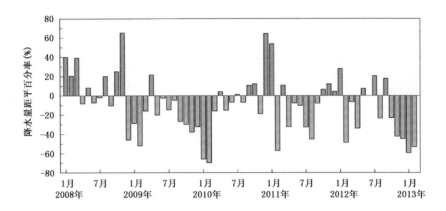

图 5.23　2008 年 1 月至 2012 年 2 月西南地区逐月降水距平百分率

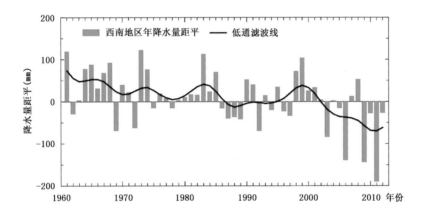

图 5.24　1961 年以来西南地区年降水距平及年代际变化曲线

印度洋向我国西南地区的水汽输送异常偏弱,降水量明显偏少(图 5.26),从而导致地下水位持续下降,土壤墒情降低、库塘蓄水量严重偏少,致使西南地区干旱不能有效缓解,干旱不利影响呈累积增长态势。

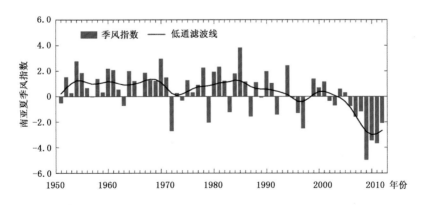

图 5.25　1951 年来南亚夏季风指数年际变化及其年代际变化曲线

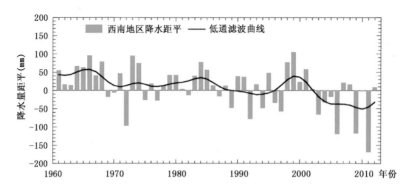

图 5.26 西南地雨季(5—10 月)降水距平曲线

此外,印度洋海温持续偏暖是影响降水偏少的重要外强迫因子。冷空气和来自印度洋的西南暖湿气流交汇是西南地区形成大范围降水的主要条件。2006 年以来,秋冬季来自印度洋的水汽输送明显减弱(图 5.27),同时冷空气影响路径偏东,北方冷空气很难影响到西南地区,无法形成有效的冷暖气流交汇,致使降水偏少。另外,赤道东印度洋地区秋冬季多处于偏暖状态,海洋偏暖诱导大气环流形成了强大的下沉气流盘踞在西南地区上空,导致对流活动偏弱,也使降水受到抑制。

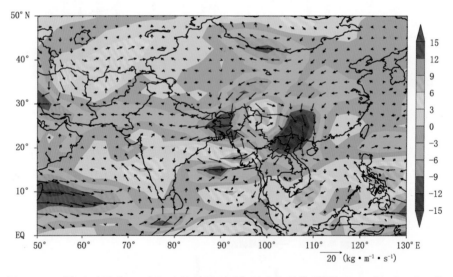

图 5.27 西南地区干季 850 hPa 水汽输送(矢量)及水汽通量(阴影区,10^{-5} kg/(m/s))的
年代际差异(2006—2011 年阶段减去 1969—1976 年阶段)

5.3.2.4 2011 长江中下游春季严重干旱

2011 年 1—5 月,长江中下游地区降水量异常偏少,其中江淮、江汉、江南中部和北部偏少 5～8 成;湖北、湖南、江西、安徽、江苏平均降水量(260.9 mm)是常年同期的一半左右,为 1951 年以来同期最少,湖北、湖南、江西、安徽、江苏五省平均累计无降水日数为历史同期最多。少雨程度重、持续时间长,导致长江中下游部分地区出现近 60 年来最重气象干旱,江河、湖泊水位异常偏低,水体面积减少明显,水产养殖业遭受损失,水运和生态环境受到影响。

2011—2012 年冬春季,热带太平洋地区出现 La Nina 事件,使得西北太平洋对流层低层盛行异常反气旋环流,减弱了自西太平洋地区向我国南方地区输送的水汽,使得南方干旱区的水汽来源严重不足(图 5.28)。此外,La Nina 事件还导致了对流层高层东亚急流的异常偏强,而东亚急流偏强又诱导了异常偏深的东亚大槽,在此背景下来自西伯利亚地区的异常干冷空气容易南下控制我国南方地区,使南方地区始终处于干冷气团的控制下(图 5.29),不利于降水偏多。

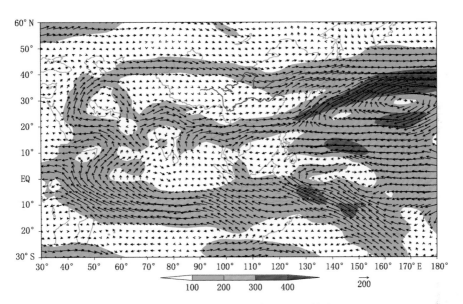

图 5.28　2011 年 5 月 16—20 日整层水汽通量(单位:kg/(m/s))

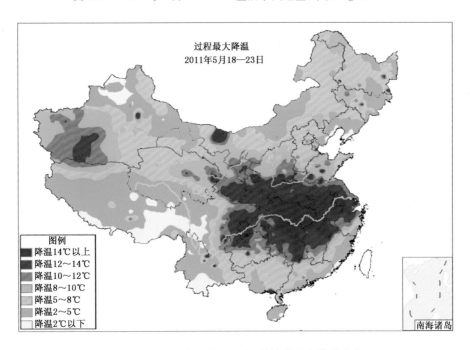

图 5.29　2011 年 5 月 18—23 日过程最大降温分布

同时北大西洋涛动(NAO)处于较强的正位相,其激发了两支分别沿副极地、副热带波导传播的准定常波列;前者传播到西伯利亚地区上空后,扰动了西伯利亚高压,导致干旱发生期间冷空气活动频繁;后者则使干旱发生期间,我国南方地区始终处于自对流层高层向对流层低层传播的冷干气流的控制下。

此外,青藏高原地区在2012年冬春季,整层大气异常偏暖。与之适应,高原地区对流层低层,为异常反气旋环流控制,使得印缅槽区的南支西风异常偏弱,进一步也减弱了印度洋水汽向我国南方地区的输送,也促成了此次南方干旱的发生(Sun等,2012)。

5.3.3 重大干旱事件的数值模拟

根据观测中重大干旱事件的统计,选出2001年和2006年为典型的严重旱年,对模拟的大气环流变化做合成分析。图5.30给出合成的旱年整层水汽通量距平、500 hPa高度场距平和200 hPa纬向风场距平。在中国南部,模拟的水汽输送为偏南风距平,同时在三峡库区有明显的辐散特征,不利于该地区降水形成,容易出现干旱事件。模式也能较好模拟典型旱年的中高层环流,具体表现为,500 hPa副高偏北,导致三峡库区的偏南气流减弱;同时200 hPa急流偏北,且急流中心向东移动,也使得降水中心偏离长江地区。综合旱涝年的模拟评估可以发现,

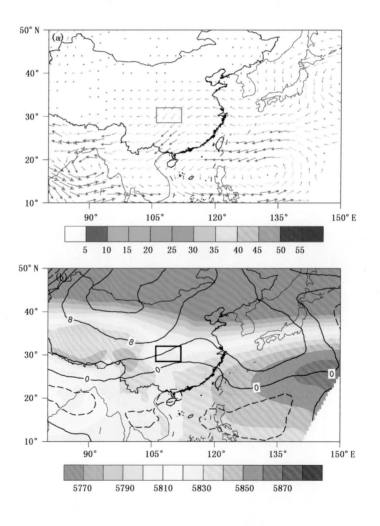

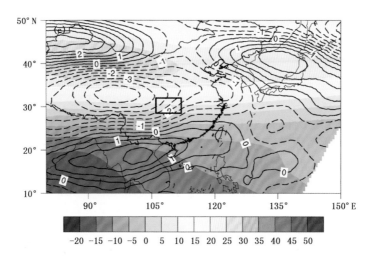

图 5.30　模拟的干旱年(2001,2006 年)同期大气环流距平合成场,(a)整层水汽输送(单位:kg/(m/s)),
(b)500 hPa 位势高度场(单位:gpm),(c)200 hPa 纬向风场(单位:m/s)

由于三峡库区夏季降水主导模态 EOF1 受背景环流场控制,模式能否合理模拟大气环流场的距平分布,对三峡库区夏季降水年际变率模拟至关重要。

针对 2006 年夏季川渝地区的高温干旱事件,吴佳等(2011)利用 RegCM3 区域气候模式,采用双重嵌套和次网格方法,进行中国和三峡地区 2005—2006 年数值模拟,并设计了有无三峡水库的数值试验。其结果表明,三峡水库引起的气温和降水变化,除对库区本身造成显著降温和降水略微减少,对周边区域气温、降水的影响很小,邻近区域内气温和降水的变化随距库区的距离变远而变得很弱(图 5.31)。其结果证实,2006 年夏季的川渝高温干旱,更多是由于大的环流场造成的,与局地强迫的关系不大,三峡水库在其中所起的作用非常微弱,可以忽略不计。

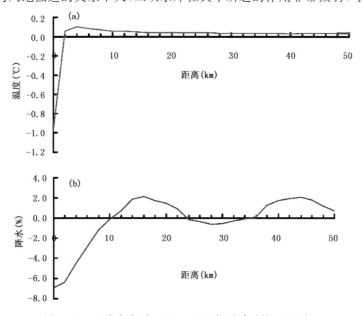

图 5.31　三峡水库对 2005—2006 年夏季平均(a)温度、
(b)降水的影响与距库区距离的关系(引自吴佳、高学杰、张冬峰等,2011)

5.4 三峡库区及周边地区极端高温事件成因分析

三峡地区地处我国西南地区东部,北邻秦岭高地,南接云贵高原,西连四川盆地,特殊的地理位置使该地受热带季风、副热带季风以及青藏高原环流系统影响。因此,深入分析长江流域气候变化背景和极端气候事件的发生规律和变化趋势,研究三峡库区及周边地区的极端气候事件与东亚大气环流、北极海冰覆盖面积变化、海表温度变化以及青藏高原热力异常的关系,对揭示三峡地区极端气候事件成因,为三峡工程气候效应评估提供参考依据具有十分重要的意义。

近年来,随着三峡库区的建成(总面积 5.67 万 km^2,其中淹没陆地面积超过 600 km^2),水体下垫面面积大幅度增加所产生的局地效应,与大尺度气候系统叠加的复杂过程,会导致局地气象灾害发生频率、程度、分布特征的变化。三峡库区高温干旱等极端事件频繁发生,对区域经济和人民生活造成了严重的影响。因此,了解三峡建库前后气候变化趋势,科学地认识三峡库区区域性气候变化特征,对于三峡库区以后的实际生产建设具有重要的指导意义。本节对近 50 年三峡水库及其周边地区的极端高温事件进行统计分析,并揭示了其形成的原因。

5.4.1 近 50 年三峡库区极端高温事件变化特征

对于极端高温及高温日数(日最高温大于 35℃),程炳岩等(2011)用库区 35 个测站资料分析研究了三峡库区极端高温的时间演变情况发现,48 年平均每年有 24.07 d 是高温天气,三峡库区高温日数总体呈先下降后上升的变化趋势,20 世纪 60—70 年代高温日数经历了几次小的波动,总体偏多(60 年代平均为 25.55 d,70 年代平均为 26.67 d);进入 80 年代呈下降趋势,80 年代高温日数偏少(80 年代平均为 17.77 d),1980—1989 年这 10 年期间只有 3 年的高温日数在 48 年平均值以上,1987 年平均高温日数只有 8.94 d,为 48 年的最小值;90 年代高温日数开始有所增加(90 年代平均 24.11 d);进入 21 世纪,受 2006 年夏季高温异常的影响(49.09 d),三峡库区高温日数增加迅速,2001—2008 年平均每年有 26.58 d 高温天气。

以 1971—2000 年三峡库区高温日数 22.62 d 和高温日平均最高气温 36.69℃为常年值,统计 1961—2008 年每 10 年间(其中 2001—2008 年为 8 年间)三峡库区高温的年代际距平发现,各年代三峡库区高温日数和高温日平均最高气温呈现出一致的变化趋势。在 20 世纪 80、90 年代,高温日数和高温日平均最高气温都为弱负距平外,其他时期,高温日数和高温日平均最高气温都为正距平。在 21 世纪的 8 年间,高温日数和高温日平均最高气温正距平最高,距平值分别为 5.26 d 和 0.10℃,其次是 20 世纪 70 年代,距平值分别为 2.95 d 和 0.11℃(程炳岩等,2011)。

张天宇等(2010)选取了年极端最高气温(简称 TMAX)35℃以上高温日数(简称 TX35 d),持续热浪指数(HWDI),持续暖期指数(WSDI)和暖昼指数(TX90p)进行研究(极端高温指数定义见表 5.2)。从 1961—2008 年三峡库区各极端高温指数变化(图 5.32)来看,近 48 年三峡库区极端高温指数年代际变化与年平均气温有较好的一致性,表现为 20 世纪 80 年代中前期为一转折期,之前极端高温指数为下降趋势,之后转为上升趋势。表 5.3 给出了年平均气温和各极端高温指数的最高年份和最低年份前 4 位的年份,由表 5.3 可见,各指数偏高年份和偏低年份有较好的一致性。2006 年、2007 年同在 HWDI,WSDI、TX90p 和年平均气温的最大前 4 年内;2006 年重庆百年一遇的高温热浪,2006 年在所有指数里都是最高年(HWDI 除外)。

各指数最低 4 年的年份均集中在 20 世纪 80 年代(张天宇等,2010)。

综上所述,近 50 年三峡库区高温及高温日数总体呈先下降后上升的变化趋势,进入 21 世纪高温异常显著,极端高温指数也有类似的变化趋势。

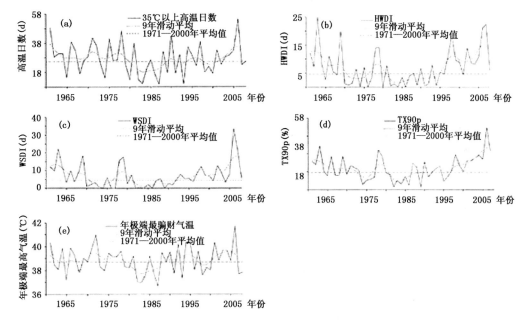

图 5.32 1961—2008 年三峡库区各极端高温指数的逐年变化

表 5.2 极端高温指数的定义

类别	代码	指数名称	指数定义	单位
绝对阈值	TX35d	35℃以上高温日数	年内日最高气温≥35℃的高温日数的总天数	d
	HWDI	Heat wave duration index	年内连续 6 d 以上(含 6 d)日最高气温高于气候态相同日期(1961—1990 年)5℃的天数	d
相对阈值	WSDI	Warm spell duration indicator	年内连续 6 d 以上(含 6 d)日最高气温高于气候态相同日期(1961—1990 年)90 百分位值的总天数	d
	TX90p	Warm days	年内日最高气温高于气候态(1961—1990 年)第 90 个百分位数的日数占统计日数的百分比	%
极值	T$_{MAX}$	年极端最高气温	年内日最高气温的最大值	℃

表 5.3 三峡库区各极端高温指数和年平均气温的偏高年份和偏低年份

	偏高年份	偏低年份
年平均气温	2007、1961、1998、2006(18.6℃)	1989(16.8℃)、1982、1996、1993
TX35d	1990、1978、1961、2006(55 d)	1987(10 d)、1993、1983、1980
HWDI	1969、2006、2007、1963(25 d)	1974、1976、1980、1984、1986(均为 0 d)
WSDI	1969、1963、2007、2006(33 d)	1974、1976、1977、1982、1984、1986、1989(均为 0 d)
TX90p	2007、1978、1963、2006(24.8%)	1989(4.8%)、1982、1986、1974
T$_{MAX}$	2001、1994、1972、2006(41.7℃)	1987(36.7℃)、1983、1982、1965

5.4.2 近50年三峡库区极端高温事件成因分析

5.4.2.1 全球气候变化的影响

Karl等(1993)研究表明,全球气候变暖会导致某些极端气候事件发生的频率增加,IPCC第四次气候变化评估报告指出,自20世纪70年代以来,在更大范围,尤其是在热带和亚热带地区,观测到了强度更强,持续时间更长的干旱;强降水事件的发生频率有所上升。近50年已观测到了极端温度的大范围变化,冷昼、冷夜和霜冻已变得稀少,而热昼、热夜和热浪变得更为频繁。自1850年以来,全球平均地表气温呈上升趋势,20世纪的升温速率为0.6℃左右,其间,尤以1910—1945年(0.14℃/10a)和1979—2005年(0.17℃/10a)的升温更为明显。我国地表气温变化与全球平均变化趋势基本一致,近100年增暖的幅度也达到0.5~0.8℃/100a。自20世纪60年代以后,北半球中高纬陆地地区的极端冷事件(如降温、霜冻)逐渐减少,而极端暖事件(如高温、热浪)的发生频率明显增加。

在全球气候变暖的大背景下,气候变化也具有明显的地区性差异。我国大部分地区处在北半球中高纬度地区,属于气候变化的敏感区。而2006年夏季重庆、四川发生的严重高温伏旱就是在全球气候变暖的大背景下发生的。

总的来看,重庆区域的增暖较全国相比,相对较晚,全国的增暖始于20世纪80年代中期(Dai等,1994),而重庆显著的增暖开始于20世纪90年代后期(白莹莹等,2010)。表5.4显示了在1961—1996年增暖前,区域平均极端高温事件发生频次呈减少趋势,减少率为7.3次/10a。从趋势系数空间分布来看,全市呈现出一致的减少趋势,长江沿线地区减少趋势更为明显。在1997—2006年显著增暖期,区域平均极端高温频次呈现显著增加趋势,增加率高达41.1次/10a。可见在增暖期,极端高温事件发生频次增加趋势明显。从2006年重庆市气温异常的实况分布来看,气温异常约为1~2℃,气温显著偏高的地区主要位于重庆西部及东北部地区。而全球变暖对2006年气温异常的贡献为0.3~0.8℃,全球变暖贡献显著的地区位于东北部偏南以及西南部地区;区域自身变率的贡献为0.7~1.2℃,从空间分布来看基本和实况分布一致,只是数值较实况相比偏小(白莹莹等,2010)。

表5.4 极端高温事件发生频次趋势统计

年份	区域平均总趋势(次/10a)	通过0.05显著性水平检验的站点数
1961—1996	−7.3*	29
1997—2006	+41.1*	25

注:*表示该趋势通过0.05的显著性水平检验。

同时,白莹莹等(2010)利用全球气温距平序列使用一元回归方法滤去全球气候变化对重庆区域平均气温的影响,得到了重庆区域平均气温的自身变率(图5.33)。比较区域平均气温变化实况和自身变率两个序列,可以发现其年际振荡表现为显著的一致。另外,在增暖前(1997年前),两条曲线拟合较好,说明增暖前全球气候变化对重庆区域气温的影响不明显,区域自身的变率是影响重庆气温变化的主要因素;在增暖后,全球气候变化对区域气温变化的贡献明显增大,但区域自身变率仍呈现出增暖的趋势,说明近10年的增暖是由全球气候变化和区域自身变率共同作用的结果。

由此我们认为,2006年重庆异常高温可能是受全球气候变化和区域自身的变率共同作用

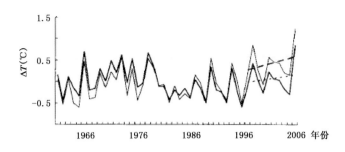

图 5.33 区域平均气温距平实况(细实线)及自身变率(粗实线)时间序列

的结果,但以区域自身的变率为主。

5.4.2.2 特殊的地形和地理位置

重庆是我国长江流域著名的"火炉",是我国高温伏旱主要的频发区之一。地形对重庆气候有较大的影响,重庆市大部分地处长江和嘉陵江河谷的川东平行岭谷区,西部是青藏高原大地形,南靠云贵高原,东北、东南地处盆周山地,耸立于重庆正南面的大娄山地形极为陡峭。夏季风盛行时,高空在西太副高控制下,低层东南气流沿山地下滑到低矮河谷地带,出现明显的下沉增温,焚风效应明显,又因热量不易与外界交换,使重庆成为长江流域三大"火炉"之一。重庆夏季的异常高温伏旱,在很大程度上取决于西太副高的位置和强度。如果夏季受到稳定的西太平洋副热带高压和青藏高原大地形的影响,则夏季高温异常明显。事实上不仅是重庆,七、八月份沿长江河谷的高温,也都是由于地形影响所致:由于长江河谷处于大娄山、七曜山、巫山的北坡,是夏季盛行气流背风下沉增温区,加之闭塞不易散热,这就更增加了沿江河谷干热的程度,形成全国有名的盛夏高温区。

这点从重庆地区历史气候的变化特征也可以看出,目前正处于全球变暖背景下的一个温暖期。重庆市从 1924 年开始进行气温的仪器观测,其年平均气温变化趋势大致经历了"暖—冷—暖"的三个时期。20 世纪 20 年代中期到 40 年代为偏暖期,其中 20 年代中期到 30 年代中期是最暖的时期,相继出现了 1928 年、1929 年、1931 年和 1933 年等暖年;50 年代到 90 年代中期为偏冷期,80 年代是 70 多年来平均温度最低的年代;90 年代中期以来又进入一个新的偏暖期,气温累积距平有所增加;进入 21 世纪以来,重庆年平均气温持续偏高,2001 年年平均气温达 18.9℃。

因此,重庆作为三峡库区最重要的城市,极端事件频发的原因之一就是其特殊的地理位置以及地形,使重庆市成为全国有名的盛夏高温区。

5.4.2.3 大气环流异常

对我国长江流域和西南地区的高温等极端事件的成因分析研究表明(彭备京等,2007),大范围的持续气候异常普遍都和大气环流的长时间异常有密切关系,大气环流是造成高温干旱的最重要和直接的因素,其变化规律是认识高温干旱形成原因的关键。下面以 2006 年极端高温事件为例分析其成因。

副热带高压和青藏高压异常。2006 年夏季副热带高气压的位置较往年偏北、偏西,尤其是进入 8 月以后,副高脊线每日均维持在 27°N 以北。副高的这种异常形态,不利于南方的暖湿气流到达西南地区东部。同时青藏高压偏强,青藏高压和副热带高压相互作用影响川渝地区,造成了该地区的高温干旱。2006 年夏季副热带高压异常偏西、偏强的原因可能是西太平洋暖池地区海温偏高以及前冬青藏高原积雪偏少;冬春季高原积雪偏少,使高原在夏季成为异常热源,青藏高压偏强。在青藏高压的配合下,副热带高压容易维持偏西的位置上,强度偏强。

彭京备等(2007)具体分析了 2006 年 7 月 10 日至 9 月 4 日 500 hPa 和 100 hPa 的平均高度场(图 5.34)(彭京备等,2007)。分析发现,西太副高的脊线偏北,位于 30°N,并且伸展到异常偏西的位置上(图 5.34a)。其西伸脊点位于 119°E 附近(588 dagpm 线),比气候平均位置偏西近 20 个经度。川渝地区受副热带高压的高度正距平控制,这里对流层中下层盛行下沉气流,引起对流层中部绝热增温,使得气温持续异常偏高,这也在很大程度上促进了 2006 年夏季中国川渝地区持续高温伏旱的发展(刘晓冉等,2009)。

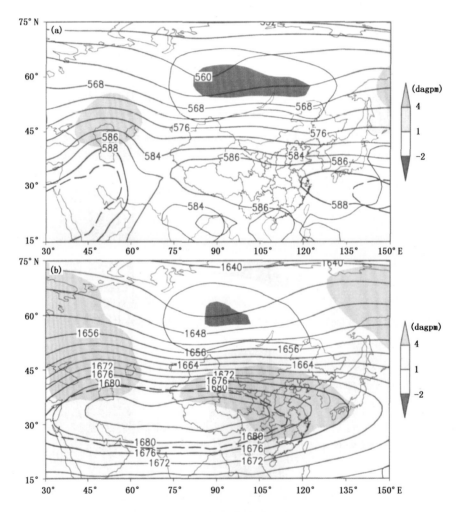

图 5.34　2006 年 7 月 10 日至 9 月 4 日(a)500 hPa 和(b)100 hPa 高度场
(阴影区表示同期的高度距平,虚线分别表示同期的(a)588 线 和(b)1676 线气候平均值)

副热带高压的异常也受到以下因素的影响:第一,2006 年夏季,西北太平洋暖池海温偏高,对流活动明显,导致 2006 年 7 月中下旬副高脊线偏北(邹旭恺等,2007)。第二,西太副高的西进东退与青藏高压的活动有十分密切的关系。考察这个时期的青藏高压活动,可以发现,100 hPa 上,青藏高压的中心位于伊朗高原上空,较气候平均的 100°E 附近要向西移动了 20

个经度。同时青藏高压东扩加强、脊线偏北(图 5.34b)。1676 dagpm 线比气候平均向东扩展了近 20 个经度,东亚地区上空为很强的正高度距平,青藏高压中心的偏西导致大陆副热带高压的加强。青藏高压的向东伸展加强则有利于西太副高的加强和西进。第三,西风带与西太副高之间的相互作用。西风带北缩,纬向环流偏强,中高纬环流的这种配置有利于副热带高压在 30°N 附近维持,不利于其东退。第四,热带环流的强弱与副热带高压的位置及强度有很大的关系。2006 年夏季,从菲律宾以东洋面经南海、中南半岛到孟加拉湾地区的 OLR 较常年偏低。这里的对流活动偏强,热带辐合带(ITCZ)偏强,西太副高强度偏强。

因此,造成 2006 年三峡库区极端高温事件的高层环流形势主要是由于副高和青藏高压的异常导致的。

青藏高原热力异常。长期研究表明,青藏高原的热力作用对我国、东亚乃至全球的大气环流都有重要影响。川渝地区位于青藏高原至长江中下游的过渡地带,属于亚热带季风气候,青藏高原高耸的地形导致的动力和热力作用对其气候的形成、天气系统的影响是不容忽视的。众多研究指出,青藏高原的感热加热对南亚高压和南亚季风环流的形成有重要意义,并且与长江中下游地区降水密切相关。

通过对 2006 年库区极端高温事件的数值试验(图 5.35)发现(陈丽华等,2010):感热加热对青藏高原、川渝地区地面温度升高、500 hPa 高度场的增强有显著作用,而高度场的加强有利于西太副高的加强西伸和大陆高压的加强东进;对动力作用的分析发现,高原动力作用在这次高温干旱事件中的作用不是唯一的,川渝地区上空异常强盛的下沉气流是西太副高、大陆高压以及高原北侧南伸气流共同作用造成的;感热加热是导致川渝地区高温干旱天气发生和维持的首要原因,热力敏感性试验显示,感热对当地气温增加的贡献接近川渝气温场偏高量。

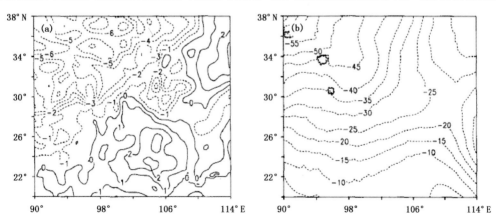

图 5.35　敏感性与控制实验差值图(敏感试验-控制试验)(a)地面温度(单位:K);
(b)500 hPa 高度场(单位:gpm)(陈丽华等,2010)

气象上,前冬的下垫面异常往往会影响到当年夏季的大气环流变化,例如在 2005/2006 年冬春季,青藏高原地区降雪较常年偏少两成左右,积雪面积比常年偏少 10% 左右,积雪日数也比常年偏少 10～30 d。作为冷源的青藏高原积雪减少,造成高原热力作用显著,整个冬季高原上空地表气温比常年偏高 2～4℃,从而使高原热力作用显著,高原高度场偏高。研究表明,当高原高度场偏高时,后期东亚夏季风将偏强。而高原冬春季积雪偏少,高原春夏季感热加热增强并引起上升运动加强,这样会使感热通量向上输送,加热高原上空对流层,致使高原上空温度与其南侧的温度对比增大,从而也使亚洲季风增强,我国夏季季风雨带位置偏北,而长江流域降水相对偏少。

综上所述,大气环流异常是导致三峡库区极端气候事件发生的又一个重要原因,就 2006 年而言,冬春季高原的积雪偏少,使高原在接下来的夏季成为异常热源,青藏高压偏强。在青藏高压的配合下,副热带高压维持偏西的位置上,强度偏强。青藏高压和副热带高压相互作用影响川渝地区,造成该地区的高温干旱。

通过对三峡库区极端天气气候事件的统计和分析可以看出,除了极端降水、旱涝事件以外,高温、热浪、雾以及山地灾害也对该地区的生产和生活产生了重大影响,导致这类极端天气的原因来自多方面,既有全球变暖大背景的影响,也有自身特殊的地理位置等因素,但是大气环流异常是直接原因。需要指出的是,由于三峡自 2003 年开始蓄水,库区最高蓄水水位 175m,对气候分析而言时间过短,其水域气候效应可能还没有完全显现出来,需要用更长时间的资料进行验证。

5.4.3 极端高温事件的数值模拟

此节评估区域模式对三峡库区极端降水和极端温度的空间分布以及年际变率的模拟能力。考查指标包括:1982—2007 年夏季极端降水总量(R95p),夏季极端降水占总降水的比例(R95pt),夏季冷夜发生频率(TN10p)、暖夜发生频率(TN90p),夏季冷日(TX10p)和暖日(TX90p)的发生频率(表 5.1)。观测数据表明,三峡库区 1982—2007 年夏季极端降水总量(R95p)的分布呈现出东部多、西部少、山区多、河谷区少的分布特点。模式模拟的极端降水总量的量级与观测相当,但是分布偏差较大;能够模拟出东部河谷区的低值带,但是高值中心未出现在东部山区,而位于西部。同样的误差也存在于模式对夏季平均降水的模拟中。原因可能与模式地形分布有关。受模式分辨率限制,地形数据被大幅度平滑,三峡库区复杂的地形分布(如河谷和山谷)在模式中不能准确描述。RegCM3 对 R95p 的年际变率模拟能力尚可,同号率为 57.7%。

对极端温度指标而言,冷夜即日最低气温的低于 10% 分位置,暖夜即日最低气温的高于 90% 分位置。观测中,三峡库区绝大多数站点夏季冷夜的发生次数在 1982—2007 年间多为减少趋势(图 5.36a),而暖夜则多为增加趋势(图 5.37a)。

模式模拟的冷夜趋势分布与观测接近,绝大多数地区为减少趋势(图 5.36a),但模拟的暖夜趋势与观测相反,绝大多数地区为减少趋势,仅库区北部和西南部存在少数地区呈现增加趋势(图 5.37a)。冷日即日最高气温的低于 10% 分位置,暖日即日最高气温高于 90% 分位置。观测的三峡库区绝大多数站点夏季冷日和暖日的发生次数均呈现增加趋势(图 5.38a 和图 5.39a)。模式模拟的冷日变化趋势与观测一致,即整个三峡库区呈现出一致的增加趋势(图 5.38a);而模式模拟的暖日变化趋势在整个库区并不一致,库区中部和东北部地区,模拟的暖日发生频率呈现增加趋势,这与观测是一致的,但是其他地区则为减弱趋势,与观测相反(图 5.38a)。三峡库区极端温度的变化,表现出暖事件发生频率增加而冷事件减小的趋势,这很可能是全球气候变化与库区本身相互作用的结果。年际变率上,RegCM3 对极端温度的模拟能力尚可(图 5.36b,5.37b,5.38b,5.39b),几个极端温度指标(TN10p,TN90p,TX10p,TX90p)的模拟和观测同号率分别为 73%,62%,62% 和 46%。

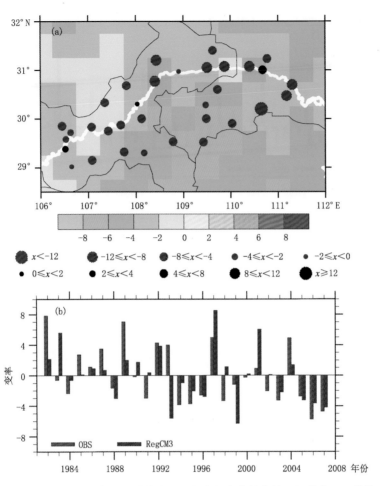

图 5.36　1982—2007 年三峡库区夏季冷夜发生频率的变化趋势的空间分布(a)(单位:%/a)和
时间序列(b)(填色为模拟试验结果,黑点为 33 站观测)

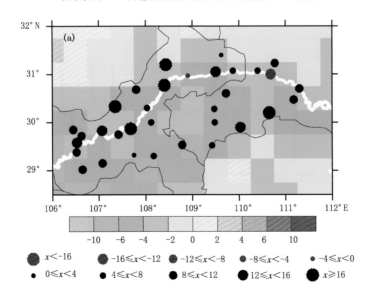

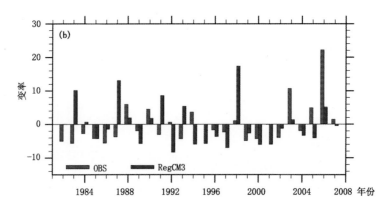

图 5.37　1982—2007 年三峡库区夏季暖夜发生频率的变化趋势的空间分布(a)(单位:％/a)和
时间序列(b)(填色为模拟试验结果,黑点为 33 站观测)

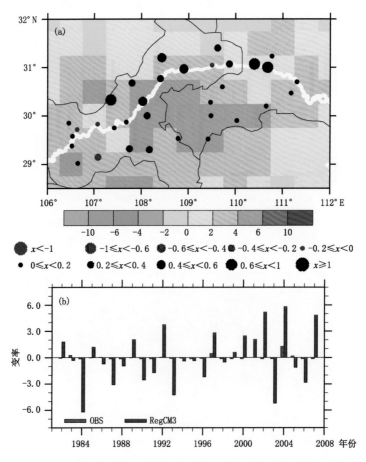

图 5.38　1982—2007 年三峡库区夏季冷日发生频率的变化趋势的空间分布(a)(单位:％/a)和
时间序列(b)(填色为模拟试验结果,黑点为 33 站观测)

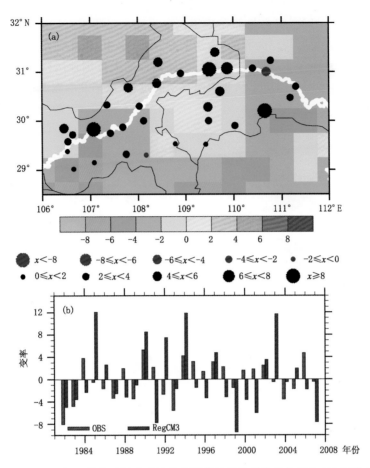

图 5.39　1982—2007 年三峡库区夏季暖日发生频率的变化趋势的空间分布(a)(单位:%/a)和
时间序列(b)(填色为模拟试验结果,黑点为 33 站观测)

5.5　中国夏季雨带的变化及成因分析

5.5.1　中国夏季雨带的年代际变化

研究表明,我国旱涝转换具有年代际变化的规律。20 世纪 80 年代前后经历了一个长江多雨的时期,1979—1991 年共 13 年中有 8 年长江多雨。从 80—90 年代盛行雨带明显南移,1991—2002 年的 11 年中有 7 年江南多雨。2003 年后,雨带北抬,2003—2010 年 8 年中有 5 年雨带在淮河。2006 年川渝严重春夏连旱、2009—2010 年西南地区干旱以及今年长江中下游冬春季严重干旱等事件是正好处于我国南方的少雨时期。

中国东部夏季降水主要包括三段降雨异常态比较稳定的时段(Ding 等,2008):1951—1978 年,1978—1992 年和 1992—2004。图 5.40 显示了中国夏季降水异常在各段年代的时空分布。可以看到,从 1951—1978 年主要为华北和华南多雨而长江中下游少雨的"十一十"分布型。在这段时期,中国西部降水总体偏少。在 1979—1992 年期间,多雨带主要维持于黄河和长江流域之间,大值中心位于甘肃和陕西一带。华北和华南都为负值带,华南降水偏少显著;

华北的负距平值较小。另外,东北北部在该年代也为降水正距平。1993—2004年,中国东部夏季降水的异常型为大致以长江为界的"南涝北旱"型。华中、华北到东北降水普遍偏少。长江及其以南地区的降水偏多非常显著。同时,中国西部的大范围地区降水偏多。对比三阶段的异常形态可以发现,多雨带经历了从北向南移动的过程,从华北和东北多雨到华中地区多雨再到长江以南多雨。

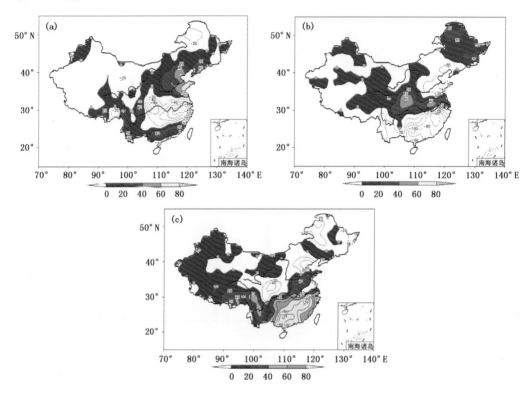

图5.40 1951—1978年(a),1979—1992年(b)和1993—2004年(c)夏季降水距平分布(单位:mm)
(阴影区表示正值,图中粗实线分别表示黄河和长江(Ding等,2008))

三峡水库是2003年6月开始蓄水的,但长江流域从1999年开始就从以前的多雨期转变为少雨期,近十几年来,长江流域年均降水量减少了10%~12%,由原来的年均1250 mm减少到1100多毫米,主要的降雨带向北移动到黄淮地区,这是一种降水的年代际变化(几十年时间尺度的变化)。这些事实说明长江中下游干旱和洪涝是大范围大气环流和海洋温度异常的结果,而不是三峡水库的问题,三峡水库只对局部很有限的范围可能有影响,不可能改变大范围的降水格局。尽管如此,长江流域目前处于少雨时期,但也不能排除发生阶段性暴雨洪涝,例如2011年春季长江中下游发生严重春旱后,6月份就发生了严重暴雨洪涝灾害。

5.5.2 中国"南涝北旱"的成因分析和数值模拟

研究表明造成近50年我国夏季降水分布格局(南涝北旱)的变化主要与亚洲与东亚的夏季风减弱密切相关(图5.41)。首先,太平洋海表温度的变化是一个主要原因,即热带中东太平洋海温自1978年末以来,明显增温使厄尔尼诺事件更频繁地发生。其中1978年与1992年有两次强烈增温事件,这恰好对应于我国雨带的两次南移(图5.42)。其次,1978年前后高原冬春积雪明显增加使高原以及高原的加热(热源)减弱(图 5.43)。这两个因素都减小了夏季海陆温差,从而减弱了亚洲夏季风的驱动力,使得东亚季风明显减弱(Ding 等,2008)。由上可见:近 50 年我国东部格局的明显变化,直接原因是海洋与陆面过程或高原积雪的变化,这并不反映全球气候变暖的直接作用,因而在我国降水由南旱北涝转为南涝北旱的大格局变化中,自然的气候脉动可能起主导作用(Ding 等,2009)。

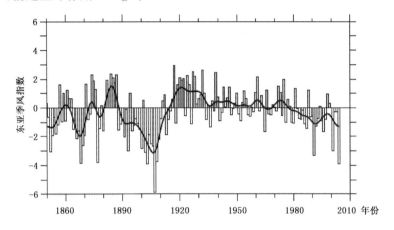

图 5.41　1870—2003 东亚季风指数长期变化(IPCC,2007)

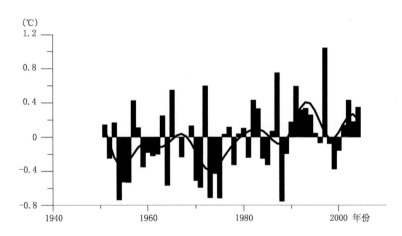

图 5.42　1951—2004 年热带中东太平洋(160°E~100°W, 10°S~10°N)海表温度异常的
时间序列(实线是线性趋势(Ding 等,2009))

围绕着大范围旱涝异常的成因,我国学者进行了大量的数值模拟研究。Li 等(2010)利用 NCAR CAM3 和 GFDL AM2.1 大气环流模式,设计了一系列试验,包括热带海温强迫(TOGA 试验)、全球海温强迫(GOGA 试验)、大气强迫(RADATM 试验)、海温与大气共同强迫(GOGAI 试验)等,目的是探讨海温异常外强迫、温室气体和气溶胶等大气成分变化强迫对东亚夏季风和夏季降水年代际变化的相对贡献。两个模式的结果均表明,海温强迫(主要是热带海温强迫)能够较为合理地模拟出观测中东亚夏季风环流的年代际变率,而温室气体与气溶胶的强迫作用,却是增加海陆热力差异从而使季风环流增强。相关分析表明,赤道太平洋和印度洋的变暖是导致东亚夏季风减弱的重要因子。因此,上述旱涝变化受大范围海气相互作用过程的强迫,而和类似三峡地区下垫面变化这种局地的、小尺度强迫无关。

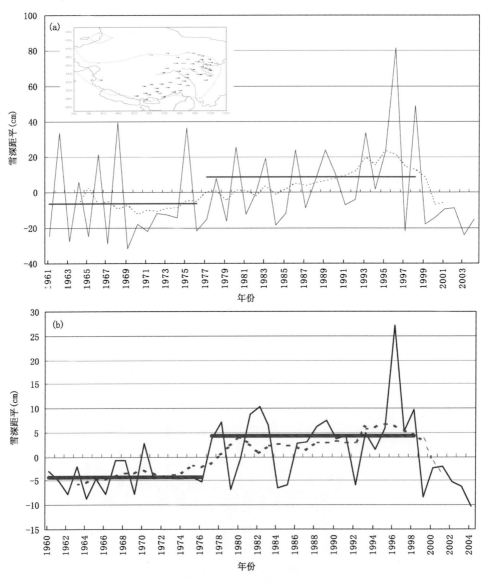

图 5.43　青藏高原 50 个台站冬春季雪深的时间变化曲线
（a）春季；（b）冬季（ Ding 等，2009）

　　东亚季风年代际转型的一个重要特征，是西太副高（WPSH）呈现出西伸的特征，它直接影响到季风雨带的位置。自 20 世纪 70 年代末以来，热带印度洋和西太平洋（IWP）较之此前的 20 余年大约增暖了 0.4℃ 以上，为了考察这种增暖的影响，Zhou 等（2009）利用观测的 IWP 海温增暖趋势驱动五个大气环流模式，发现所有的模式都一致地呈现出副高西伸的特征，意味着 IWP 的增暖是导致副高西伸的重要因子。分析发现，有两种过程在副高的西伸过程中发挥作用：一是 IWP 区的暖海温异常通过影响 Walker 环流，导致赤道中东太平洋的对流活动减弱，负热源随后激发出 Gill 型的反气旋环流型，有助于副高的西伸；二是通过 Rodwell 和 Hoskins（1996）提出的南亚季风潜热加热机制，季风凝结潜热加热所导致的 Kelvin 波有利于 WPSH 南侧环流的增强，而通过 Sverdrup 涡度守恒所引起的经向风增强，则有利于 WPSH 西缘的环

流增强。这从另外一个角度证明我国大范围的旱涝变化,主要受大尺度海气相互作用过程的
影响。

5.5.3　近年来我国极端天气气候事件频发的原因

20 世纪 70 年代以来,全球极端天气气候事件明显增多增强,高温热浪频发,强降水事件
和局部洪涝频率增大,风暴强度加大。热带和副热带地区的干旱频繁,影响范围不断扩大。我
国极端天气气候事件发生的频率与全球基本一样,总体呈上升趋势,强度增强。

气候变暖后,陆地和海洋表面的气温都会增加,蒸发蒸腾量增加,大气中水汽含量也会增
加,从而增加了水循环的强度。尤其是气候变暖后,海洋的蒸发量明显加大,海洋可以源源不
断地提供更多的水汽,并输送到陆地地区,从而导致降水强度的增加。气候变暖改变了地球的
热量平衡,北面中高纬度地区增温快,南面低纬度地区增温慢,南北温度差减少,从而使经向型
大气环流增强,南北热量、水汽交换加强。这种情况下,当北方冷空气南移,就容易在较低纬度
产生暴雨,当南方暖湿气流北移,就容易在北方产生暴雨。

全球气候变暖后,水循环发生变化,大气环流出现异常,原有的天气气候变化规律被打乱,
造成了异常天气气候事件不断发生的复杂局面,导致干旱和暴雨共存,干旱现象越来越多、面
积越来越大,同时雨势越来越强,小到中雨频率普遍减少,而大雨与暴雨强度和频率增加。

受全球变化影响,我国干旱的发生频率和强度均有增加的趋势,半湿润干旱区面积扩展较
多,湿润区面积缩小的幅度较大。我国降水雨型发生了明显变化,暴雨日数增多,小雨和毛毛
细雨日数减少,表明降水的强度增强,强降水造成的洪涝灾害增加。根据预测,21 世纪中国大
部分地区的降水量将有少量增加,但蒸发和蒸腾量也相应增加,加之灌溉和其他人为用水的扩
大,耗水量的增加可能超过降水量的增加,大部分地区将继续处于水平衡的亏缺状态,干旱趋
势难以缓解。

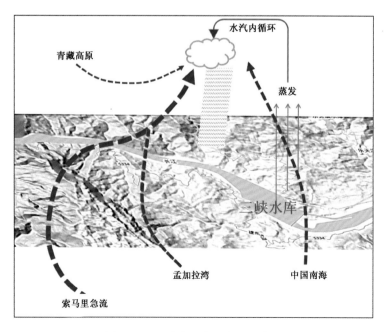

图 5.44　三峡库区水汽来源示意图

　　大气和海洋作用主要表现为热量和水汽循环。大气中的水分循环分为内循环和外循环，外循环对降水的影响占 95%，内循环对降水的影响占 5% 左右。全球最主要的水汽来源于海洋，特别是热带海洋，因为热带气温高，蒸发也特别明显。三峡及周边地区降水的水汽主要来自印度洋和太平洋（图 5.44）。三峡工程建成后，水位抬高，水体扩大，增大了水分内循环，但这种内循环相对于外循环仍是微不足道的。研究表明，一个地区的暴雨发生需要比它大十几倍以上面积的地区收集或获得水汽。三峡水库不能左右比它面积大很多倍的区域性旱涝过程。

　　海洋和青藏高原是影响我国气候变化的主要热源，随着季节变化而不同。分析表明，海洋温度和青藏高原积雪的变化是造成大范围大气环流和大气下垫面热力异常的主要原因，从而导致我国近几年干旱和洪涝等气象灾害频发。三峡水库与周边海洋、青藏高原相比，无论是面积还是容量都不是一个量级，前者可对亚洲甚至北半球都有影响，而三峡水库只对局部气候可能有影响，不能改变大范围的气候。

第6章 三峡库区及其上游未来气候变化预估

6.1 气候模式及其模拟能力检验

6.1.1 排放情景

1988年11月,世界气象组织(World Meteorological Organization,WMO)和联合国环境署(United Nations Environment Programme,UNEP)联合成立了政府间气候变化专门委员会(Intergovernmental Panel on Climate change,IPCC,http://www.ipcc.ch/),为国际社会就气候变化问题提供科学咨询。IPCC对气候变化的研究思路是:首先在观测事实的基础上研究已发生了哪些变化,然后在此基础上通过观测和模拟的比较分析对过去和现在的气候认识程度进行分析,最后主要通过数值模拟对未来气候变化进行预估。其中,数值模拟主要是采用多个全球气候模式根据不同的气候变化排放情景预估未来的气候变化情况。

因此,为了预估未来全球和区域气候变化,必须事先提供未来温室气体和硫酸盐气溶胶的排放情况。排放情景通常是根据一系列因子假设而得到(包括人口增长、经济发展、技术进步、环境条件、全球化、公平原则等),然后对应于未来可能出现的不同社会经济发展状况,制作不同的排放情景。到目前为止,IPCC先后发展了三套温室气体和气溶胶排放情景,即IS92和SRES排放情景以及典型浓度排放情景(RCPs)。

6.1.1.1 SRES气候变化排放情景

SRES排放情景(Special Report on Emissions Scenarios)(Nakicenovic and Swart,2000,http://sres.ciesin.org/)主要由四个框架组成,即A1、A2、B1、B2。

A1框架和情景系列:该系列描述的未来世界的主要特征是:经济快速增长,全球人口峰值出现在21世纪中叶,随后开始减少,未来会迅速出现新的和更高效的技术。它强调地区间的趋同发展和能力建设、文化和社会的相互作用不断增强、地区间人均收入差距持续减少。A1情景系列划分为3个群组,分别描述了能源系统技术变化的不同发展方向,以技术重点来区分这三个A1情景组:矿物燃料密集型(A1FI)、非矿物能源型(A1T)、各种能源资源均衡型(A1B,此处的均衡定义为:在假设各种能源供应和利用技术发展速度相当的条件下,不过分依赖于某一特定的能源资源)。

A2框架和情景系列:该系列描述的是一个发展极不均衡的世界。其基本点是自给自足和地方保护主义,地区间的人口出生率很不协调,导致人口持续增长,经济发展主要以区域经济为主,人均经济增长与技术变化日益分离,低于其他框架的发展速度。

B1框架和情景系列:该系列描述的是一个均衡发展的世界。与A1系列具有相同的人口,人口峰值出现在21世纪中叶,随后开始减少;不同的是,经济结构向服务和信息经济方向快速调整,材料密度降低,引入清洁、能源效率高的技术。其基本点是在不采取气候行动计划的条件下,在全球范围更加公平地实现经济、社会和环境的可持续发展。

B2 框架和情景系列:该系列描述的是世界强调区域经济、社会和环境的可持续发展。全球人口以低于 A2 的增长率持续增长,经济发展处于中等水平,技术变化速率与 A1,B1 相比趋缓,发展方向多样。同时,该情景所描述的世界也朝着环境保护和社会公平的方向发展,但所考虑的重点仅局限于地方和区域一级。

6.1.1.2　RCPs 气候变化排放情景

2011 年 Climatic Change 出版专刊,详细介绍了用在 IPCC AR5 中的新一代的温室气体排放情景。新一代情景称为"典型浓度目标"(Representative Concentration Pathways,RCP),主要包括 RCP8.5、RCP6.0、RCP4.5 和 RCP2.6 四种情景。

RCP8.5:此情景假定人口最多、技术革新率不高、能源改善缓慢,所以收入增长慢。这将导致长时间高能源需求及高温室气体排放,而缺少应对气候变化的政策。2100 年辐射强迫上升至 8.5 W/m²。

RCP6.0:此情景反映了生存期长的全球温室气体和生存期短的物质的排放,以及土地利用/陆面变化,导致到 2100 年辐射强迫稳定在 3.0 W/m²。

RCP4.5:此情景下,2100 年辐射强迫稳定在 4.5 W/m²。

RCP2.6:是把全球平均温度上升限制在 2.0℃ 之内的情景,其中 21 世纪后半叶能源应用为负排放。辐射强迫在 2100 年之前达到峰值,到 2100 年下降至 2.6 W/m²。

6.1.2　全球气候模式及其模拟能力

6.1.2.1　全球气候模式介绍

未来气候变化预估是科学家、公众和政策制定者共同关心的问题,目前气候模式是进行气候变化预估的最主要工具。IPCC 第四次评估报告(IPCC Fourth Assessment Report,IPCC AR4)共包含 20 多个全球气候模式对过去和未来的全球气候变化进行的模拟(表 6.1)。参加的国家之广、模式之多都是以前几次全球模式比较计划所没有的。IPCC 第四次评估报告的气候模式的主要特征是:大部分模式都包含了大气、海洋、海冰和陆面模式,考虑了气溶胶的影响,其中大气模式的水平分辨率和垂直分辨率普遍提高,对大气模式的动力框架和传输方案进行了改进;海洋模式也有了很大的改进,提高了海洋模式的分辨率,采用了新的参数化方案,包括了淡水通量,改进了河流和三角洲地区的混合方案,这些改进都减少了模式模拟的不确定性;冰雪圈模式的发展使得模式对海冰的模拟水平进一步提高。

正在进行的 IPCC AR5 中用到的 CMIP5 试验的许多模式得到了进一步的发展,与 IPCC AR4 中使用的 CMIP3 的模式相比,CMIP5 中对于历史气候模拟各模式组将进行更多的模拟实验,除进行长期历史气候模拟(historical)外,还将进行自然强迫模拟试验(historicalNat)、温室气体强迫模拟试验(historicalGHG)以及其他强迫模拟试验(historicalMisc)等,这将更有利于开展气候变化检测和归因研究;未来气候变化预估试验将以 RCP 情景为强迫,进行 RCP2.6、RCP4.5、RCP8.5 试验,部分模式可能进行 RCP6.0 预估试验(模式相关详细信息可参考相关网站)。本报告中主要针对 IPCC AR4 的多个模式的模拟结果进行分析。

表 6.1 IPCC AR4 气候模式基本特征

模式	国家	大气模式	海洋模式	海冰模式	陆面模式
BCC-CM1	中国	T63L16 1.875°×1.875°	T63L30 1.875°×1.875°	热力学	L13
BCCR_BCM2_0	挪威	ARPEGE V3 T63 L31	NERSC-MICOM V1L35 1.5°×0.5°	NERSC 海冰模式	ISBA ARPEGE V3
CCCMA_3 (CGCMT47)	加拿大	T47L31 3.75°×3.75°	L29 1.85°×1.85°		
CNRMCM3	法国	Arpege-Climatv3 T42L45(2.8°×2.8°)	OPA8.1 L31	Gelato 3.10	
CSIRO_MK3_0	澳大利亚	T63L18 1.875°×1.875°	MOM2.2 L31 1.875°×0.925°		
GFDL_CM2_0	美国	AM2 N45L24 2.5°×2.0°	OM3 L50 1.0°×1.0°	SIS	LM2
GFDL_CM2_1	美国	AM2.1 M45L24 2.5°×2.0°	OM3.1 L50 1.0°×1.0°	SIS	LM2
GISS_AOM	美国	L12 4°×3°	L16	L4	L 4−5
GISS_E_H	美国	L20 5°×4°	L16 2°×2°		
GISS_E_R	美国	L20 5°×4°	L13 5°×4°		
IAP_FGOALS1.0	中国	GAMIL T42L30 2.8°×3°	LICOM1.0	NCAR CSIM	
IPSL_CM4	法国	L19 3.75°×2.5°	L19 (1°−2°)×2°		
INMCM3_0	俄罗斯	L20 5°×4°	L33 2°×2.5°		
MIROC3_2_M	日本	T42 L20 2.8°×2.8°	L44 (0.5°−1.4°)×1.4°		
MIROC3_2_H	日本	T106 L56 1.125°×1°	L47 0.2812°×0.1875°		
MIUB_ECHO_G	德国	ECHAM4 T30L19	HOPE−G T42 L20	HOPE−G	
MPI_ECHAM5	德国	ECHAM5 T63 L32(2°×2°)	OM L41 1.0°×1.0°	ECHAM5	
MRI_CGCM2	日本	T42 l30 2.8°×2.8°	L23 (0.5°−2.5°)×2°		SIB L3
NCAR_CCSM3	美国	CAM3 T85L26 1.4°×1.4°	POP1.4.3 L40 (0.3°−1.0°)×1.0°	CSIM5.0 T85	CLM3.0
NCAR_PCM1	美国	CCM3.6.6 T42L18(2.8°×2.8°)	POP1.0 L32 (0.5°−0.7°)×0.7°	CICE	LSM1 T42
UKMO_HADCM3	英国	L19 2.5°×3.75°	L20 1.25°×1.25°		MOSES1
UKMO_HADGEM	英国	N96L38 1.875°×1.25°	(1°−0.3°)×1.0°		MOSES2

参见 http://www-pcmdi.llnl.gov/ipcc/model_documentation/ipcc_model_documentation.php

在对全球模式的模拟能力评估和未来三峡库区及其上游气候变化分析时,我们主要使用的数据包括:①根据 2400 余个中国地面气象台站的观测资料插值得到的 0.25°×0.25°格点化平均气温和降水数据集(CN05.1)(吴佳等,2012);②国家气候中心在《中国地区气候变化预估数据集》Version1.0 中发布的 SRES A1B、SRES A2、SRES B1 情景下多模式简单集合平均数据和部分全球气候模式的极端气候指数数据;③《中国地区气候变化预估数据集》Version3.0 中发布的 RCP8.5、RCP4.5、RCP2.6 情景下多模式简单集合平均数据。在对全球气候模式在三峡库区及其上游温度、降水变化的模拟能力进行评估的基础上,给出不同 SRES、RCPs 情景下三峡库区及其上游 2050 年以前气温、降水的可能变化及几个极端气候指数的未来变化。为了便于对比,所有数据统一插值为 0.25°×0.25°,气温、降水的变化均与 1961—2000 年 40 年的气候平均值进行对比,区域平均值为区域内所有格点的算术平均值。

6.1.2.2 全球气候模式模拟能力评估

(1)气温

图 6.1 给出了观测和模拟的三峡库区及其上游 1961—2000 年 40 年年平均气温和降水的地理分布及差值。结果表明:全球气候模式能够再现三峡库区及其上游年平均气温的区域分布特征,空间相关系数达到 0.93(图 6.1a,b);但模拟气温偏低,区域平均气温偏差为 −1.9℃;在四川盆地地区偏差较大,宜宾以下的东北部地区地面气温模拟值偏差可达到 −5.0℃,而岷江上游、雅砻江流域西昌以北的中部地区等模拟值偏高 2.0℃以上(图 6.1c)。对于冬季平均气温和夏季平均气温,模拟和观测差值的分布特征与年平均气温相类似,但是冬季气温模拟值偏高的区域较小,而夏季气温模拟值偏高的区域较大;冬夏季区域平均的气温偏差分别为 −3.7℃、−0.6℃(图略)。

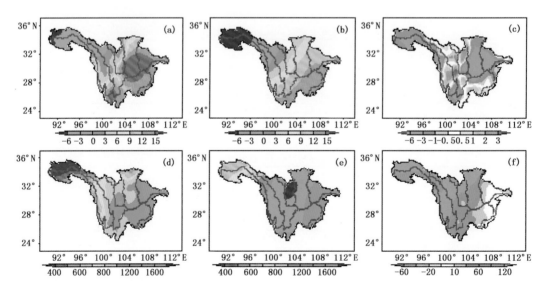

图 6.1 观测和模拟的三峡库区及其上游年平均气温(单位:℃)和降水(单位:mm)的地理分布及其差值(a.观测气温;b.模拟气温;c.气温差值;d.观测降水;e.模拟降水;f.降水差值)

对于区域平均气温的年际变化,观测的年平均气温在 20 世纪 90 年代以前变暖趋势不明显,20 世纪 90 年代以后区域平均气温开始持续增加,1961—2000 年气温线性趋势为 0.10℃/10a;全球气候模式能够模拟出变暖趋势,线性趋势为 0.16℃/10a;对于气温距平曲线,观测值和模拟值之间的相关系数为 0.42(统计上通过 0.05 的显著性水平检验,图略)。

（2）降水

对于年平均降水，模拟值能再现观测降水的空间分布特征，空间相关系数为 0.55（图 6.1d，e）；但模拟降水偏多，尤其是在长江上游地区；区域年平均降水模拟值与观测值的偏差为 55%（图 6.1f）。冬季大部分地区偏多 100% 以上，部分地区在 500% 以上（金沙江、雅砻江地区等）。夏季降水在四川盆地以西的高原地区模拟偏多，其他地区偏差不大；区域平均偏差为 27%（图略）。

对于降水的年际变化，观测降水没有明显增加或减少趋势，但是年际间变率较大；模拟值的年际间变率较小，但是在一定程度上能够反映出降水的年际变化特征，时间相关系数达到 0.42（统计上通过 0.05 的显著性水平检验，图略）。

（3）极端事件

表 6.2 给出了下面讨论的几种极端事件的定义，对比观测和模拟的热浪指数（HWDI），模拟值能再现其区域分布特征，岷江以西地区偏差较小，岷江以东地区模拟的热浪天数偏多。对于 5 d 最大降水量（R5D），通天河和沱沱河流域模拟值和观测值较为接近，大渡河—雅砻江—金沙江地区模拟的 R5D 偏多 20 mm 以上，而宜宾以东地区模拟的 R5D 则偏少。模拟的大于 10 mm 降水日数（R10）明显偏多，通天河和沱沱河流域偏差较小。对于降水强度（SDII），重庆、宜宾地区模拟值偏多，其他地区偏差不大。

表 6.2　极端气温和降水气候事件指数定义（Frich 等，2002）

极端指数	简称	定　　义	单位
热浪指数	HWDI	日平均最高气温连续 5 d 以上大于气候基准期 5℃ 以上的最长日数	天（d）
高温日数	T35D	高温日数：日最高气温 ≥35℃ 的日数	天（d）
炎热日数	HI35D	炎热指数（HI）一年中在 35℃（95°F）及以上的天数	天（d）
大雨日数	R10	日平均降水量 ≥10 mm 的天数	天（d）
5 d 最大降水量	R5D	最大的连续 5 d 降水量	毫米（mm）
降水强度	SDII	总降水量与降水日数（Rdays≥1 mm）的比值	毫米/天（mm/d）

6.1.3　区域气候模式及其模拟能力

6.1.3.1　区域气候模式介绍

本节所使用的区域模式为意大利国际理论物理中心（The Abdus Salam International Center for Theoretical Physics）发展的区域气候模式 RegCM3（Pal 等，2007）。模式的水平分辨率取为 25 km，范围覆盖整个中国及周边地区。用来评估区域模式的观测资料为利用 2400 余个中国地面气象台站的观测资料所插值得到的 0.25°×0.25° 格点化数据集（CN05.1）（吴佳等，2012）。

6.1.3.2　区域气候模式模拟能力评估

（1）气温

与观测数据对比分析的结果表明：区域模式对三峡库区及其上游年平均气温分布状态模拟效果较好，基本再现了长江上游地区气温随着地势的升高逐渐降低，而四川盆地及其附近地区气温较高的分布，符合实际情况。与观测相比，模式模拟在大部分地区表现为冷偏差，偏差值大都在 −0.5～−4℃，区域东部气温相对较高的地区，偏差值相对较小，数值在 −2℃ 以内

（图 6.2a,b）。

　　模拟的冬季平均气温除四川盆地外,呈由东南向西北逐渐降低的分布,夏季气温则为包括四川盆地在内的区域东部为高值区,西部为低值区,均与观测较为吻合。但模拟值在大部分地区也存在冷偏差,冬季气温偏差值大都在 -2℃ 以上,夏季气温的模拟除四川盆地及其附近地区偏差值相对较小,在 ±0.5℃ 之间外,其他大部分地区偏差值与年平均和冬季相比相对较小,大都在 -3℃ 以内(图略)。

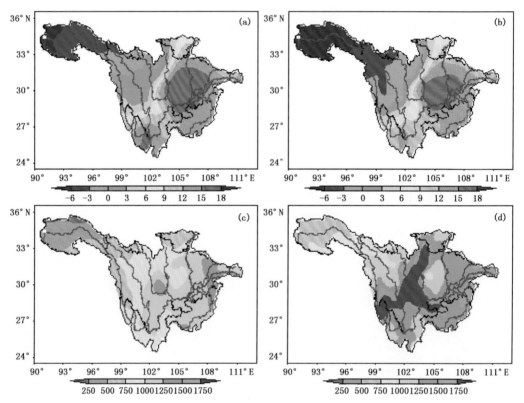

图 6.2　三峡库区及其上游年平均气温(℃)和降水(mm)

(a.年平均观测气温；b.年平均气温模拟；c.年平均观测降水；d.年平均降水模拟)

（2）降水

　　图 6.2c,d 给出观测及区域模式模拟的三峡库区及其上游年平均降水的分布。从图中可以看到,观测中年平均降水在区域东部较多,数值大都在 1000 mm 以上,四川西部及长江上游地区降水相对较少,数值在 1000 mm 以下,特别是长江源头地区,降水在 500 mm 以下。与观测相比,区域模式的模拟表现出较大的差异,其中环绕四川盆地的山区降水值可以达到 1750 mm 以上,与此地区观测的偏差值在一倍以上,其他大部分地区也较观测偏多,偏多值基本都在 10% 以上。

　　区域模式模拟的冬季降水与观测相比有较大的差异。模拟降水除长江源头地区降水较少外,其他大部分地区降水值都在 100 mm 以上,较观测值明显偏多 1 倍甚至两倍以上。夏季降水的模拟则有较大改善,总体来说,模拟在四川西部至青海南部的长江源头地区降水偏多,偏多值在 50% 以上,四川东部偏差值较小,数值大都在 ±25% 之间,模拟效果相对较好(图略)。

（3）极端高温

表 6.2 给出区域模式分析中所用极端高温事件指数的定义。其中对极端高温事件模拟能力的评估，我们选取了高温日数（T35D）和炎热日数（HI35D）。

对观测和区域模式模拟的 T35D 以及 HI35D 的分析表明，观测中年平均高温日数（T35D）在四川盆地及其以东地区数值相对较大，在 5 d 以上，其余大部分地区包括环绕四川盆地的大部分山区及青藏高原东部地区数值较小，在 1 d 以下。模式模拟的 T35D 分布与观测类似，四川盆地及其以东地区数值较大，环绕四川盆地的大部分山区及其以西地区数值较小。但与观测相比，模拟值明显偏高，其中四川盆地部分地区数值可以达到 30 d 以上，而观测的此区域数值为 15～20 d，中心值范围和位置与观测也有所差异。日最高气温高于 35℃ 的情况主要发生在夏季，模式模拟 T35D 较观测偏多，主要与其模拟夏季日最高气温较观测偏高有关（图略）。

观测的 HI35D 与 T35D 的分布类似，四川盆地及其附近地区数值较大，其余大部分地区数值较小，数值基本都在 1 d 甚至 0.5 d 以下。由于此区域在出现高温天气的同时并不一定满足湿度条件，从而使得计算得到的 HI35D 较 T35D 偏低。模式模拟 HI35D 的分布与观测总体来说较为吻合，表现为在除四川盆地及其以东部地区外数值都在 0.5 d 以下，但模拟四川盆地的高值区数值较观测偏低。

（4）极端降水

与全球模式分析一致，极端降水的定义见表 6.2，分别为 R5D、R10 和降水强度 SDII。结果表明，观测的 R5D、R10 和 SDII 在整个三峡库区及上游的南部、东部数值偏高，西部、北部数值偏低，这和中国年平均降水分布表现出一定的一致性，区域模式对此有较好的描述。但模拟与观测也表现出一定的差异，其中模式模拟的 R5D 在大部分地区较观测偏多，偏多幅度在许多地方达到 20 mm 以上，模拟 R5D 中心值数值及范围与观测也有较大不同。模拟的 R10 在整个区域上较观测明显偏多，其中在四川盆地西部存在一个大值区，中心值在 50 d/a 以上，其他大部分地区数值也大都在 20 d/a 以上。模式对 SDII 的模拟在环绕四川盆地的西部山区与观测差别较大，观测中此区域值大都在 5～7.5 mm/d，但模式模拟一般在 7.5 mm/d 以上，较观测偏多。其他大部分地区模式模拟的 SDII 与 R5D、R10 一样较观测偏多，但在四川东南部、重庆、贵州西北部、四川盆地等部分地区较观测偏少，这与模式模拟的夏季降水在这些区域偏少有关。

6.1.4　统计降尺度技术及其性能

6.1.4.1　ASD 统计降尺度方法

ASD（Automated Statistical Downscaling Model）是 Hessami 等（2008）基于 Matlab 环境开发的统计降尺度方法，是一种基于回归分析的统计降尺度技术，可以在有条件（如降水）和无条件下（如气温）模拟水文气象变量，主要包括预报因子选择、模型率定和验证以及未来气候情景生成三部分。

ASD 提供了两种回归方法建立预报因子和预报量之间的统计关系：多元线性回归方法和岭回归方法。一般情况下采用多元线性回归，当预报因子之间有很强的相关性时，使用岭回归方法。本节应用多元线性回归方法建立统计关系。在预报因子选择方法上，应用反向逐步回归和偏相关分析两种方法。本节应用反向逐步回归方法每次剔除掉相关性最差的项直到所有剩余项都显著相关为止。所采用的数据包括：①国家气象信息中心发布的长江上游的 33 个气象站点的日最高、最低气温和日降水实测资料，选用时段分为率定期（1961—1990 年）和验证期（1991—2000 年）；②ERA-40 再分析资料提供的日尺度大气环流预报因子，选用时段为 1961—2000 年，空间分布率为 2.5°×2.5°，所用数据可从欧洲天气预报中心网站（http://da-ta-portal. ecmwf. int/data/d/era40_daily）下载获得；③BCCR 提供的日尺度大气环流预报因子，选用时段为基准期（1961—2000 年）和未来时期（2046—2065 年）。

6.1.4.2 ASD 参数率定及验证

（1）GCM 模式选择

利用 IPCC 第四次评估报告中推荐的多个气候模式（GCM）输出的相对湿度、气温等 10 个不同高空变量，对比相应 ERA-40 数据进行统计分析。根据各个模式的模拟表现对不同气候要素进行秩打分（Rank Score），评价指标包括模拟场与观测场均值和标准差平均值的相对误差、归一化均方根误差、时间序列相关系数和空间序列相关系数，综合不同要素的评分从而得出每个 GCM 在长江流域的适用性，定量检测各个 GCM 在长江流域的可信度（蒋昕昊等，2011）。进而根据该方法选择了适用于长江上游区域的 BCCR 模式。

（2）预报因子选择

分别使用 1961—1990 年和 1991—2000 年 ERA-40 再分析资料提供的日尺度大气环流因子和长江上游 33 个气象站点的日观测数据进行预报因子的选择，并率定和验证模型；其次，根据选择的预报因子，采用已率定的模型，输入 BCCR 输出的日尺度大气环流预报因子，生成基准期（1961—2000）和未来时期（2046—2065 年）日尺度的气候变化情景（BCCR 模式 2011—2045 年仅有月尺度数据，为保证降尺度的精度，故选用 2046—2065 年日尺度数据进行输出）。本节中 ERA-40 与 BCCR 可用的预报因子见表 6.3。

表 6.3　ERA-40 和 BCCR 可用预报因子

编号	预报因子	缩写
1	500 hPa 位势高度	hgt500
2	700 hPa 位势高度	hgt700
3	850 hPa 位势高度	hgt850
4	500 hPa 绝对湿度	hus500
5	850hPa 绝对湿度	hus850
6	海平面气压	slp
7	500 hPa 气温	ta500
8	850 hPa 气温	ta850
9	地表气温	tas
10	850 hPa 纬向风速	ua850
11	地表纬向风速	uas

本节采用反向逐步回归方法选择预报因子，其中最大预报因子数量设为 5 个。结果表明，率定期降水解释方差（R^2）的变化范围为 0.13～0.28，最高和最低气温的解释方差分别为 0.72～0.92 以及 0.87～0.96。由此可知，①ASD 对长江上游 33 个站点的最高和最低气温的

模拟效果很好;②与气温相比,降水的解释方差较低,这表明了降水发生的随机性,以及在降尺度过程中难以准确地捕捉降水过程的分布特性。

经过筛选,①最高气温的预报因子在绝大部分站点都被选中的有 500 hPa 位势高度(hgt500)、700 hPa 位势高度(hgt700)、850 hPa 绝对湿度(hus850)、500 hPa 气温(ta500)和地表气温(tas);②最低气温的预报因子在绝大多数站点选中的有 500 hPa 位势高度(hgt500)、700 hPa 位势高度(hgt700)、500 hPa 绝对湿度(hus500)、850 hPa 气温(ta850)和地表气温(tas);③降水的预报因子在绝大多数站点被选中的有 500 hPa 位势高度(hgt500)、850 hPa 位势高度(hgt850)、500 hPa 绝对湿度(hus500)、500 hPa 气温(ta500)和地表气温(tas)。

(3)率定及验证结果分析

以玉树站和宜昌站的日最高、最低气温和降水为例,对参数进行率定,并分析了验证期效果。

结果表明:对最高气温,可以看出玉树站率定期均值的均方根误差(RMSE)为 0.017,验证期为 0.680;而率定期标准差的均方根误差为 0.024,验证期为 0.441;宜昌站率定期均值的均方根误差为 0.034,验证期为 0.056;而率定期标准差的均方根误差为 0.338,验证期为 0.504。对最低气温,玉树站率定期均值的均方根误差为 0.017,验证期为 0.017,而率定期标准差的均方根误差为 0.726,验证期为 0.294;宜昌站率定期均值的均方根误差为 0.006,验证期为 0.509;而率定期标准差的均方根误差为 0.13,验证期为 0.192。对降水,玉树站率定期均值的均方根误差为 0.144,验证期为 0.203,率定期标准差的均方根误差为 0.369,验证期为 0.621;宜昌站率定期均值的均方根误差为 0.168,验证期为 0.79,率定期标准差的均方根误差为 1.33,验证期为 1.82。

从玉树站和宜昌站模拟的结果可以看出:模型对最高气温的模拟效果较好,夏季模拟值的波动比实测值更小,而春、冬季偏差较大,故对夏季最高气温的模拟效果最好。最低气温模拟值的月分布情况与最高气温类似,模型对夏季的模拟效果最好。模型对最低气温的模拟效果好于最高气温的模拟效果。降水的模拟值较实测值波动剧烈,且在夏季波动最剧烈,与气温的情况正好相反。

总体上,ASD 对长江上游流域日最高和最低气温的模拟效果较好,对日降水量模拟误差较小,总体模拟效果相对较好,说明该模型可以用于模拟生成未来气候变化情景。

6.2　未来 50 年平均温度预估

6.2.1　全球气候模式不同排放情景下温度变化

6.2.1.1　SRES 情景下温度变化

图 6.3 给出全球模式模拟的不同温室气体排放情景下三峡库区及其上游年平均气温和降水的变化曲线,表 6.3 给出了未来 50 年每 10 年平均的年平均、冬季和夏季的气温变化值。

对于区域年平均温度,不同 SRES 情景下气温将持续上升(图 6.3a)。2030 年以前不同排放情景下增温幅度差异不大,2011—2020 年、2021—2030 年增温幅度分别在 0.8℃、1.1℃左右;2030—2050 年 SRES A2、SRES B1 情景下增温幅度低于 SRES A1B 情景,2041—2050 年气温分别增加 1.7℃、1.5℃、2.0℃。对于 2011—2050 年气温变化的线性趋势,SRES A1B 情景下为 0.42℃/10a,SERS A2 情景下为 0.32℃/10a,SRES B1 情景下为 0.24℃/10a。从冬、夏季气温变化来看,冬季变暖趋势更为明显,增温幅度和变暖趋势大于年平均气温的变化,而夏季气温变化略小于年平均;相比较而言,SRES A1B、SRES A2 情景下,气温的季节性差异较为明显,SRES B1 情景下差异较小(表 6.4)。

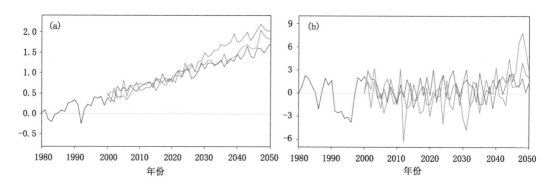

图 6.3　不同 SRES 情景下三峡库区及其上游年平均气温(a,单位:℃)和降水(b,单位:%)变化曲线
(黑线:20 世纪模拟值;红线:SRES A1B;绿线:SRES A2;蓝线:SRES B1;相对于 1961—2000 年)

表 6.4　SRES 情景下 2011—2050 年三峡库区及其上游气温年平均变化(℃)

年份	SRES A1B			SRES A2			SRES B1		
	年平均	冬季	夏季	年平均	冬季	夏季	年平均	冬季	夏季
2011—2020	0.7	0.8	0.7	0.8	0.7	0.7	0.8	0.8	0.7
2021—2030	1.1	1.3	1.0	1.1	1.2	0.9	1.0	1.1	1.0
2031—2040	1.6	1.9	1.5	1.3	1.4	1.2	1.3	1.4	1.3
2041—2050	2.0	2.1	1.9	1.7	1.9	1.6	1.5	1.6	1.4
趋势(℃/10a)	0.42	0.45	0.42	0.32	0.36	0.30	0.24	0.26	0.22

不同情景下、不同时期区域内年平均气温都将增加,增温幅度表现出一定的纬向特征,由东南向西北逐渐增大,长江上游源头地区(沱沱河、通天河流域)增温幅度最大,区域内南部地区增温幅度较小。SRES A1B 情景下 2041—2050 年,上游玉树地区增温 2.0℃以上,成都—宜宾—重庆—宜昌一线的东北区域增温 1.8~2.0℃左右,攀枝花—昆明地区增温不超过 1.7℃。冬夏季平均气温与年平均气温变化幅度的差异,主要体现在长江上游源头地区,不同时期内该地区冬季平均气温变暖幅度大于年平均,而夏季的变暖幅度小于年平均(图略)。

6.2.1.2　RCPs 情景下温度变化

图 6.4 给出全球模式模拟的不同 RCP 情景下三峡库区及其上游年平均气温和降水的变化曲线,表 6.4 给出了未来 50 年每 10 年平均的年平均、冬季和夏季的气温变化值。

对于区域年平均温度,不同 RCPs 情景下气温将持续上升(图 6.4a)。2030 年以前不同排放情景下增温幅度差异不大,2011—2020 年、2021—2030 年增温幅度分别在 0.9℃、1.2℃左右;2030—2050 年 RCP2.6、RCP4.5、RCP8.5 情景下增温幅度有一定差别,2041—2050 年气温分别增加 1.6℃、1.9℃、2.4℃。对于 2011—2050 年气温变化的线性趋势,RCP2.6 情景下为 0.23℃/10a,RCP4.5 情景下为 0.35℃/10a,RCP8.5 情景下为 0.50℃/10a。从冬、夏季气

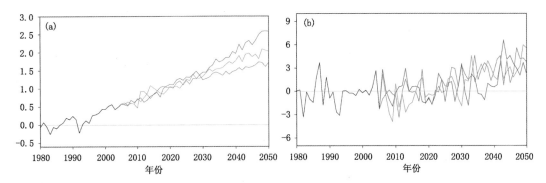

图 6.4 不同 RCP 情景下三峡库区及其上游年平均气温(a,单位:℃)和降水(b,单位:%)变化曲线
(黑线:20 世纪模拟值;红线:RCP2.6;绿线:RCP4.5;蓝线:RCP8.5;相对于 1961—2000 年)

温变化来看,冬季增温幅度和变暖趋势略大于年平均气温的变化,而夏季气温变化略小于年平均(表 6.5)。

表 6.5 RCPs 情景下 2011—2050 年三峡库区及其上游气温年平均变化(℃)

年份	RCP2.6			RCP4.5			RCP8.5		
	年平均	冬季	夏季	年平均	冬季	夏季	年平均	冬季	夏季
2011—2020	0.9	1.0	0.9	0.9	1.0	0.9	0.9	0.9	0.8
2021—2030	1.2	1.3	1.1	1.2	1.1	1.2	1.3	1.3	1.3
2031—2040	1.4	1.3	1.4	1.6	1.7	1.6	1.8	1.8	1.7
2041—2050	1.6	1.8	1.5	1.9	2.0	1.9	2.4	2.5	2.3
趋势(℃/10a)	0.23	0.23	0.23	0.35	0.35	0.33	0.50	0.54	0.48

不同 RCPs 情景下、不同时期区域内年平均气温都将增加,增温幅度表现出一定的纬向特征,由东南向西北逐渐增大,长江上游源头地区(沱沱河、通天河流域)增温幅度最大,区域内南部地区增温幅度较小。RCP4.5 情景下 2041—2050 年,上游地区增温 2.1℃以上,攀枝花—昆明地区增温不超过 1.7℃。冬夏季平均气温与年平均气温变化幅度的差异与 SRES 情景下类似。

6.2.2 区域模式不同排放情景下温度变化

6.2.2.1 SRES 情景下温度变化

在对模式模拟效果进行检验的基础上,表 6.6 给出区域模式模拟 SRES A1B 排放情景下三峡库区及其上游未来 50 年气温的变化。

表 6.6 区域模式模拟 2010—2050 年三峡库区及其上游气温变化(℃)

年份	年平均	冬季	夏季
2011—2020	1.3	1.1	1.1
2021—2030	1.7	1.4	1.7
2031—2040	2.3	1.8	2.3
2041—2050	2.7	2.6	2.7

从表中可以看出,在 SRES A1B 温室气体排放情景下,未来三峡库区及其上游年平均、冬、夏季平均气温为一致增加,且随着时间的推移,升温幅度逐渐增大,其中年平均升温值将由 21 世纪初期的 1.3℃上升到 2040 年代的 2.7℃,冬季升温值将由 21 世纪初期的 1.1℃上升到 2040 年的 2.6℃,夏季升温值将由 21 世纪初期的 1.1℃上升到 2040 年的 2.7℃。

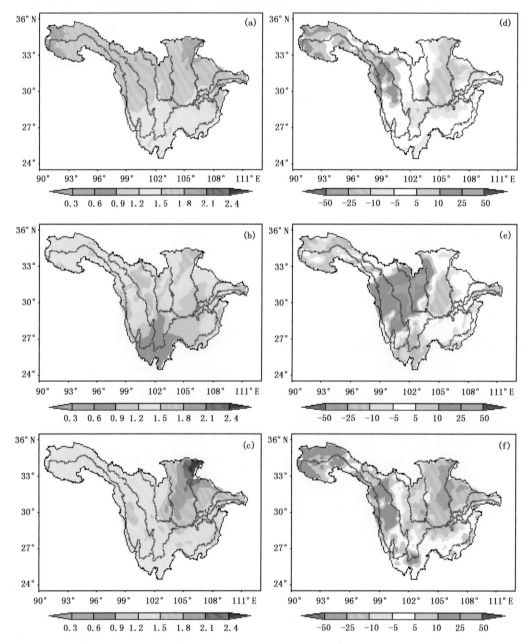

图 6.5　三峡库区及其上游未来年、冬和夏季平均气温(℃)和降水(%)变化

(a. 2021—2030 年年平均气温的变化;b. 2021—2030 年冬季气温的变化;c. 2021—2030 年夏季气温的变化;d. 2021—2030 年年平均降水的变化;e. 2021—2030 年冬季降水的变化;f. 2021—2030 年夏季降水的变化)

图 6.5a～c 给出区域模式模拟 2021—2030 年年平均和冬、夏季平均地面气温的变化分布。从图中可以看到,无论是年平均,还是冬季、夏季平均,2021—2030 年整个区域上气温都表现为升高。其中年平均气温升高值在四川南部、重庆至云南、贵州北部地区较低,四川北部、陕西东南部和长江源头地区较高,数值从 1.5℃ 以下上升至 1.8℃ 以上,其中陕西南部、青海西部是升温的高值区,升温值在 1.8℃ 以上。夏季气温的变化也大致呈此分布,但区域东北部即陕西南部至四川北部的升温值较年平均要显著,中心值在 2.1℃ 以上,区域南部升温值也相对较小,数值在 1.5℃ 以下。冬季气温的变化在四川盆地及其以南地区存在一个升温相对较低的区域,升温值大都在 1.2℃ 以下,其中四川南部到云南北部的升温值在 0.9℃ 以下,陕西东南部、四川西北部升温相对较高,升温值在 1.5～1.8℃,其余大部分地区升温值在 1.2～1.8℃。

2041—2050 年,年平均、冬季和夏季气温将增加,且升温幅度比 2021—2030 年进一步增大。其中年平均气温的变化基本呈由东南向西北逐渐增加的趋势,升温值从 2.4℃ 以下上升至西北部的 3℃ 以上,青海南部长江源头地区升温值最高。冬季气温的变化在四川盆地及其以南和云南北部地区升温值相对较低,在 1.5～2.1℃,其他地区升温值都在 2.1℃ 以上,四川西部、青海南部是升温的高值区,最大值在 2.7～3℃。夏季气温的变化总体来看在四川和重庆南部、云南和贵州北部较低,四川北部较高,升温最大值在 2.7～3℃,其他区域的升温值大都在 2.1～2.7℃(图略)。

6.2.2.2　RCPs 情景下温度变化

表 6.7 给出区域模式模拟 RCP4.5 和 RCP8.5 排放情景下三峡库区及其上游未来 50 年气温的变化。

表 6.7　区域模式模拟 2010—2050 年三峡库区及其上游气温变化(℃)

年份	RCP4.5			RCP8.5		
	年平均	冬季	夏季	年平均	冬季	夏季
2011—2020	0.8	0.9	0.8	0.8	1.2	0.7
2021—2030	1.0	1.1	1.1	1.2	1.4	1.2
2031—2040	1.2	1.4	1.2	1.5	1.6	1.5
2041—2050	1.5	1.8	1.3	1.9	2.1	1.9

从表中可以看出,在 RCP4.5 和 RCP8.5 排放情景下,未来三峡库区及其上游年平均、冬、夏季平均气温为一致增加,且随着时间的推移,升温幅度逐渐增大,其中 RCP8.5 情景下的升温值除 21 世纪初期的夏季外,都要高于 RCP4.5 情景。

从区域模式模拟的 2021—2030 年气温变化的空间分布来看,RCP4.5 和 RCP8.5 情景下,无论是年平均,还是冬季、夏季平均,整个区域上气温都表现为升高。RCP4.5 情景下,年平均气温升高值除在四川南部、云南北部部分地区较低在 0.9℃ 以下外,其他大部分地区升温值在 0.9～1.2℃。夏季气温的变化除在长江源头部分地区升温值相对较高在 1.2～1.8℃ 外,其他大部分地区升温值在 0.9～1.2℃。冬季气温的变化与夏季有较大不同,表现为区域东部升温相对较高,四川东部、甘肃东南部升温值大都在 1.2～1.5℃,四川西部至云南北部升温值相对较低,在 0.9℃ 以下(图略)。

RCP8.5 情景下,年平均气温升高值基本呈由东南向西北逐渐增加的趋势,长江源头地区升温值最高,在 1.5℃ 以上。夏季气温的变化也大致呈此分布,但区域东北部即陕西南部至四川北部的升温值较年平均要显著,中心值在 1.8℃ 以上,区域东南部升温值也相对较小,数值大都在 1.2℃ 以下。冬季气温的变化除云南北部地区外,在四川盆地及其以南地区存在一个升温相对较高的区域,升温值大都在 1.2℃ 以上,其余大部分地区升温值在 0.9~1.2℃(图略)。

6.2.3 统计降尺度结果

采用筛选的 BCCR 大气环流模式,预估 SERS A1B 排放情景下未来 2046—2065 年的气候变化情景。分析中使用地理信息系统软件 ArcGIS 将站点数据处理为流域面平均数据,同时运用水文计算中常见的泰森多边形法对气温和降水数据进行处理,如计算流域面降水量等。

由表 6.8 可知,整个长江上游流域在 SRES A1B 情景下,2046—2065 年年平均气温以及年均最高气温、最低气温均呈现上升趋势。其中,年平均气温相对基准期增加了 1.8℃,最高气温相对基准期增加了 1.9℃,最低气温相对于基准期增加了 1.5℃。丁相毅等(2011)基于 IPCC AR4 多个 GCMs,应用 SDSM 统计降尺度方法,预估 2021—2050 年三峡库区温度持续升高,SRES A1B、A2 和 B1 三种情景下年平均温度相对 1961　2009 年分别升高 1.5℃、1.3℃ 和 1.2℃,三种情景平均的年均温度将升高 1.3℃。这些研究的预估结果均显示长江流域和三峡库区温度将升高 1.2~1.9℃。

表 6.8　ASD 模拟的 2046—2065 年日最高、最低气温和平均气温与基准期值的偏差

站名	平均气温(℃)		最高气温(℃)		最低气温(℃)	
	基准期值	2046 年	基准期值	2046 年	基准期值	2046 年
伍道梁	−5.45	2.23	2.23	2.35	−11.53	2.17
托托河	−4.17	1.87	4.31	1.48	−11.37	2
玉树	3.13	2.18	11.63	2.54	−3.34	2.05
清水河	−4.19	2.16	3.62	2.25	−11.5	1.97
石渠	−1.39	2.57	6.47	2.86	−8.13	2.37
德格	6.59	1.85	15.44	1.82	0.22	1.82
甘孜	5.6	2.2	14.0	5.8	−0.6	1.7
道孚	7.9	1.8	17.2	1.8	1.1	1.9
马尔康	8.6	1.7	18.3	3.1	2.4	1.2
小金	12.0	1.2	20.0	2.4	6.4	1.0
都江堰	15.2	1.5	19.0	1.6	12.4	1.1
新龙	7.5	2.0	17.5	2.1	0.4	1.9
乐山	17.2	1.6	21.1	1.7	14.4	1.3
木里	12.2	1.4	19.2	1.9	6.5	1.0
雷波	12.2	1.3	16.0	1.2	9.8	1.5
宜宾	17.8	1.1	21.7	0.9	15.2	1.3
中甸	5.7	2.0	13.4	2.4	−0.2	1.2
西昌	16.9	2.2	23.2	2.3	12.3	2.1
丽江	12.7	1.7	19.2	1.8	7.7	1.6
会理	15.1	1.8	21.9	2.2	9.7	1.3
阆中	16.9	1.7	21.1	1.1	13.8	1.2
奉节	16.4	1.4	20.3	1.4	13.3	1.3

续表

站名	平均气温(℃)		最高气温(℃)		最低气温(℃)	
	基准期值	2046 年	基准期值	2046 年	基准期值	2046 年
巴东	17.4	1.1	22.1	1.0	13.8	1.2
遂宁	17.4	1.1	21.5	1.0	14.2	1.1
南充	17.4	1.2	21.2	0.9	14.5	1.3
梁平	17.6	0.7	20.7	0.1	13.4	1.0
宜昌	16.9	1.0	21.5	0.7	13.4	1.2
重庆沙坪坝	18.3	1.2	22.1	2.0	15.6	1.0
来凤	15.9	1.4	20.4	1.7	12.7	1.3
黔西	14.0	1.6	18.5	2.0	10.8	1.4
贵阳	15.3	1.6	19.8	1.8	12.3	1.4
泸州	17.8	1.0	21.5	1.4	15.2	0.8
习水	13.1	1.4	17.0	1.5	10.2	1.2
年平均值	10.1	1.8	16.8	1.9	6.7	1.5

　　从各站点的空间分布看,长江上游流域未来时期的平均气温与基准期相比均呈现上升趋势,最高气温与最低气温与基准期相比也呈现上升趋势,且最低气温增幅比最高气温偏小。在 2046—2065 时期最高气温相对基准期的变化范围为 0.1～5.8℃,在 2046—2065 时期最低气温相对基准期的变化范围为 0.8～2.4℃。相对未来气温的变化,未来降水的变化十分显著。

　　图 6.6 为长江上游的最高、最低气温空间变化分布图,由图可以看出,最高气温在整个长江上游区域分布较为均匀,均呈现上升趋势,最低气温与最高气温的分布趋势基本一致。

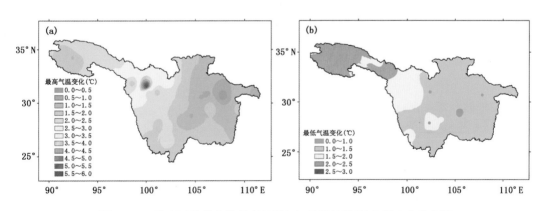

图 6.6　三峡库区及其上游最高气温(a)、最低气温(b)空间变化分布图

　　从上面对全球气候模式、区域气候模式的数值模拟以及降尺度分析的结果表明:对于区域年平均温度,无论全球、区域模式还是降尺度方法,都预估在不同排放情景下,三峡库区及其上游地区,气温都将持续上升,且随着时间的推移,升温值逐渐增大,但升温幅度略有差别。在 2011—2020 年、2021—2030 年、2031—2040 年和 2041—2050 年,将分别增温 0.7～1.3℃、1.0～1.7℃、1.3～2.3℃、1.5～2.7℃;2011—2050 年,三峡库区及其上游地区气温变化的线性趋势将为 0.23～0.5℃/10a。四个季节中冬季变暖趋势最为明显,增温幅度和变暖趋势大于年平均,而夏季气温变化略小于年平均。从区域分布来看,增温幅度表现出一定的纬向特征,由

东南向西北逐渐增大,但存在空间不均匀性,长江上源区升温最显著,其中长江上游源头地区(沱沱河、通天河流域)增温幅度最大,区域内南部地区增温幅度较小。

6.3 未来50年降水预估

6.3.1 全球气候模式不同排放情景下降水变化

6.3.1.1 SRES情景下降水变化

对于区域年平均降水(图6.3b),不同SRES情景下降水在2040年以前没有明显的增加或减少趋势,年际间变化比较明显;2040年以后,年平均降水表现出增加趋势。2040年以前,SRES A1B和SRES B1情景下区域平均年降水变化幅度较小,10年平均降水变化幅度基本在1%以内;SRES A2情景下年降水在多数年份表现为减少,2011—2020年、2021—2030年、2031—2040年10年平均的降水都表现为略有减少。2040年以后,不同情景下各年份降水多表现为增加,到2041—2050年降水分别增加4%(SRES A1B)、1.1%(SRES A2)、1.3%(SRES B1)。2011—2050年降水变化的线性趋势SRES A1B情景下为1.3%/10a,SERS A2情景下为0.7%/10a,SRES B1情景下为0.1%/10a。

表6.9给出了未来50年每10年平均的年平均、冬季和夏季的降水变化值。对于区域平均的冬季降水,2040年以前SRES A1B和SRES A2情景下为减少,SRES B1情景下为增加;区域平均的夏季降水在SRES A2情景下减少较为明显。

表6.9 SRES情景下2011—2050年三峡库区及其上游年平均降水变化(%)

年份	SRES A1B			SRES A2			SRES B1		
	年平均	冬季	夏季	年平均	冬季	夏季	年平均	冬季	夏季
2011—2020	−0.7	0.3	−0.6	−1.0	−1.8	−2.0	0.4	1.5	−0.1
2021—2030	0.3	−0.3	0.5	−0.7	−1.0	−1.0	1.1	3.5	0.2
2031—2040	0.4	−2.7	0.3	−0.4	−1.0	−1.0	0.4	0.5	−1.5
2041—2050	4.0	2.0	3.0	1.1	1.7	0.7	1.3	4.3	1.5
趋势(%/10a)	1.3	0.6	1.0	0.7	0.9	0.9	0.1	0	0.1

对于年平均降水变化的地理分布特征,不同情景下、不同时期内降水变化表现出较为明显的区域性差异。2021—2030年SRES A1B、A2情景下,降水在攀枝花—西昌—康定以东地区减少不超过2%,而在长江源头地区增加4%左右;SRES B1情景下不同时期内降水多表现为增加,成都附近地区及宜宾以下的长江沿岸地区降水变化不大或略微减少1%左右。除SRES A2情景下区域东南局部(宜宾—重庆—遵义—安顺)地区降水略有减少外,2041—2050年降水多为增加,并且长江源头地区降水增加幅度较大,SRES A1B情景下玉树地区降水增加6%左右,成都—宜宾—重庆周围地区增加3%左右。对于降水的季节变化,2040年前SRES A1B、SRES A2情景下,冬季降水在区域的中南部地区多为减少,而夏季是中东部降水多为减少;SRES B1情景下冬季降水多为增加,而夏季降水在四川盆地及区域东北部地区多为减少(图略)。

6.3.1.2　RCPs 情景下降水变化

对于区域年平均降水(图 6.4b),RCP2.6、RCP4.5 情景下降水在 2030 年以前没有明显的增加或减少趋势,2030 年以后年平均降水表现出增加趋势;RCP8.5 情景下,2040 年以前没有明显的增加或减少趋势,2040 年以后降水才表现出增加趋势。到 2041—2050 年降水分别增加 3.5%(RCP2.6)、3.1%(RCP4.5)、3.4%(RCP8.5)(表 6.10)。

表 6.10　RCP 情景下 2011—2050 年三峡库区及其上游年平均降水变化(%)

年份	RCP2.6			RCP4.5			RCP8.5		
	年平均	冬季	夏季	年平均	冬季	夏季	年平均	冬季	夏季
2011—2020	−0.3	−3.2	0.5	−0.7	−2.6	−0.4	0.2	−2.3	0.9
2021—2030	1.1	−0.3	−0.0	0.1	−0.5	0.6	0.5	0.2	0.4
2031—2040	2.5	5.2	2.4	2.6	2.3	2.2	0.2	−1.9	−1.0
2041—2050	3.5	−1.1	4.0	3.1	3.7	3.1	3.4	2.5	2.4
趋势(%/10a)	1.3	1.0	1.4	1.4	1.9	1.2	0.9	1.2	0.3

对于年平均降水变化的地理分布特征,不同 RCPs 情景下、不同时期内降水变化表现出明显的区域性差异:长江上游源头地区(沱沱河、通天河流域)降水多表现为增加,区域内东南部地区多表现为减少。2011—2020 年、2021—2030 年,上游地区降水增加幅度在 4% 以上,同时东南部地区降水减少 1%~3%。2031—2040 年、2041—2050 年,RCP2.6、RCP4.5 情景下上游地区降水增加依然显著,东南部大多数地区降水略有增加,部分地区减少幅度不超过 1%;RCP8.5 情景下,上游地区降水增加幅度与其他情景差别不大,但是东南部地区降水减少幅度仍然保持减少 1%~3%。

6.3.2　区域模式不同排放情景下降水变化

6.3.2.1　SRES 情景下降水变化

与气温相同,表 6.11 中给出 2010—2050 年三峡库区及其上游每 10 年平均降水的变化(相对于 1961—2000 年)。

表 6.11　区域模式模拟 2010—2050 年三峡库区及其上游降水变化(%)

年份	年平均	冬季	夏季
2011—2020	3.9	10.7	1.2
2021—2030	−2.9	−0.4	−4.2
2031—2040	−1.4	1.9	−1.7
2041—2050	1.0	−0.9	−5.7

从表中可看到,三峡库区及其上游未来年平均降水的变化总体表现为先增加后减少再增加,其中在 21 世纪初期有较小的增加,增加值为 3.9%,但随后降水将减少,减少值在 20 年代和 30 年代分别为 −2.9% 和 −1.4%,到 40 年代降水又表现为增加,但增加值相对较小,为 1.0%。夏季降水的变化在 21 世纪初期有较小的增加,增加值为 1.2%,随后的 30 年降水都将减少,减少值在 40 年代最大,为 −5.7%。冬季降水在 10 年代有相对较为明显的增加,增加

值在 10% 以上,之后在 20 年代和 40 年代有微弱的减少,减少值分别为 −0.4% 和 −0.9%,在 30 年代有较小的增加,增加值为 1.9%。

图 6.5d~f 给出区域模式模拟三峡库区及其上游 2021—2030 年年平均和冬、夏季平均降水的变化。从图中可以看到,2021—2030 年年平均降水变化在四川东部、重庆西部减少,减少值大都在 −25%~−5%,四川西北部到青海南部增加,增加值在 5%~25%,其他地区变化不大,数值在 ±5% 之间。2021—2030 年冬季降水的变化整体来看由西北向东南呈"减少—增加—减少",增加和减少幅度一般都在 10% 以上,其中青海南部、四川中部是降水减少的大值区,四川西部降水增加较为明显,增加最大值在 25% 以上,减少值一般在 −10% 以上。2021—2030 年夏季降水的变化在整个区域上以减少为主,且减少值大都在 −10% 以上,其中四川东部是减少的大值区,中心值在 −25% 以上,四川西部、青海南部增加较为明显,增加最大值在 10%~25%。

2041—2050 年年平均降水变化的分布与 2021—2030 年较为类似,但降水为增加的区域有向东扩展的趋势,降水为减少的区域缩小,四川西部、青海南部地区增加值在 5%~25%,四川东部、重庆北部减少值在 −10% 以内。2041—2050 年冬季降水的变化与 2021—2030 年变化总体来说较为类似,但也有所不同,如四川西部降水为增加的区域有所东移,贵州北部降水由减少和变化不大转为增加等。2041—2050 年夏季降水在 102°E 以东的大部分地区降水都将减少,且减少值基本都在 −10% 以上,仅有长江源头少部分地区降水是增加的,增加值大都在 5%~25%。夏季是我国的主要降水季节,夏季降水的减少将直接导致三峡库区及其上游未来降水的减少。

6.3.2.2 RCPs 情景下降水变化

表 6.12 给出区域模式模拟 RCP4.5 和 RCP8.5 新排放情景下三峡库区及其上游未来 50 年降水的变化。

表 6.12 区域模式模拟 2010—2050 年三峡库区及其上游降水变化(%)

年份	RCP4.5			RCP8.5		
	年平均	冬季	夏季	年平均	冬季	夏季
2011—2020	1.3	−2.6	3.2	−0.7	−1.4	3.5
2021—2030	0.5	5.6	−0.8	1.7	0.5	0.9
2031—2040	1.7	11.9	−1.1	−3.3	−0.4	−5.5
2041—2050	2.1	−1.6	1.3	−3.3	2.4	−9.0

从表中可看到,RCP4.5 情景下,三峡库区及其上游未来年平均降水将增加,但增加值不大。夏季降水的变化在 21 世纪初期有较小的增加,增加值为 3.2%,随后的 20 年代和 30 年代降水都将减少,减少值相对较小,分别为 −0.8% 和 −1.1%,到 40 年代降水又将有较小的增加,增加值为 1.3%。冬季降水与夏季降水的变化表现为相反的趋势,在 10 年代将减少,之后在 20 年代和 30 年代将增加,在 30 年代增加较为明显为 11.9%,40 年代降水又将减少。

RCP8.5 情景下,三峡库区及其上游未来年平均降水除 21 世纪 20 年代有较小的增加外,其他时段内都将减少。夏季降水的变化在 21 世纪初期有较小的增加,增加值为 3.5%,20 年代变化不大,随后的 20 年降水则都将减少,减少值相对较大,分别为 −5.5% 和 −9.0%。冬季降水在 21 世纪初期将减少,20 年代和 30 年代变化不大,到 2041—2050 年将增加,增加值为

2.4%。

从区域模式模拟的 2021—2030 年年平均和冬、夏季平均降水变化的空间分布来看，RCP4.5 情景下，年平均降水变化在整个区域上变化不大，数值大都在±5%之间。冬季降水的变化整体来看由西向东呈"减少－增加－减少"的分布，增加值一般都在 10%以上，减少区域相对较少，且减少值相对较小，一般在−25%～−5%。夏季降水的变化在整个区域上以减少和变化不大为主，且减少值大都在−10%以上，其中贵州东北部是减少的大值区，四川南部、云南北部增加较为明显，增加最大值在 10%～25%（图略）。

RCP8.5 情景下，年平均降水变化在整个区域上或为增加，或变化不大，其中增加值一般在 5%～10%。冬季降水的变化整体来看在区域北部为增加的，增加值一般都在 10%以上，区域南部少部分地区为减少的，减少值一般在−25%～−5%。夏季降水的变化在整个区域上以增加和变化不大为主，减少的少部分地区位于贵州东北部，减少值在−25%～−5%（图略）。

6.3.3　降尺度结果

采用筛选的 BCCR 大气环流模式，预估 SERS A1B 排放情景下未来 2046—2065 年的降水变化情景。

表 6.13　ASD 模拟的 2046—2065 年这段时期降水与基准期值的偏差（mm）

站名	基准期值	差值
伍道梁	272.98	−71.06
托托河	276.24	74.84
玉树	486.53	315.15
清水河	509.32	211.97
石渠	569.15	292.41
德格	622.7	247.16
甘孜	645.15	250.98
道孚	604.4	323.04
马尔康	776.24	109.23
小金	608.17	−9.48
都江堰	1200.86	421.9
新龙	609.96	30.74
乐山	1289.66	249.89
木里	839.63	110.25
雷波	836.44	−179.58
宜宾	1106.22	−40.23
中甸	640.5	83.8
西昌	1007.8	62.5
丽江	971.75	184.42
会理	1150.72	−157.39

续表

站名	基准期值	差值
阆中	1024.24	76.88
奉节	1139.54	752.36
巴东	1083.33	609.3
遂宁	932.7	53.48
南充	1004.39	−57.87
梁平	1289.69	491.1
宜昌	1149.32	559.37
重庆沙坪坝	1103.66	123.29
来风	1373.14	−18.04
黔西	990.42	46.89
贵阳	1128.65	−93.96
泸州	1132.89	−52.62
习水	1123.84	−43.57
年平均值	890.75	15.59

由表 6.13 可知,整个长江上游流域在 SRES A1B 情景下,2046—2065 年降水量呈现上升趋势,降水相对于基准期增加了 15.6 mm。相对未来气温的变化,未来降水的变化十分显著。降水量相对基准期的变化范围为−180~752 mm。由于预估时段和基准期的不同,丁相毅等(2011)应用 SDSM 统计降尺度方法的预估结果与此相关,认为 2020—2050 年 A1B、A2 和 B1 情景下,三峡库区年降水量相对 1961—2009 年将分别减少 0.4%、1.4%和 0.5%,三种情景平均减少 0.8%。

与温度不同,降水量在整个上游区域分布不均匀,在三峡库区及嘉陵江流域范围内呈显著增加趋势,其他地区的降水量变化不显著,基本上与基准期相同(图 6.7)。

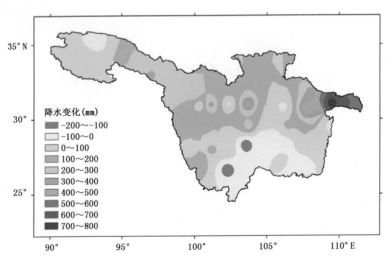

图 6.7　三峡库区及其上游降水量空间变化分布图

为进一步研究降水在研究区空间分布的不均匀性,将长江上游流域分为 6 个区域:金沙江流域、岷江流域、沱江流域、嘉陵江流域、乌江流域、三峡库区进行分析,并分别选择玉树站(ys)、中甸站(zd)、宜宾站(yb)、都江堰站(djy)、重庆沙坪坝站(spb)、宜昌(yc)作为典型站点进行分析。

由图 6.8 可知,整个长江上游流域冬季的降水量相对于基准期变化不大,春、秋季呈现下降趋势,在夏季增幅最大。三峡库区范围内降水量呈现显著增加趋势,如宜昌站、奉节站、巴东站降水量均增加了 40%以上,其中奉节站的增幅最大,为 752.36 mm;嘉陵江流域的降水量也呈现显著增加趋势,其中都江堰站的降水量增幅达到了 33%;金沙江流域、沱江和岷江流域降水变化与基准期相比变化不大;乌江流域降水量呈现显著减少趋势,其中泸州、习水、贵阳等站降水量的减少幅度均达到了 10%以上。

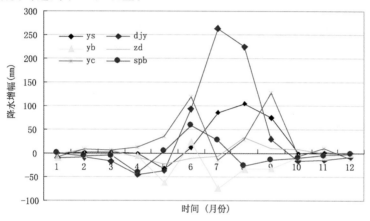

图 6.8　长江上游流域典型站点月平均降水相对于基准期的变化图

根据上面对未来降水变化趋势的分析结果,在不同的温室气体排放情景下,全球气候模式、区域气候模式的模拟结果以及统计降尺度的预估结果与对温度的预估结果相比,一致性较差,存在较大的不确定性。对于区域年平均降水,各情景下未来变化趋势不太相同,相对于1961—2000 年的气候平均值,在 2040 年以前变化趋势不明显,但年际间变化较大,2040 年以后,平均年降水量则表现出增加趋势,但空间分布不均匀。2011—2050 年三峡库区及其上游地区降水变化的线性趋势约为 0.1%～1.4%/10a。

6.4　未来 50 年极端气候事件预估

6.4.1　全球气候模式极端气候事件变化

对于极端气候变化,使用 IPCC AR4 的 CMIP3 数据库中 5 个全球气候模式的集合平均结果做了简要分析,5 个模式分别为 GFDL_CM2_0、GFDL_CM2_1、INMCM3_0、IPSL_CM4 和MIROC3_2_M(计算极端气候事件需要用逐日数据,由于数据量较大,目前只有这 5 个模式的逐日资料,与前文分析的平均温度和降水所用模式不同),分析的指数为热浪指数(HWDI)、5 d 最大降水量(R5D)、大于 10 mm 降水日数(R10)、降水强度(SDII),具体定义见表 6.2。

分析结果表明,不同 SRES 排放情景下,三峡库区及其上游热浪指数表现为持续增加趋势,并且时间变化特征与年平均气温相类似(图 6.9a)。就区域来说,与平均气温不同,HWDI 表现为在长江源头地区增加幅度相对较小,其他地区增加较明显。区域平均的 R5D 多表现为持续增加趋势,2020 年以后区域平均的 R5D 多为正距平(图 6.9b)。2021—2030 年,SRES A1B 情景下绵阳—成都—宜宾—重庆周边地区 R5D 的增加幅度相对较大,在 10 mm 以上。2041—2050 年,SRES A1B 情景下 R5D 在通天河流域以东的大部分地区增加 20 mm 以上;SRES A2 情景下 R5D 也都是增加,但增加幅度一般不超过 12 mm,重庆以东地区略大(15 mm 左右);SRES B1 情景下,重庆以东地区增加较为明显(15~20 mm)。对大于 10 mm 降水日数(R10)的分析表明,未来 40 年年平均 R10 表现出减少的趋势,大多数年份 R10 将减少。就区域来说,除了金沙江以上地区 R10 将增加外,其他大部分地区 R10 多表现为减少。2020 年以后 SDII 表现出增加的趋势,并且三个情景间的差异不明显。2011—2020 年,除局部地区变化不明显外,其他大部分地区 SDII 都将增加,但增加幅度不超过 0.3 mm/d;其他不同时期内,SDII 表现为增加。相对而言,中部及东部部分地区,SDII 增加较明显。

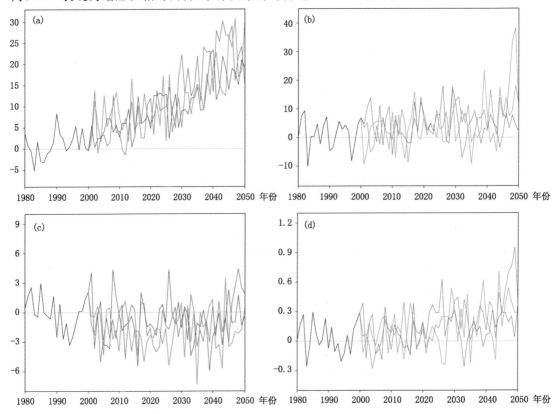

图 6.9 不同 SRES 情景下三峡库区及其上游热浪指数 HWDI(a. 单位:d)、5 d 最大降水量 R5D
(b. 单位:mm)、大于 10 mm 降水日数 R10(c. 单位:d)、降水强度 SDII(d. 单位:mm/d)
变化曲线(黑线:20 世纪模拟值;红线:SRES A1B;绿线:SRES A2;
蓝线:SRES B1;相对于 1961—2000 年)

6.4.2 区域气候模式未来 50 年极端事件预估

极端事件指数定义见表 6.2。图 6.10a,b 给出 A1B 情景下,区域模式模拟三峡库区及其上游未来 T35D 和 HI35D 的变化。由图中可以看到,T35D 和 HI35D 的变化除 103°E 附近以西海拔较高的山区外,温室气体的增加将使得整个区域内的高温日数明显增加。其中 2021—2030 年,T35D 的增加值一般都超过 5 d/a,四川盆地是增加的大值区,增加最大值在 20 d/a以上;HI35D 在四川盆地及其以东部分地区为增加,四川盆地增加值最大,超过 10 d/a,其他大部分地区增加值低于 1 d/a。2041—2050 年,T35D 的增加幅度进一步增大,增加值一般都超过 25 d/a,四川盆地仍然为增加的大值区,增加值在 40 d/a 以上;HI35D 的增加值除四川盆地在 20 d/a 以上外,其他大部分地区都较小,在 1 d/a 以下(图略)。

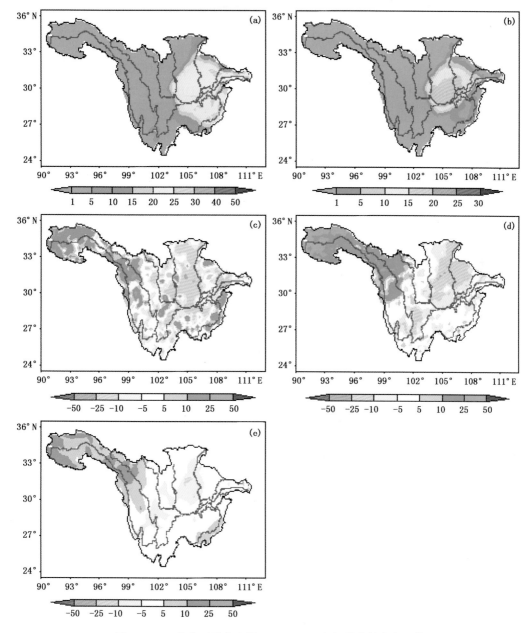

图 6.10　三峡库区及其上游 2021—2030 年极端事件变化预估
(a. T35D 的变化(d/a);b. HI35D 的变化(d/a);c. R5D 的变化(%);d. R10 的变化(%);e. SDII 的变化(%))

由图 6.10c 中可以看到,在 SRES A1B 温室气体排放情景下,未来 R5D 变化在整个区域上自西向东大致呈"增加—减少—增加"的分布,变化范围大都在 ±5%～±25%,长江源头部分地区增加值在 25% 以上。相对于 R5D 在整个区域上增加和减少的相间分布,R10 的变化表现为在四川东部减少,减少值在 −25%～−5%,四川西部和青海南部长江源头大部分地区增加,增加值大都在 10% 以上(图 6.10d)。SDII 的变化(图 6.10e)以增加和变化不大为主,其中四川西部和长江源头地区为增加,增加值在 5%～25%,四川中部部分地区为减少,减少值相对较小,大都在 −10%～−5%,其他大部分地区变化较小,变化范围在 ±5% 之间。

2041—2050 年,R5D 的变化在整个区域上也呈增加和减少的相间分布,但与 2021—2030 年分布有所差异,其表现为自西向东大致呈"增加—减少—增加—减少"的分布。R10 的变化在两个时段内分布较为类似,但四川西部至长江源头 R10 为增加的区域较 2021—2030 年向东扩展,相应四川东部 R10 为减少的区域缩小。2041—2050 年,SDII 为增加的区域较 2021—2030 年要大,而在 2021—2030 年四川盆地及其以西地区 SDII 为减少的区域到 2041—2050 年后转变为增加和变化不大(图略)。

6.5 不确定性分析

气候模式建立在公认的物理原理基础上,能够模拟出当代的气候,并且能够再现过去的气候和气候变化特点,是进行气候变化预估的首选工具,可以得到较可靠的预估结果,但其中也存在着较大的不确定性。

气候模式对过去气候变化的再现能力,是衡量它对未来预估结果可靠性的一个重要标尺。诸多证据表明,无论是大气环流模式,还是海—气耦合模式,尽管它们对全球、半球大陆尺度的气候变化有较强的模拟能力,但是对区域尺度过去气候变化的再现能力,实际上比较有限,这是有必要发展区域气候模式的原因之一。

至于区域气候模式,和全球气候模式类似,在进行气候变化预估时,其不确定性首先来源于温室气体排放情景,包括温室气体排放情景估算方法、政策因素、技术进步和新能源开发等方面的不确定性;其次是气候模式发展水平限制引起的对气候系统描述的误差,以及模式和气候系统的内部变率等。在区域尺度上,气候变化预估的不确定性则更大,一些在全球模式中有时可以忽略的因素,如土地利用和植被改变、气溶胶强迫等,都会对区域和局地尺度气候产生很大影响,而且目前气候模式对这些强迫的模拟之间差别很大。区域气候模式结果的可靠性,很大程度上取决于全球模式提供的侧边界场的可靠性,全球模式对大的环流模拟产生的偏差,会被引入到区域模式的模拟中,在某些情况下甚至会被放大。

此外,目前观测资料的局限性,也在区域模式的检验和发展中增加了不确定性,如当前区域气候模式的水平分辨率正在向 15～20 km 和更高分辨率发展,而现有观测站点的密度和格点化资料的空间分辨率都较难满足这些模拟的需要。

第7章　未来气候变化对三峡工程的影响与适应对策

7.1　2050年前气候变化对三峡工程的可能影响

三峡库区位于大巴山褶皱带、川鄂湘黔褶皱带和川东褶皱带交汇处,跨越川鄂中低山峡谷和川东平行峡谷低山丘陵区。三峡库区处于地球环境变化速率较大的东亚季风区,气候特征具有空间上的复杂性、时间上的易变性等特点,对外界变化的响应和承受力比较敏感和脆弱。在全球气候变暖背景下,2050年前,三峡工程所在地区的区域气候将发生变化,导致气候水文条件发生变化,特别是降水和气温的变化,将引起水资源量的变化,极端气候事件的频率和强度将增加,这些改变会加剧三峡工程的运行调度及水库管理的压力,同时也对周边地区的水文系统、生态环境和社会经济等带来正面或负面的影响。

7.1.1　对气候水文的影响

7.1.1.1　三峡库区未来气候变化

2050年前,在SRES-A2情景下,三峡库区年平均气温将呈持续上升趋势,2001—2050年期间的总体增暖趋势为0.30℃/10a;SRES-A1B情景下,三峡库区年平均气温持续升高,增暖幅度在三种排放情景中最大,2001—2050年期间的总体增暖趋势达0.39℃/10a;SRES-B1情景下,三峡库区年平均气温增加幅度最小,2001—2050年期间的总体增暖趋势为0.24℃/10a。三峡库区未来各月气温均呈上升趋势,其中,夏季6—8月份的气温增加趋势最为显著。

三峡库区未来降水在不同排放情景下的变化存在一定差异。SRES-A2情景和SRES-A1B情景下,三峡库区年降水量整体呈小幅减少趋势,2001—2050年的减少趋势分别为0.72 mm/10a和1.11 mm/10a,而在SRES-B1情景下,三峡库区年降水量整体呈增加趋势,2001—2050年的增加趋势为3.32 mm/10a。三峡库区逐月降水在7—11月总体呈减少趋势,尤其是秋季月份的降水减少较为明显,而冬季和春季月份的降水有增加趋势(蔡庆华等,2010)。

7.1.1.2　三峡工程以上流域未来水资源变化

对三峡工程所在的长江流域而言,根据全球气候模式ECHAM5/MPI-OM预估表明,21世纪前50年,3种排放情景(SRES-A2、SRES-A1B、SRES-B1)下长江流域多年平均径流深相差不大,但不同排放情景下年径流深年际变化特征较为明显,其变化趋势有所不同。到2050年,SRES-A2情景下全流域年径流深呈波动且缓慢减小的趋势,但变化趋势不显著,线性倾向率为-0.3 mm/10a;SRES-A1B情景下年径流深变化趋势不明显;SRES-B1情景下年径流深的增加趋势相对最为显著,通过0.01的显著性水平检验,线性倾向率为2.14 mm/10a。

2001—2050 年,尽管 3 种排放情景下多年平均水资源量的空间分布非常一致,但各情景下预估的水资源量变化趋势却表现出不同的特征。SRES-A2 情景下,三峡以上流域的长江源头地区,年地表水资源量呈现出增加趋势,局部地区增加趋势显著(图 7.1a);而三峡以上流域东部的大部分地区年径流深呈不同程度的减小趋势,横断山脉南缘及云贵高原西部地区,径流深呈非常显著的减小趋势(通过 0.01 的显著性水平检验)。SRES-A1B 情景下,长江源头地表水资源量呈减小趋势;而金沙江中下游及嘉陵江一带年径流深增加趋势比较明显(图 7.1b),且通过 0.10 显著性水平检验。SRES-B1 情景下,三峡以上流域接近 90% 的地区地表水资源量呈现增加趋势(图 7.1c),与另两种排放情景相比,SRES-B1 情景下三峡以上流域年径流深的线性增加趋势最为显著(刘波,2008;Kundzewicz 2009)。

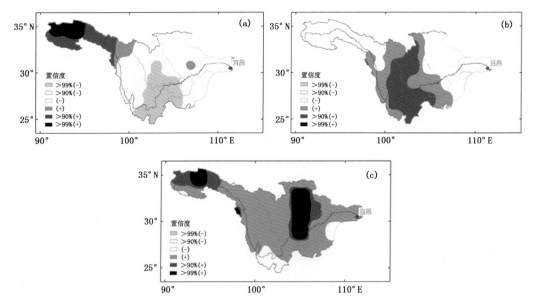

图 7.1 ECHAM5 模式预估 2001—2050 年三峡以上流域 SRES (a)A2,(b)A1B,
(c)B1 情景下年径流深变化 M-K 趋势

总体而言,2050 年前,长江三峡以上流域的地表水资源量年际及年代际波动均较为显著。高排放情景下,水资源量有微弱的减小趋势,而低排放情景下,三峡以上流域水资源量有增加的特征。不同排放情景下预估的水资源空间分布特征各有不同,空间分布差异进一步加大。

未来气候变化条件下,三峡工程区域虽然降水量变化不大,但径流量的减少幅度和蒸发量的增加幅度要大于降水量的减少幅度,给三峡库区的水资源综合管理提出了更高的要求(丁相毅等,2011)。

7.1.1.3 长江流域未来极端气候事件变化及影响

气候变化的两个显著表现就是气候变暖和极端事件增多。近年来,在全球气候变暖背景下,极端天气气候事件出现了趋强增多之势。就长江流域而言,根据平均降水预估,未来降水呈上游增加、中下游减少的趋势,强降水事件的发生频率在上游和中游南部等地区会有较大增加。

2001—2050 年,A2 情景下,强降水频率在长江南部和西南部明显增加,降低到不足 25 年一遇事件;A1B 情景和 B1 情景下,过去 50 年一遇的降水事件在长江中下游与上游金沙江流域发生频率增加,而在流域西北和中部地区发生可能性降低(图 7.2)。综合分析表明,未来长江流域遭遇极端强降水事件的面积将会扩大。未来气候变化将使长江上游地区年来水量增加,汛期发生洪涝以及枯水期发生干旱的频率可能加大(Su 等,2006;Jiang 等,2007)。

长江三峡工程以上流域极端降水事件特征也在不同排放情景下发生相应的变化,但日最大降水量均显示出增加的趋势。水资源量的波动及其幅度变化,将容易导致来水量过丰或过枯,以及三峡水库入库流量变动范围增大。极端降水量的增加将使三峡水库入库水量增加,尤其当入库水量超过原库容设计标准及相应正常蓄水位时,将引起水库运行风险。

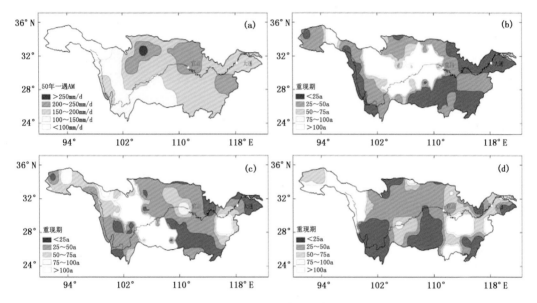

图 7.2　对应于 1950—2001 年 50 年一遇降水极值在 2000—2050 年的重现期
(a.1951—2000 年 50 年一遇降水事件;b,c,d.B1,A1B 与 A2 情景的重现期)(刘波等,2008)

因此,对三峡工程及其周边地区,未来极端天气气候事件发生频率及强度可能增大,将引发超标洪水的产生,对三峡工程造成防洪压力;而极端降水强度和频次的增加,可能会增加库区突发泥石流、滑坡等地质灾害的发生概率,对水库管理、大坝安全以及防洪和抗洪等产生不利影响;同时,秋季降水减少可能导致枯水期的干旱事件增加,将影响三峡水库的蓄水、发电、航运以及水环境,给三峡水库的调度运行和蓄水发电等效益的综合发挥带来严峻考验。

7.1.2　对生态环境的影响

三峡水库蓄水后受水域扩大的影响,近库地区的气温发生了一定变化,表现出冬季增温效应,夏季有弱降温效应,但总体以增温为主。同时,极端降水事件一直在增加,加剧了洪涝和干旱频发,增加了夏季洪涝和秋季干旱的风险性(Jiang 等,2007)。这些趋势将对三峡地区的生态环境和生物多样性带来相应的影响,具体表现在以下方面:

7.1.2.1　对陆地和淡水生态环境的影响

气候变化将影响水资源的供应和需求,影响淡水生态系统和全球生态服务系统(e.g. Milly 等,2005;Bates 等,2008;Palmer 等,2008)。对于森林系统,温度升高影响物种的空间迁移、生态系统的生物总量和年生物产量,进而造成林木的种类、复杂性降低,脆弱性增加。对于草地系统,气温不断升高使草原旱情更趋频繁,程度加重,牧草营养成分降低,病虫害和水土流失加重,加剧草场的退化。研究表明,干旱发生时,三峡水库的蒸发量增加、流量减少延长了水体和营养的滞留时间,使得库区藻类生物量的增多(Xu 等,2009),或者导致流域硅输入的减少,引起库区硅浓度下降,有可能引发大规模的藻类水华的暴发(Schindler 等,1996)。此外,气候变化引起的温度上升也可能促使藻类水华更加严重。

7.1.2.2　对生物多样性的影响

气候变化必然使遗传物质发生改变,并进而引起遗传多样性变化。温度变化直接影响水生生物个体生理活动和性别发育,降水直接影响水生生物繁殖过程和生理活动。此外,气候变化还对珍稀动植物本身及其生存环境造成威胁。气候变化间接影响水生生物的食物来源和生存环境,从而影响生物物种的多样性。气候变化直接影响生态系统内生物的分布和各营养级间的能量流动,通过改变水文节律,间接影响水生生物的物种组成及其生物资源总量。

7.1.2.3　加剧自然生态系统的脆弱性

与当前气候条件下相比,未来三峡库区气温持续升高,三峡库区较高度脆弱和极度脆弱的生态系统所占的比例以及不脆弱的生态系统比例均有所减少。自然生态系统的脆弱性有所增加,但其分布格局与当前气候条件下相似。同时,在区域气候变化背景下,三峡库区极端降水事件发生频率增加,特别是洪涝和干旱频次的增加,与三峡库区水体富营养化加重和蓝藻水华暴发频次上升等环境问题也存在一定的相关性。

7.1.3　对社会经济的影响

2050 年前,三峡库区气候变化对周边地区及至更大区域的社会经济发展既可能带来积极影响,也可能造成不利影响。其中,积极影响主要体现在水资源增加和改善经济布局方面。若三峡库区以及整个长江上游地区的水资源在未来几十年内比较丰沛,则三峡工程的防洪、发电、航运等综合效益将持续发挥,并有效地扩大内需,拉动经济增长,改善投资环境,促进中西部地区经济发展,合理调整经济布局。三峡工程的优化调度将促进长江流域特别是重庆至九江地区的社会经济发展,加快经济布局由东部地区向中西部地区的战略转移,缩小长江中上游地区与下游地区的发展差距。不利影响要考虑未来几十年区域气候变化尤其是极端气候事件频发,可能会对三峡工程的防洪、发电、航运等功能造成影响。例如三峡工程运行的不稳定性增加,会对三峡工程供电地区如华南地区带来供电不稳、成本升高等问题,将直接影响三峡地区以及中西部地区的经济社会发展,进而影响供电地区如华南地区的经济发展。

同时,未来气候变化还将对三峡地区的农业、旅游业、水利、航运、城市防洪、公共卫生和健康等行业造成不同程度的影响。

7.1.3.1　农业

农业是气候变化的主要敏感部门之一,气候变化对中国农业的影响利弊并存,但以负面影响为主(邓可洪,2006)。2050 年前,气候变化将引起降水和温度的变化,对第一产业影响较大。三峡移民中大多数是农民,主要收入和就业需要依靠第一产业,气候变化对农业安全和粮食保障的影响不可忽视。三峡地区农业二元结构突出,粮食、生猪两大传统产业仍然是农民家庭经营收入的主要来源,此外还各地还因地制宜积极发展柑橘、榨菜、中药材等经济作物及农产品加工产业。气候变化(降水和温度变化、极端气候灾害)将影响库区主要农作物的产量和质量,尤其是对降水和温度敏感性强的经济作物的产量,从而影响农民增产增收,不利于农产品市场稳定,可能波及农副产品加工销售企业的经济效益和相关就业。

7.1.3.2　旅游业

旅游业是三峡库区的支柱产业之一,三峡工程带动了宜昌等地区旅游业的较快发展。根据预测,2015年国外旅游预计可达40万人次,国内旅游人数可达400万人次(邱忠恩,2003)。未来极端天气气候事件发生频率及强度可能增大,导致库区突发泥石流、滑坡等地质灾害的发生概率增大,对高度依赖交通运输和天气气候条件的商业贸易活动、旅游产业影响较大,尤其是对一些依赖旅游业的区县而言,这一影响尤为重要。以万州为例,商贸餐饮、交通运输等传统服务业约占第三产业的60%,气候变化导致的旅游基础设施、人身安全等问题都会影响地区旅游业的顺利发展。尽管目前旅游业在库区总体经济结构中所占比重不大,但是随着未来社会经济发展,休闲经济和假日经济将继续推动库区及国内外旅游人数和旅游收入的持续增长,对此需要考虑气候变化对旅游业带来的相关风险。

7.1.3.3　水利、航运、发电

三峡工程是长江治理开发的关键性工程,是长江综合防洪体系的骨干工程,在长江中下游防洪体系中占有重要地位。三峡工程在对中下游防洪的同时,还可有效地进行抗旱、供水、灌溉。首先,1—6月枯水季节如遇干旱,通过水库优化调度,动用调节库容,开闸放水,下泄流量比天然情况明显增加,以保证中下游航运、抗旱及供水要求。长江流域中下游若遭遇夏季伏旱和秋旱,三峡工程也可通过控制水库下泄流量保证下游河道内的流量维持一定的水平,以尽量保障长江中下游的用水需求。其次,随着西部大开发战略的深入实施、东中西部经济交流和发展,长江航运必将进一步发展,对三峡工程的航运功能也提出了新的更高要求。在长江上游流域降水及相应的水文情势发生变化背景下,三峡工程的通航稳定性将受到一定影响。改善长江三峡水库回水区的"黄金水道",万吨级船队可以直达重庆,运输成本可降低35%~37%,有效改善枯季的通航条件。三峡库区航道等级得到提升、库区船舶能耗降低,三峡船闸客、货运输量提高,可以促进沿江产业发展,促进流域经济可持续发展,缩小东、西部地区贫富差距,提高长江流域航运综合效益。第三,三峡电站发电量巨大,提供大量的清洁能源,为我国经济社会发展做出了巨大贡献,已有力地保证我国奥运、世博、大运会等重大活动的成功举办,缓解电力输入地区夏季、冬季用电紧张局面,促进工农业生产和可持续发展,有利于绿色能源开发和低碳经济发展,创造巨大的经济、社会与环境综合效益(王儒述,2011)。未来几十年内,若三峡库区及周边地区大洪水发生概率增加,可能对汛期三峡水库防洪、航运等功能的发挥带来较大挑战;若枯水期来水偏小,对航运、发电及下游供水会造成不利影响。

总之,2050年前,气候变化对三峡库区社会经济的影响主要集中在第一产业和第三产业的发展上。同时,三峡库区及周边地区极端天气气候事件发生频率及强度可能增大,对水库管理、大坝安全以及防洪和抗洪等产生不利影响;秋季降水减少,三峡工程蓄水会受到影响,若长江中下游干旱事件增加,三峡大坝下游的长江航运、水环境等对三峡水库的调度将提出更高的要求。此外,从三峡库区移民角度来看,由于移民关系着经济发展与社会稳定,移民主要以传统农业种植和从事第三产业为生,气候变化对相关产业导致的气候风险及其对投资效应、就业效应的影响,都需要予以关注。

7.1.4 对防灾减灾的影响

三峡工程防洪抗旱的减灾效益十分显著。长江流域历史上就是水旱灾害十分频繁的地区,三峡工程蓄水运用以来综合效益十分显著。特别是 2010 年汛期,长江上游发生超过 1998 年的大洪水,通过科学调度,三峡水库先后进行了 7 次防洪运用,将最大入库洪峰流量 7 万 m^3/s 的洪水削减了 3 万 m^3/s,累计拦蓄洪水 264.3 亿 m^3,保证了长江中下游的防洪安全。由于有三峡工程拦截洪水,2010 年洪水期间长江下游沙市、洞庭湖口城陵矶以及江西九江的洪峰水位均未出现超警戒水位的情况。三峡工程在 2010 年长江大洪水中发挥了巨大的防洪减灾效益。

三峡工程的设计主体目标为防洪、发电和航运,但由于三峡水库具有较大的库容调蓄空间,三峡工程的抗旱作用也非常突出。2011 年长江中下游发生特大干旱,三峡工程通过科学调度,及时为下游补充水量 200 多亿 m^3,缓解了湖北、湖南、江西等地的旱情,并在保障长江航运安全方面发挥了积极的作用。

2050 年前,三峡以上流域水资源量在不同排放情景下的空间分布差异进一步加大;1—2 月和 5—8 月的月降水量变异系数较基准气候有所增加,汛期洪涝、干旱等极端事件发生的频率将增加。极端降水事件出现的概率加大,将使长江上游地区年来水量增加,汛期发生洪涝频率可能增加,若引起超设计标准洪水的发生,将对三峡工程的防洪减灾功能带来挑战;秋季降水趋势呈减小趋势,若枯水期发生干旱,水库下游地区的供水、航运及水环境等会对水库下泄流量过程提出更高的要求,对三峡水库抗旱减灾功能的发挥会有一定影响。

7.2 三峡工程适应气候变化的对策措施

三峡工程是关系到国家社会经济发展的重大工程,气候变化对三峡工程以及三峡库区的影响涉及防洪减灾、能源安全、水资源管理、生态环境保护、区域经济发展、就业及社会公平等方方面面。气候异常可能影响三峡工程的正常运行,将对国家经济发展造成不可忽视的巨大影响,需要高度重视,通过多方面举措积极应对气候变化可能带来的不良影响。

三峡工程及库区适应气候变化是一项复杂的系统工程。面对未来各种不确定的气候变化风险,仅仅从三峡工程自身来考虑是远远不够的,还需要从个人意识到全社会应对体系、从区域经济发展到国家宏观战略、从部门行业到整个社会经济体系的适应规划、从工程技术措施到政策管理和制度设计等进行全面考虑。

7.2.1 国际重大工程适应气候变化启示

针对气候变化对流域水资源及水利工程运行管理可能产生的影响及其后果,借鉴国内外新的管理方法与理念,采用先进的工具与技术方法确定水库等重大水利工程的生态适应性管理方案,可为提出三峡工程的气候适应策略提供参考。总结国际上一些重大水利工程适应气候变化的先进案例及其经验,主要包括三方面的启示:引入应对气候变化的流域水资源适应性管理;研究气候变化对水利工程调度和管理的影响方式及影响程度,加强水利工程适应性调度与管理;研究梯级水库群优化调度,加强应对气候变化的流域水库群适应性管理。

7.2.1.1　重视气候变化对流域水资源的影响,提出应对气候变化的流域水资源适应性管理

气候变化及其导致的水旱灾害风险增加,对于水利工程及水资源管理带来了新的挑战(包括供水、防洪、卫生、农业、发电和水生生态系统等方面),这使得学界、决策管理者开始重新审视现有的流域管理政策及相关基础设施中存在的问题(Pahl-Wostl,2007;Palmer 等,2008),并且日益认识到技术和制度因素对于水资源管理的重要性(Cohen 等,2008)。气候变化引起的水文条件变化的不确定性,使得辨识水文情势未来变化趋势及预先制定流域水库群调度方案越来越困难,而适应性管理为解决这个难题提供了一种有效、可行的方法。

适应性管理是一种新的环境和自然资源管理理念。适应性管理具有几个基本特征:①利益相关方的参与;②明确的、可测量、可评估的共识性目标;③基于不确定性设计未来政策情景;④提供多种政策备选项以提高管理的灵活性;⑤监测和评估过程;⑥强调"在实践中学习"(Williams,2011)。

基于国际经验和案例研究,国内学者认为适应性管理理念、方法及模式可以解决流域水资源的不确定性问题,有助于开展水资源和环境流量管理(孙东亚等,2007;覃永良,2008),并建议将适应性水资源管理新理念引入黄河三角洲、三峡水库生态调度等国内水利水电工程,以最大限度发挥工程效益(李福林等,2007;袁超,2010)。

从流域水资源管理的角度来看,适应气候变化的措施主要包括:工程性适应方式、技术性适应方式、制度性适应方式和生态系统适应方式。

(1)工程性适应方式。是指采用工程建设措施,增加社会经济系统在物质资本方面的适应能力,包括修建水利设施,环境基础设施,跨流域调水工程,疫病监测网点,气象监测台站等。

(2)技术性适应方式。是指通过科学研究、技术创新等手段,增强适应能力,例如开展气候风险评估研究,研发农作物新品种,开发生态系统适应技术,疾控防控技术,风险监测预警信息技术等。

(3)制度性适应方式。是指通过政策、立法、行政、财政税收、监督管理等制度化建设,促进相关领域增强适应气候变化的能力,例如,借助在碳税、流域生态补偿、气候保险、社会保障、教育培训、科普宣传等领域的政策激励措施,为增强适应能力提供制度保障。

(4)生态系统适应方式。是指借助生态系统提供的生态服务功能,实现生态恢复和适应气候变化的双重效果,包括:利用植树造林改善库区生态环境、减少地质灾害发生频率,利用能源林增加碳汇和提高农业收入等。

工程性适应措施可能会加剧已经高度敏感的生态系统的压力。技术性适应方式、制度性适应方式和生态系统适应方式可能更有利于高效地减缓和适应气候变化的影响。适应性管理需要将这些具体的适应手段进行整合,并因地制宜地灵活运用。

适应性水资源管理案例

国际社会在流域水资源适应性管理领域已有不少科学可行的案例实践。其中一些经验对于三峡工程开展适应性管理具有很好的借鉴价值。如美国加利福尼亚州能源署(California Energy Commission)和水资源部(California Department of Water Resources)采用"无悔"(no-regrets)政策实施水资源管理(Michael 等,2003;Edward,2008)。其适应性策略包括:重新评估有关水资源管理的法律、技术和经济程序;鼓励灵活配置水资源的机制(如建立水权交易市场);设立专项资金用于建立水库调度和抗旱应急预案的信息;平台增加气候变化等跨学科研究投入,加强信息沟通和决策支持。为应对气候变化导致的干旱、洪水等极端事件造成河流水资源利用争端,美国和墨西哥两国通过签订科罗拉多跨界河流水库调度协调准则等协议以处理潜在的水资源问题(Heather 等,2009)。

7.2.1.2 研究气候变化对水利工程调度和管理的影响方式及影响程度,加强水利工程适应性调度与管理

适应气候变化的水库调度主要是基于气候变化对水资源时空分布格局的影响,分析气候变化对水库管理的影响方式及影响程度,评价水库运行、决策的风险,同时也包括水库调度的适应性方法和技术。主要包括:

(1)了解气候变化对水库运行管理的影响。现行的水库设计规范和调度模型很少甚至没有考虑未来气候和环境变化的影响,需要审慎地重新评估水库的管理与调度情况,以确定它们是否正在以最好的方式运作。研究表明,气候变化加剧了水库"泄-蓄"矛盾和"安全-经济"矛盾。一方面气候变化会改变季节性降水模式,如春汛提前(特别是融雪补给河流),改变全年径流和洪峰过程,直接影响发电型水库的出力和发电量,降低水库利用率,增加水库运行风险;另一方面,温度变化会导致用水、用电需求变化,进一步加大供需的矛盾;此外,气候变化和极端旱涝会增加水库综合功能发挥的难度(张建敏等,2000;Yao 等,2001;Anthony 等,2004;Christensen 等,2004;David 等,2008;Eusebio 等,2009;Deepashree 等,2010)。

(2)加强水库调度的适应性策略研究。水库管理和运行牵涉众多领域和范围,水库调度准则日益呈现出多样化和多元化,需要同时兼顾防洪、发电、供水、环境与生态等多种目标和原则。气候变化改变了水库调度的决策条件,调度者需要考虑气候变化情况下水库的安全性、可靠性和经济性,并根据调度任务、水情变化等复杂情况并进行权衡(Carla 等,2009)。水库适应性调度需要有效结合气候模型、水文模型、决策支持系统的各种信息。

(3)重视并解决水库大坝工程引发的生态环境问题。水库大坝工程尤其是大型综合性枢纽工程的开发、堰坝的修建破坏了河流纵向的连通性,流域生态系统受到扰动和破坏。在明确水库大坝工程引发的生态环境问题基础上,国际上进行研究并提出相应的解决方案,一方面提出了河流生态修复理念及其技术(高晓琴等,2008;Seifert 1983;Schlueter 1971;董哲仁,2004),另一方面提出生态适应性管理理念解决生态环境问题(U. S Bureau of Reclamation 1995;Committee on Grand Canyon Monitoring and Research 1999;Anderson 等,2003)。

气候变化对水库运行的影响评估案例

美国:美国内政部垦务局(2008)评价了爱达荷州西南部博伊流域水库管理受气候变化的影响,认为气候变化使 1—3 月春汛时间提前、流量增加,增大了水库在 4 月前的运行难度,现行水库防洪规则难以应对最大可能为 2 周的提前量;尽管水库蓄水能力受气候变化影响不明显,但前提是洪水调度中"泄-蓄"适宜。Hayhoe 等(2004)预测内华达山脉在未来气候变化条件下,气温将大幅增加,春季积雪将下降 25%～40%。当气候变化使降水更多地以雨而不是雪的形式出现时,更多的水将通过水库无效下泄,不能存储在水库以供夏季和秋季需要的时候使用,以防止在冬季和初春发生洪水。美国加利福尼亚大学的 S. K. Tanaka(2004,2006)等人用经济工程优化模型测算了加利福尼亚境内主要的水库群,结果表明,尽管加州的水库容量可以适应气候变化带来的显著水量变化,但水库管理者面临着更突出的发电收益经济风险。Sebastian Vicuña 等(2009)进一步评估了气候变化对加利福尼亚北部上游美国河流工程(Upper American River Project System,UARPS)和南部 Big Creek 这两处高海拔地区水电站的影响,结果显示,气候变化下的水文情势显示出平均径流量减少和水位曲线前移(汛期提前)的趋势。径流减少会使发电量减少，UARPS 因为海拔相对较低而汛期提前趋势更明显，下泄量更多，发电及收益减少更多。

希腊：Mimikou 等（1997）以希腊北部某水库为例，评估气候变化对水库蓄水和水电生产的影响。结果显示：若保持发电量不变，采用 UKHI（UK Meteorological Office High Resolution Model）模型预测气候变化时，水库库容需增加 12%～38%；若以 UKTR（UK High Resolution Transient Output）预测气候变化，则这一增加量为 25%～50%。Kang 等（2007）对龙潭大坝防洪安全敏感性的分析结果表明，区域气候变化使平均径流将增加 38.7%，变异性增加14.3%，单一洪水事件的规模将变大，对未来 20 年的水资源管理会带来显著负面影响。

土耳其：藤原等（2008）分析土耳其某流域及其水电站受气候变化的影响，以 MRI-GCMs和 CCSR-GCMs 模型预测，得知未来 10 年气温将分别升高 2.0℃和 2.7℃，降水分别减少 159mm 和 161 mm；由于径流减小，月峰值提前，当采用维持目标控制水位而不考虑用水需求的水库调度原则时，下泄水比例上升。

水库适应性调度研究案例

加拿大：鉴于大气环流模型（General Circulation Models）的空间尺度和分辨率较高，难以有效应用于具体流域，加拿大（Hyung-Il Eum，2009）开发了由天气发生器模型、水文模型和差分进化优化模型组成的水库群管理系统，用于泰晤士河上游 3 个水库的调度。其天气发生器模型采用含 3 个变量（降雨量、最高气温和最低气温）的 WG3 模型和联合主成分分析（PCA）的 WG-PCA3 模型，水文模型采用 HEC-HMS，用 DE 算法寻优最小洪水损失。初步结果表明，该系统为利用现有流域蓄水能力、应对气候变化提供了适宜的水库调度策略。

美国：Brekke 等（2009）用涵盖水库调度的气候变化风险评价体系，分析了加州有供水限制条件的水库防洪，指出风险评价结果除明显受气候变化这一假设的影响外，也和是否调整防洪原则有关。研究认为，水库（调度）决策者应尝试适应气候变化，适时调整调度准则。Payne等（2004）指出，在水库防洪和蓄水间保持一个适当的平衡对哥伦比亚流域水资源管理是至关重要的；当因气候变化造成水情变动，洪峰提前时，需要调整泄水和蓄水的调度日程以适应早到的春汛。Tanaka 等（2004，2006）指出，由于气候变化及由于气候变化带来的用水变化，水库管理需要重新权衡供水与发电间的得失。哥伦比亚流域（2004）在考虑生态需求的基础上，提出生态调度中叠加气候变化影响，以应对气候变暖背景下水温升高对下游渔业造成的影响。

水利工程适应性管理案例：加纳沃尔特水库（Lake Volta）

加纳沃尔特水库位于西非半干旱半湿润的稀树草原区，于 1961—1963 年在沃尔特（Volta）河上由阿科松博坝（Akosombo Dam）拦截形成，是一座多目标开发沃尔特河水资源的工程，具有发电、防洪、灌溉、航运、渔业等多种效益。水库水面面积约为 8482 km²，最大坝高 141m，水库总库容 1480 亿 m³，电站总装机容量 88.2 万 kW，年发电量 56.25 亿 kW·h，是世界上水面面积最大的水库。在评估气候变化对水文、环境（人体健康和生物物理）、粮食以及工业（能源）影响的基础上，当地提出了沃尔特水库的流域和田间两个层面的气候变化适应战略，并对不同战略方案中气候变化对水文、农业、环境和能源不同领域的影响进行了评估。

流域层面适应方案包括常态（不采取适应措施）方案、灌溉适应方案和能源适应方案三种方案。其中，常态方案（不采适应措施）是指按照现有的水资源利用水平，评估气候变化的影响；灌溉适应方案主要考虑目前沃尔水库所在流域的农业以雨养农业为主，灌溉面积很少，但是随着人口增加和对粮食需求的加剧，灌溉面积有增加的趋势，灌溉方案采用的是将灌溉面积增加到流域总面积的 1％；能源适应方案主要是考虑目前 Akosombo 大坝的使用处于不可持续的状态，能源方案采用了可持续的运行方式，即根据流量的变化改变发电量。

田间层面适应方案的设置主要考虑该流域主要农作物水稻和玉米的不同灌溉方式、种植密度等因素。

针对沃尔特水库的不同适应方案，对环境、粮食和能源的评估结果表明，如果可以接受湿地面积的减少，灌溉适应方案是相对可选的适应方案。值得注意的是，即使预估的径流量将增加，考虑到在一定的时段可能出现低水位，未来的能源也不能完全依靠水能。

7.2.1.3 研究流域梯级水库群优化调度研究，加强气候变化的流域水库群适应性管理

对河流的分段开发形成了同一条河流上、下游有水力联系的水电站群和梯级水库群。气候变化使水库群调度在复杂性为常态的基础上，又有了突出的不确定性。不确定性使系统运行的安全性、可靠性和经济性降低，其脆弱性凸显，决策风险显著加大，已成为流域梯级水库群调度必须面对和解决的问题。各国研发了大量数学模型和优化方法以实现流域水库群的优化调度。作为流域水资源管理的重要组成部分，流域水库群的适应性管理有可能为气候变化背景下的流域水库群优化调度提供新的、适宜的途径和方法（廖文根等，2004；杨桂山等，2004；金帅等，2010）。水库群管理的适应性依赖于政策、认识、技术等方面的适应能力，需要在政府协调与引导下，水资源各利益相关部门与个体积极参与。

7.2.2 三峡库区主要气候变化风险及其适应对策

观测资料显示，近半个世纪以来三峡库区年平均气温为升温趋势，近 20 年来又呈加快趋势，尤以冬季升温最为显著。年降水量整体上表现为弱的减少趋势，年降水日数、暴雨日数也均为减少趋势，但暴雨强度则显示增强态势（蔡庆华等，2010；郭渠等，2011）。随着三峡库区气温的显著升高，相对湿度明显减小，导致雾日天数有所减少（虞俊等，2010）。

研究表明，相对于 1961—2000 年的气候平均值，三峡库区及长江上游年平均温度在 2011—2020 年、2021—2030 年、2031—2040 年和 2041—2050 年增温幅度分别在 0.7～1.3℃、1.0～1.7℃、1.3～2.3℃ 和 1.5～2.7℃。冬季变暖趋势更为明显，增温幅度和变暖趋势大于年平均气温的变化。对于区域年平均降水，在 2011—2020 年、2021—2030 年、2031—2040 年和 2041—2050 年的变化幅度分别为 −1.0％～3.9％、−2.9％～1.1％、−1.4％～0.4％ 和 1.0％～4.0％。对于未来几十年部分极端气候事件的预估结果表明，不同温室气体排放情景下，区域平均未来热浪指数将增强，连续 5 d 最大降水量将增强，大于 10 mm 降水日数将减少、降水强度将增加。

三峡库区年平均气温在 2050 年前呈持续增暖趋势，夏季增暖将增加三峡库区空调制冷的电力消耗。另外，在全球气候变暖的背景下，以及水体增温效应的叠加，冬暖得到加强，冬季还将缩短，入秋推后、入春提前，秋、冬、春三季旅游条件得到极大改善（蔡庆华等，2010）。

未来极端气候事件增加，将使高温、旱涝等气象灾害的发生更加频繁，农业生产将面临更多气象灾害的影响，增大农业生产的不稳定性，加剧农业产量波动。气候持续变暖将使农作物复种指数提高，作物种植上限也将上移，使高海拔地区耕地面积增加，林、灌、草面积缩小，其涵养水土、调节生态的作用将减弱。未来三峡库区雾霾日数增加，将对长江三峡及库区航运、三峡机场飞机起飞降落、库区内高速公路运行等造成不利影响。

总的来说，未来 50 年，三峡库区的主要气候变化风险包括：气温持续升高、降水先减后增、

极端事件加强增多等,这些气候变化风险将对库区水资源、生态、航运、人口和产业布局、防灾减灾、公共卫生等方面产生一定的影响,需要采取科学的适应性对策。

(1)积极开展区域气象致灾阈值研究,为及时有效地发布预警预报提供可靠依据,减小极端天气气候事件诱发地质灾害的发生概率。库区处于青藏高原—四川盆地的过渡地带,地形切割强烈、山体破碎,森林稀疏,生态环境十分脆弱。三峡库区属于我国暴雨中心之一,暴雨强度又呈加强态势,为滑坡、岩崩和泥石流等地质灾害的发生提供了动力条件。

(2)加强气象台站网络覆盖水平,改善航运交通基础设施的防灾应急能力建设,从信息服务、隐患消除等角度确保航运安全。长江是我国航运量最大的河流,能见度是影响三峡河道航运的最重要因素之一。总体来讲,过去半个世纪库区雾日天数呈现弱减少趋势,但由于雾的生成具有明显的局地性,库区不同地点雾日天数的变化趋势也不尽相同。在一些主航道,如涪陵、巴东等地区呈明显增加趋势,给水路运行带来不利影响。

(3)加强库区水污染防治工作,保证库区水质达到和保持水环境功能区要求和国家地表水环境质量Ⅱ类和Ⅲ类标准的良好状况,促进生态环境得到改善,以防范未来气温上升可能导致的三峡水库水质恶化。三峡水库兴建运行后,由于流速减缓,库区水体扩散能力减弱,加大了岸边污染物的浓度和范围,影响了水库水质。库区大范围的水土流失,又将土壤中的氮、磷、钾以及残存的农药中的有机磷、有机氮等带入水体,造成农业面源污染,进一步恶化了水库水质。

(4)采取积极的行业适应措施,减少气象要素变化和极端气候事件给库区经济发展带来的影响。三峡库区需要积极适应气象要素变化的影响,调整农业结构和布局,培育和推广抗逆能力强的新品种,加强农业基础建设,发展节水农业,避开或减轻气候变化带来的不利影响。气候变化会对电力、交通、旅游、种植业等各行业带来影响,需要合理调度,加强需求侧管理,提高用电效率、提倡节约能源;进一步完善堤防、河道整治、水库、蓄滞洪区、水土保持等工程措施和非工程措施相结合的综合防洪体系;加强沿长江干流主航道的旅游交通基础设施建设;建立区域一体化的旅游交通体系。针对气候变暖和水库相关变化可能带来虫媒与自然疫源性疾病将有不同程度上升的问题,应建立和完善卫生防疫和健康保障体系,尤其对库区移民等脆弱群体应给予更多关注。

(5)改善三峡库区及周边生态环境,增强库区生态系统适应能力。为使三峡工程及库区周边的生态环境实现可持续发展,生态环境的适应性对策应包括:

①加快库周防护林带建设步伐,强化消落区保护和管理。首先,加快库周防护林带建设步伐,在三峡水库周边划出一定范围建设国家林场,形成防护林带,并作为禁止开发区予以保护,以缓冲周边污染物和水土流失对水库环境的影响。同时,注意提高森林资源的数量与质量。其次,尽快出台消落区相关的规章制度或管理规划,建立起有效的监管和保护机制。要按照国家四类生态功能区的分区原则进行科学定位,视情况分别作为禁止开发区和限制开发区,使消落区按照自然规律自行恢复,防止人为炒作。如果确需利用水库消落区,必须首先作专门的深入研究和可行性论证,获得业主的同意,并经国家主管部门的批准。

②继续完善三峡工程生态与环境监测系统的组织和管理。为积极应对气候变化,了解三峡生态与环境的动态变化。应在发挥现有监测系统功能和作用的基础上,加强机构间的协调。在当前跨部门、跨地区、跨行业的组织体系框架下,应充分发挥国务院三建委对三峡工程的综合管理职能和协调作用,对跨省域、跨部门的经济、社会发展和生态环保工作进行统一的全面

的规划、决策和部署。国务院各有关部门和地方政府要按照统一部署,明确分工,各司其职,严格执法。在此基础上,继续完善三峡工程生态与环境监测系统组织管理模式,建立系统内各业务子系统所属主管部门之间更为紧密的合作机制。

③科学保护生物多样性,提高自然资本存量和气候适应能力。首先,在植物多样性保护方面,要在有效保护残存的亚热带常绿阔叶林及其生态系统的基础上,针对三峡库区珍稀濒危植物、重点保护植物、特有植物、模式植物、古大树种、重要资源植物、关键物种和优势物种、石生植物等,按其生境要求在生物多样性保护工程内合理规划,并运用现代林业高新技术加快珍稀濒危植物在环境相似或相近地区的迁移保护和繁殖研究。其次,在水生生物多样性保护方面,要加强对长江禁渔期和鱼类人工繁殖放流的管理和监督。通过开展人工增殖放流站和建立江湖连通关系,实现灌江纳苗,促进江湖水文循环,提高水生生物多样性和湖泊渔业产量,保护湖泊生态系统的自然属性和稳定性。同时,可建立自然保护区或保护点,保护物种及其栖息地。第三,加强对资源增殖的科学研究和效果评估,包括加强种苗放流和跟踪评估技术研究,提高放流的经济效益和生态效益;加强水域生态系统结构和功能影响的研究,保障增殖放流持续健康开展;加强种群遗传资源保护和管理的研究,制定出科学有效的措施,保护水生生物遗传多样性和生物多样性等。

④加强科学研究和工程后续评估,提升水库运行管理水平和适应能力。随着三峡工程的全面竣工,三峡水库运行过程中一些亟待解决的新情况、新问题逐步显露。在三峡工程后续工作中,建议继续重视生态环境科学研究工作,针对运行管理对策、生物多样性保护、环境承载力、面源污染防治、流动源污染防治、小流域污染原因与控制对策、环境基准和标准体系、环境监测评价技术体系、水及泥沙中污染物迁移转化途径、水体富营养化演变规律及防治对策、气候变化对水体的影响、消落区卫生风险和环境风险评估以及生态系统服务功能损益等进行专门的研究。三峡工程后续生态环境研究工作,是确保三峡工程综合效益可持续发挥的必要保证。要借鉴三峡工程建设期的经验和教训,重点加强科研项目的管理,完善科技成果转化政策体系,提高三峡工程生态与环境科研项目管理水平和实施能力,强化科研项目的质量管理和信用管理,通过建立有效的监管机制,促进科技项目管理工作的系统化、规范化和科学化。

⑤制定特殊保护政策,建立生态补偿机制。尽快出台针对三峡水库的特殊性保护政策、法律规章和各项制度,进一步完善水环境保护政策的保障体系和法律保障体系;在长江上下游间,特别是针对库区真正建立起切实可行的水污染防控的联动机制和生态补偿机制,利用一切可以调动的力量推动长江流域的水污染联防联控进程。降低污染物对生态系统的威胁,提高生态系统的完整性和对气候变化的适应性。例如,可逐步建立三峡库区森林生态补偿机制,通过政策、立法,在财政、税收、信贷等方面对长江中上游实施生态重建的地区生态"反哺"。可吸纳农民为国家林场工人,负责植树造林和林场养护工作;或由农民承包荒山,进行植树造林,国家根据其造林护坡的数量和质量给予一定额度的补贴,林场增值归承包户所有。

7.2.3 三峡工程应对气候变化的适应对策

在未来气候变化情景下,三峡工程上游流域汛期洪涝、干旱等极端事件发生的频率将增加。强降水增加,降水诱发库区泥石流、滑坡等地质灾害发生概率可能增大,对三峡工程管理、大坝安全以及防洪和抗洪等产生不利影响;枯水期的干旱,将影响三峡工程的蓄水、发电、航运以及水环境。三峡工程应对气候变化的适应性对策主要包括:

（1）建立以三峡水库为骨干的水库群联合调度运行保障机制和政策,加强长江上游水利工程联合调度,提高应对气候变化能力。

当前,长江上游干支流已建和在建的大中型水库数量众多,大规模梯级水库建设和运行将显著改变长江天然的水文过程、水沙分配比例。因此,需要优化和完善长江上游水库群联合调度方案,加强中长期径流预报和汛限水位动态控制技术研究,合理安排上游干支流水库群的蓄、泄水时机,充分发挥上游干支流水库群对长江中下游的防洪作用和整体综合效益。水库群的联合调度将增强流域水资源的优化配置能力,拓展流域综合效益,建议建立跨地区、跨部门的协调机制、应急机制和补偿机制,在国家层面制定促进长江上游水库群联合调度运行保障机制和政策,确保三峡工程及上游水库群能够充分发挥防洪等综合效益(蔡其华,2011)。

进一步优化三峡工程的运行调度方案,创新三峡工程的运行管理机制,实施水库"联合调度"和"生态调度",实现三峡工程由相对单一的发电、防洪、航运工程向综合性生态工程的转变,改善库区和下游的河流水环境条件,进而建立三峡工程运行的可持续发展模式。

同时,鉴于长江上游来水来沙、下游河道冲淤、江湖关系变化等的不确定性以及三峡工程蓄水运用后对长江中下游的影响有一个逐步发展的过程,加之三峡工程对防洪、河道、供水、灌溉、生态环境等方面的影响还需不断地深入认知,因此,还需不断深化三峡工程运用后对长江中下游河势变化、江湖关系的影响及对策研究(蔡其华,2011)。

三峡工程建成后,形成了总库容约 393 亿 m^3 的巨型水库。三峡工程对长江上中游带来了一系列的问题,包括库区污染物质积累、库区消落带生态退化和荆江防洪补偿调节等。这些问题的解决,需要科学地设计三峡水库的调度方式,人为地改变下游的洪水节律或者改变上游水位的变化过程,达到通过径流和水位的调度改变河流物质交换能力与水体生态条件的作用,改善河流水环境状态的目标。以荆江防洪为例,由于三峡到荆江河段还有比较大的区间和支流汇合,因此,三峡水库的防洪调度需要考虑区间洪水过程的变化。其中除了支流的天然洪水之外,清江来水及其隔河岩水库的蓄洪作用非常重要。因此,可以将三峡和清江梯级水库作为一个关联系统进行调度运用,共同提供荆江防洪所需要的洪水拦蓄量以及蓄放水优先次序。在可以动用的水库防洪库容条件下,尽可能地降低荆江干流的高水位持续时间,从而减轻长江关键江段的防汛压力。

（2）加强对长江上游的不同预见期(短、中、长期预报)的水情预报技术研究,为三峡工程防洪科学调度提供技术支撑。

由于汛期长江上游降雨的时空分布不均,洪水的发生存在较大的不确定性,气候变化可能造成长江上游地区年内降水变率变大,将加剧三峡水库运行的不稳定性;极端天气事件发生频率及强度可能增大,超标洪水的发生的频率也可能增大,对三峡工程造成更大的防洪压力。因此,需进一步改进洪水预见期预报,采用水文气象结合,长、中、短期预报结合,滚动修正预报,制作具有 3～5 d 预见期,且具有一定精度的三峡水库的洪水预报成果。长江特大洪水是在特定的气候背景和大气环流条件下发生的,预见期也相对可能更长,水文气象预报可为三峡水库的防洪调度提供有利的技术保障。三峡工程洪水调度的风险主要为特大洪水发生及长江上中游洪水的恶劣遭遇,鉴于水文气象预报的精度和预见期,建议加强对长江上游的不同预见期(短、中、长期预报)的水情预报技术研究,同时,需进一步加强预报调度技术研究,降低三峡水库对洪水进行拦蓄调度的风险,为三峡工程防洪科学调度提供技术支撑,发挥三峡水库防洪综合效益。

（3）优化调整三峡工程的抗旱调度方案，加强干旱预警预报工作，使三峡工程枯季抗旱调度充分发挥作用。

气候变化加剧了全球的水资源危机，干旱频繁。2010年，我国将抗旱纳入水库管理的工作重点，对水库管理提出了新的要求，为此应改变过去"重涝轻旱"的管水调水模式，需要利用动态汛限水位解决好防洪与蓄水的矛盾（张博庭，2010）。

气候变化可能导致秋季降水减少，所造成的后果将导致长江上游的水库在秋季蓄水期蓄不满水，也影响三峡水库的蓄水、发电、航运以及水环境，从而可能导致枯水期干旱事件增加。因此，必须加强干旱预警预报工作，使枯季有限而宝贵的水流比较准时地流到中下游控制断面，同时需要控制沿江引用水量。虽然三峡水库增加抗旱调度会对原有调度运行方案产生一些影响，但只要精心规划和制定好预案，仍然可以使三峡水库发挥出更大的综合效益。

为了解决水库多目标调度之间可能产生的冲突和矛盾，使三峡枯季抗旱调度真正起到作用，需要对抗旱调度设定一些原则或者起调条件，使各种利益能够尽量协调，具体建议如下（陈进，2010）：

①三峡水库目前的防洪调度方式应该确保，防洪不仅是三峡水库的最主要功能，而且有巨大的社会和经济效益，汛期应以防洪调度为主，兼顾发电、航运和排沙等功能。需要研究和调整的是根据中长期水文预测、短期水文预报、水库来沙和排沙的情况，适当调高汛限水位，使发电和航运效益提高；汛末可以适当提前蓄水，建议设立起蓄期，而不是蓄水日（如10月1日），起蓄期可以选在9月1—31日，这样不仅可以保证汛后水库蓄满、减轻水库蓄水期对中下游河道和两湖地区的影响，增强这些地区抗旱能力，而且为枯季抗旱作好充足水源的筹备条件。

②为减缓三峡水库蓄水期对中下游的影响，根据上游和两湖地区来水情况，采用比较灵活的和动态的蓄水方案，如适当延长蓄水时间，控制蓄水期减泄流量。建立起长江整体控制性水库蓄水方案，平衡上游蓄水与下游减泄的矛盾，可以减轻蓄水期发生的一般性干旱带来的影响。

③三峡抗旱调度需要设置一定的门槛，常见的和一般性的干旱主要应当通过当地水库、用水需求管理、限制中下游引调水量等综合措施解决，不应该使受旱地区过分依赖三峡水库。频繁起用三峡水库的抗旱调度，不仅不利于国家电网的稳定运行、影响发电效益，而且抗旱的成本或者造成的损失可能远高于效益。当长江中下游地区发生较大面积的严重干旱时，三峡应该承担起抗旱的作用，即使损失一些发电效益，也是应该的和必要的。因为大面积、严重的干旱不仅会给国家和受旱地区带来严重的经济损失，也会引起社会的不稳定和生态环境的损失。

7.2.4　气候变化适应规划与战略展望

适应规划和适应战略是伴随气候变化问题应运而生的新的决策需求，适应规划和战略可以在国家、地区和企业等不同层面由不同主体予以设计和实施（IPCC，2012）。一项好的适应规划需要从以下几方面考虑：①对现实或未来气候变化情景的准确分析；②科学合理并具有共识的适应目标；③将规划落实为具体行动和举措的适应治理机制保障；④确保规划达到预期目标的监督和评估机制。三峡工程作为复杂的人类—生态系统，需要在气候变化风险评估的基础上，立足于宏观和长远未来，制定和实施综合性的适应气候变化规划。

针对气候变化对传统环境管理领域的挑战，国内外从理论和实践的角度探索了如何通过气候变化适应规划改善现有的政策和机制设计。适应规划可以根据不同的决策层面、政策部门和领域，设计不同的目标，可以是单一部门的单一目标，也可以是与地区可持续发展、其他相关部门相结合的多元目标。例如传统的灾害管理部门在考虑气候变化适应问题时,主要关注气候灾害及其风险,以减低气候灾害风险及其损失为目的。从国家和地区制定宏观发展战略的角度来看,适应规划需要与自然资源开发利用、减贫、减排、生态环境保护等多种目标结合起来考虑。因此,不仅需要关注极端天气气候事件及其灾害风险,还将视野拓展到与国家安全、社会公平、脆弱群体、减贫等与可持续发展目标密切相关的广阔领域。

三峡工程涉及多个气候地理、行政、自然资源管理区域,地区发展差异大,人口资源矛盾日益突出。作为典型的人类－生态复合系统,这一地区对于气候变化的影响比较敏感。目前,虽然有一些初步的研究评估,但是三峡工程尚未进行全面综合的适应规划设计。实际上,三峡工程适应气候变化不但需要从企业自身长远发展的角度考虑,更需要从区域社会经济发展、国家可持续战略及全球应对气候变化等多方面综合考虑,协同应对。主要包括以下三点:

(1)将适应气候变化与灾害风险管理纳入三峡库区可持续发展目标。

对于三峡工程而言,制定适应气候变化的规划和策略(或者行动计划)有两个层面的含义。一是微观的企业层面的适应规划,即:三峡工程作为国家大型的水利水电企业,有必要依据科学评估信息,对未来气候变化的影响,和企业自身可能面临的工程性风险、经营风险、投资风险、发展风险等未雨绸缪,进行谋划和布局。例如,扩大企业的经营投资渠道以分散风险,与金融保险部门开展合作,为关键技术设备和重大活动进行保险,为企业员工增加相关的气候风险知识教育、岗位技能培训等等。二是宏观层面的地区适应战略或适应规划。气候变化对三峡库区的产业发展、就业、生态环境保护、水资源和流域管理等,都会造成不同的影响,这些问题涉及不同的管理部门,更涉及地区社会—经济—生态的可持续发展,因而有必要从库区整体的角度进行统筹规划和战略考量,以便避免传统的环境管理中"头痛医头脚痛医脚"、"九龙治水"等问题。

(2)加强国家和地方层面的适应规划与政策支持。

增强适应行动本质上就等同于促进可持续发展,科学发展与合理规划的政策实践,有助于增强灾害风险管理和适应气候变化的能力。由于适应气候变化涉及不同部门、不同尺度和不同群体,在国家层面通过规划与政策将灾害管理、适应纳入部门与机构活动之中,是一个有效而且必要的途径(IPCC,2012)。发展一方面带来财富增加效应,使得风险暴露度增大,同时也有助于提升防灾意识和灾害管理能力,降低脆弱性从而减少人口伤亡和经济损失。中国的气象投入产出比为 1∶50,远高于许多国家 1∶10 左右的水平。随着气象灾害防御体系的发展和气象服务效益的提升,中国气象灾害造成的人员死亡人数已由 20 世纪 80 年代、90 年代平均每年 5000 人左右,下降到 21 世纪平均每年 2000 人左右;每年气象灾害造成的经济损失占 GDP 的比例从 20 世纪 80 年代的 3％~6％下降到目前的 1％~3％。三峡地区应对气候变化也离不开国家层面的政策支持,包括:建立国家适应气候变化的资金机制,对关系到地区经济发展的脆弱部门、企业、地区和群体予以财政税收、就业、投资等方面的政策扶持。

(3)在国际层面推动重大水利工程适应气候变化的国际合作及交流。

国内外大型水利水电工程如何适应气候变化的风险,目前尚是一个充满挑战的新课题。鉴于水电及其相关的防洪减灾、水资源和流域管理等问题是全球性环境治理问题,涉及地区可持续发展,对此,需要从国际层面建立相关机制,协同应对。例如,加强国际社会在水利水电工程适应管理方面的经验交流及分享,推动适应工程技术的转让,合作投资、开发相关工程技术,将我国的经验与其他国家和地区进行分享等等。

参考文献

白虎志,马振锋,董文杰.2005. 青藏高原地区季风特征及与我国气候异常的联系[J].应用气象学报,**16**(4): 484-491.

白涛,黄强.2009.蜂群遗传算法及在水库群优化调度中的应用[J].水电自动化与大坝监测,(33):**1**:1-4.

白莹莹,高阳华,张焱,等. 2010. 气候变化对重庆高温和旱涝灾害的影响[J].气象,**36**(9):47-54.

蔡其华. 2011a. 如何评价三峡工程的防洪作用——以 2010 年的调度实践为例[J].红旗文摘,**7**:16-21.

蔡其华. 2011b.三峡工程防洪与调度[J].中国工程科学,2011,**13**(7):15-19,37.

蔡庆华,刘敏,何永坤,等.2010.长江三峡库区气候变化影响评估报告[M].北京:气象出版社.

曹诗图,等.2007.长江三峡学概论[M].武汉:长江出版社.

曹学章,左伟,申文明,2001.三峡库区土地覆被动态变化遥感分析[J].农村生态环境,**17**(4):6-11.

长江简讯.2010.三峡水库三大功能将新增抗旱功能[J].人民长江,(3):18.

长江简讯.2011.三峡水库启动抗旱应急调度[J].人民长江,(10):90.

陈海龙.1957.长江流域的地理环境对流域内天气和气候影响的探讨[J].人民长江,**24**(7):1-3.

陈辉,施能,王永波.2001.长江中下游气候的长期变化及基本态特征[J].气象科学,**21**(1):44-53.

陈进.2010.三峡水库抗旱调度问题的探讨[J].长江科学院院报,**27**(5):19-23.

陈菊英,冷春香,程华琼. 2006.江淮流域强暴雨过程对阻高和副高逐日变化的响应关系[J].地球物理学进展,**21**(3): 1012-1022.

陈丽华,周率,党建涛,等. 2010. 2006 年盛夏川渝地区高温干旱气候形成的物理机制研究[J].气象,**36**(5):85-91.

陈烈庭,吴仁广. 1998. 太平洋各区海温异常对中国东部夏季雨带类型的共同影响[J].大气科学,**22**(5):718-726.

陈鲜艳,张强,等.2009a.长江三峡局地气候监测(1961—2007 年)[M].北京:气象出版社.

陈鲜艳,张强,叶殿秀,等.2009b.三峡库区局地气候变化[J].长江流域资源与环境,**18**(1):47-51.

陈效孟. 长江三峡库区秋季连阴雨的气候特征[J].四川气象,1998,**18**(3): 27-32.

陈兴芳,宋文玲.2000. 欧亚和青藏高原冬春季积雪与我国夏季降水关系的分析和预测应用[J].高原气象,**19**(2):214-223.

陈宜瑜,王毅,李利锋,等. 2007. 中国流域综合管理战略研究[M]. 北京:科学出版社.

陈宜瑜. 2005.中国气候与环境演变(下卷:气候与环境变化的影响与适应、减缓对策)[M]. 北京:科学出版社.

陈艺敏,钱永甫.2004.116 年长江中下游梅雨的气候特征[J].南京气象学院学报,**27**(1):65-72.

陈永柏. 2004. 三峡工程对长江流域可持续发展影响[J].长江流域资源与环境,**2**(13):109-113.

陈永仁,李跃清,齐冬梅. 2011. 南亚高压和西太平洋副热带高压的变化及其与降水的联系[J]. 高原气象,**30**(5): 1148-1157.

陈峪. 2002. 2001 年我国天气气候特点[J].气象,**28**(4): 29-33.

陈正洪,万素琴,毛以伟.2005.三峡库区复杂地形下的降雨时空分布特点分析[J].长江流域资源与环境,**14**(5):623-627.

陈正洪. 2000.武汉、宜昌 20 世纪平均气温突变的诊断分析[J].长江流域资源与环境,**9**(1):56-62.

陈忠明,徐茂良,闵文彬,等. 2003. 1998 年夏季西南低涡活动与长江上游暴雨[J]. 高原气象,**22**(2):

162-167.

程炳岩,郭渠,张一,等.2011.三峡库区高温气候特征及其预测试验[J].气象,**37**(12):1544-1552.

程小慷.2002.1998年长江流域致洪暴雨的天气特点分析[J].南京气象学院学报,**25**(3):405-412.

戴新刚,丑纪范.2002.印度季风与东亚夏季环流的遥相关关系[J].气象学报,**60**(5):544-552.

邓可洪,居辉.2006.气候变化对中国农业的影响研究进展[J].中国农学通报,**22**(5):439-441.

邓先瑞,罗宏.1996.长江三峡峡谷冬暖特征及其形成原因[J].华中师范大学学报,**30**(1):195-198.

邓显羽,彭勇,叶碎高,等.2010.基于PSO的水库群联合供水优化调度应用研究[J].水电能源科学,**8**:40-42.

第二次气候变化国家评估报告编写委员会.2011.第二次气候变化国家评估报告[M].北京:科学出版社.

丁相毅,周怀东,王宇晖,等.2011.三峡库区水循环要素现状评价及预测[J].水利水电技术,**42**(11):1-5.

董增川,梁忠民,李大勇,等.2012.三峡工程对鄱阳湖水资源生态效应的影响[J].河海大学学报(自然科学版),**40**(1):13-18.

董哲仁.2004.河流治理生态工程学的发展沿革与趋势[J].水利水电技术,**35**(1):39-41.

杜培斌,曹诗图,张晓静,等.1998.三峡地理要览[M].武汉:中国地质大学出版社.

段德寅,傅抱璞,王浩,等.1996.三峡工程对气候的影响及其对策[J].湖南师范大学自然科学学报,(1):87-92.

傅抱璞,朱超群.1974.新安江水库对降水的影响[J].气象科技资料,**4**:13-20.

傅抱璞.1997.我国不同自然条件下的水域气候效应[J].地理学报,**52**(3):246-252.

高晓琴,姜姜,张金池.2008.生态河道研究进展及发展趋势[J].南京林业大学学报(自然科学版),**32**(1):103-106.

高学杰,石英,Giorgi F.2010.中国区域气候变化的一个高分辨率数值模拟[J].中国科学:地球科学,**40**(7):911-922.

高学杰,张冬峰,陈仲新,等.2007.中国当代土地利用对区域气候影响的数值模拟[J].中国科学D辑,**37**(3):397-404.

高由禧,郭其蕴.1958.我国的秋雨现象[J].气象学报,**29**:264-273.

龚振淞,何敏.2006.长江流域夏季降水与全球海温关系的分析[J].气象,**32**(1):56-61.

郭其蕴,王继琴.1988.中国与印度夏季风降水的比较研究[J].热带气象,**4**(1):53-60.

郭渠,龙中亚,程炳岩,等.2011a.我国三峡库区近49年暴雨气候特征分析[J].水文,**31**(6):86-90.

郭渠,罗伟华,程炳岩,等.2011b.三峡库区暴雨时空特征及其与洪涝的关系[J].资源科学,**33**(8):1513-1521.

海香,李强,任明明,等.2008.2006年重庆特大旱灾及其原因分析[J].陕西师范大学学报(自然科学版),**36**(2):85-90.

何金海,郭品文,银燕,等.2012.大气科学概论[M].北京:气象出版社.

何丽,吴宜进,但长军,等.2007.近百年全球气温变化对长江流域旱涝灾害的影响[J].中国农业气象,**28**(4):364-366.

何永坤,王裕问.2001.重庆市三峡库区干旱特征及其变化分析[J].山区开发,**12**:24-31.

洪松,葛磊,吴胜军,等.1999.长江三峡水库兴建后库周地区辐射平衡与地面径流变化之探讨[J].地理科学,**19**(5):428-431.

胡东生,张华京,徐冰,等.2010.长江中游荆江流域环境演变及两湖平原盆地形成过程[J].中国工程科学,**2**(2):36.

黄健民.1999.长江三峡地理[M].重庆:重庆出版社.

黄荣辉,顾雷,徐予红,等.2005.东亚夏季风爆发和北进的年际变化特征及其与热带西太平洋热力状态的关系[J].大气科学,**29**(1):20-36.

黄荣辉,蔡榕硕,陈际龙,等.2006.我国旱涝气候灾害的年代际变化及其与东亚气候系统变化的关系[J].大气科学,**30**(5):730-743.

黄薇,陈进.2004.长江流域水资源利用研究[J].中国资源综合利用,(10):13-16.

黄炜斌,马光文,王和康,等.2010.混沌粒子群算法在水库中长期优化调度中的应用[J].水力发电学报,**29**(1):102-105.

黄宣伟.1991.论长江流域的建坝条件[J].水电能源科学,**9**(2):171.

黄燕燕,钱永甫.2004.长江流域、华北降水特征与南亚高压的关系分析[J].高原气象,**23**(1):68-74.

黄忠恕.1999.厄尔尼诺现象与长江流域降水异常[J].人民长江,**30**(5):13-14.

吉进喜,张立凤,彭军.2010.2006—2007年夏季重庆大旱、大涝的阻高时空特征分析[J].气象与环境科学,**33**(1):30-35.

蒋昕昊,徐宗学,刘兆飞,等.2011.大气环流模式在长江流域的适用性评价[J].长江流域资源与环境,**8**(20):51-58.

金龙,缪启龙,周桂香,等.1999.近45年长江三角洲气候变化及主要气象灾害分析[J].南京气象学院学报,**22**(4):698-704.

金帅,盛昭瀚,刘小峰.2010.流域系统复杂性与适应性管理[J].中国人口·资源与环境,**7**:60-67.

科学技术部社会发展司和中国21世纪议程管理中心.2011.适应气候变化国家战略研究[M].北京:科学出版社.

况雪源,张耀存.2006.东亚副热带西风急流位置异常对长江中下游夏季降水的影响[J].高原气象,**25**(3):382-389.

赖锡军,姜加虎,黄群.2012.三峡工程蓄水对洞庭湖水情的影响格局及其作用机制[J].湖泊科学,**24**(2):178-184.

雷孝恩,黄荣辉,钱敏伟,等.1987.三峡工程对库周气候影响的数学模式研究[M].见:中国科学院三峡工程生态与环境科研项目领导小组.长江三峡工程对生态与环境影响及其对策研究论文集.北京:科学出版社,683-708.

冷春香,陈菊英.2003.西太平洋副高在1998年和2001年梅汛期长江大涝大旱中的作用[J].气象,**29**(6):7-11.

李崇银,咸鹏.2003.北太平洋海温年代际变化与大气环流和气候的异常[J].气候与环境研究,**8**(3):258-273.

李福林,范明元,卜庆伟,等.2007.黄河三角洲水资源优化配置与适应性管理模式探讨[C].山东省水资源生态调度学术研讨会论文集,167-173.

李海英,冯顺新,廖文根.2010.全球气候变化背景下国际水电发展态势[J].中国水能及电气化,**70**(10):29-37.

李黄,张强.2003.长江三峡工程生态与环境监测系统局地气候监测评价[M].北京:气象出版社.

李明新,程海云,葛守西.1999.从1998年洪水看三峡水库的防洪作用[J].人民长江,**30**(2):641-647.

李强,李永华,周锁铨,王中.2011.基于WRF模式的三峡地区局地下垫面效应的数值试验[J].高原气象,**30**(1):83-93.

李强,李永华,王忠,等,2010.近30年三峡库区洪涝特征及建库前后致涝气候因子的差异[J].热带气象学报,**26**(6),750-758.

李强,周锁铨,李永华,等.2010.三峡库区洪涝特征及其与大尺度环流的联系[J].大气科学学报,**33**(4):477-488.

李维京.1999.1998年大气环流异常及其对中国气候异常的影响[J].气象,**25**(4):20-25.

李跃清,蒋兴文.2007.1998年夏季长江上游暴雨过程的水汽输送特征[J].暴雨灾害,**26**(1):35-39.

廖文根,石秋池,彭静.2004.水生态与水环境学科的主要前沿研究及发展趋势[J].中国水利,**22**:34-36.

廖要明,张强,陈德亮.2007.1951—2006年三峡库区夏季气候特征[J].气候变化研究进展,**3**(6):368-372.

林德生,吴昌广,周志翔,等.2010.三峡库区近50年来的气温变化趋势[J].长江流域资源与环境,**19**(9):

1037-1043.

林学椿,于淑秋,唐国利. 1995.中国近百年温度序列[J]. 大气科学,**19**(5):525-534.

林学椿.1992.北太平洋海温的遥相关型[J].热带海洋学报,**11**(1):90-95.

刘波,姜彤,任国玉,等. 2008.2050 年前长江流域地表水资源变化趋势[J].气候变化研究进展,**4**(3):145-150.

刘德,申学勤,李永华. 2000. 三峡库区夏季旱涝成因分析及预测方法研究[J].四川气象,**20**(4):36-39.

刘纪远,刘明亮,庄大方,等. 2002. 中国近期土地利用变化的空间格局分析[J]. 中国科学 D 辑,**32**(12):1031-1043.

刘剑,毛志春,杨成荫.2008.北太平洋海温场变化的时间特征分析[J].气象水文海洋仪器,**25**(4):33-37.

刘浏,徐宗学,黄俊雄. 2011. 气候变化对太湖流域径流的影响[J].北京师范大学学报(自然科学版),**46**(3):371-377.

刘晓冉,杨茜,程炳岩,等.2010.三峡库区 21 世纪气候变化的情景预估分析[J].长江流域资源与环境,**19**(1):42-47.

刘晓冉,杨茜,程炳岩. 2009.2006 年川渝伏旱同期环流场和水汽场异常特征分析[J].气象,**35**(8):27-34.

刘艳丽,王国利,周惠成.2010.洪水预报不确定性分析及其在水库调度决策中的应用研究[J].水力发电学报,**29**(1):92-96.

刘芸芸,丁一汇. 2008.印度夏季风的爆发与中国长江流域梅雨的遥相关分析[J].中国科学 D 辑,**38**(6):763-775.

刘志雄,肖莺.2012.长江上游旱涝指标及其变化特征分析[J].长江流域资源与环境,**21**(3):310-314.

陆佑楣. 2011. 三峡工程是改善长江生态、保护环境的工程[J]. 中国工程科学,**13**(7):9-13.

马占山,张强,秦琰琰. 2010. 三峡水库对区域气候影响的数值模拟分析[J]. 长江流域资源与环境,**19**(9):1044-1052.

马占山,张强,朱蓉,等. 2005. 三峡库区山地灾害基本特征及滑坡与降水关系[J]. 山地学报,**23**(3):319-326.

马振锋,黄福均. 1997. 1994 年夏季长江流域持续干旱的成因研究[J].四川气象,**17**(4):73-79.

马振锋,高文良,刘富明,等. 2003. 青藏高原东侧初夏旱涝的季风环流分析[J].高原气象,**22**(增刊):1-7.

马振锋. 1999. 1998 年四川汛期旱涝预测方法评述[J].四川气象,**19**(3):51-55.

马振锋.2003. 高原季风强弱对南亚高压活动的影响[J].高原气象,**22**(2):143-147.

钮新强,谭培伦. 2006. 三峡工程生态调度的若干探讨[J]. 中国水利,**14**:8-10,24.

潘家华. 2010. 气候变化背景下的水电发展再认识[J]. 气候变化经济学,**3**:11-17.

潘守文. 1989. 小气候考察的理论基础及其应用[M]. 北京:气象出版社,11.

彭加毅,孙照渤,谭桂容.1999.重庆降水和赤道东太平洋海温相关的多时间尺度特征[J].南京气象学院学报,**22**(4):631-636.

彭京备,张庆云,布和朝鲁.2007.2006 年川渝地区高温干旱特征及其成因分析[J].气候与环境研究,**12**(3):464-474.

彭乃志,傅抱璞,刘建栋,等.1996.三峡库区地形与暴雨的气候分析[J].南京大学学报,**32**(4):728-731.

气候变化国家评估报告编写委员会.2007. 气候变化国家评估报告[M].北京:科学出版社.

乔盛西,陈正洪. 1999.长江上游历代枯水和洪水石刻题记年表的建立[J].暴雨灾害,(1):63-71.

乔盛西,陈正洪. 1999.历史时期川江石刻洪水资料的分析[J].湖北气象,(1):4-7.

邱忠恩,谈昌莉,张惠,等.2003.长江三峡工程综合经济效益研究[J].人民长江,**34**(8):43-46.

任国玉,吴虹,陈正洪. 2000.我国降水变化趋势的空间特征[J].应用气象学报,**11**(3):322-330.

芮钧,梁伟,陈守伦,何春元.2010.基于变尺度混沌法的混联水电站水库群优化调度[J].水力发电学报,**29**(1):66-71.

沈浒英,陈瑜彬. 2011. 2009—2010 年长江上游地区旱情成因分析[J]. 人民长江,**42**(9):12-14.

施雅风,姜彤,苏布达,等. 2004. 1840 年以来长江大洪水演变与气候变化关系初探[J].湖泊科学,**16**(4):289-297.

石英,高学杰,Giorgi F,等.2010. 全球变暖对中国区域极端降水事件影响的高分辨率数值模拟[J]. 气候变化研究进展,**6**(3):164-169.

史历,倪允琪.2001.近百年热带太平洋海温年际及年代际时间变率特征的诊断研究[J].气象学报,**59**(3):220-225.

水利部长江水利委员会.2002.长江流域水旱灾害[M].北京:中国水利水电出版社,3-4.

司东,柳艳菊,马丽娟,等. 2012. 2011 年初夏我国长江中下游降水的气候特征及成因[J].气象,**38**(5):601-607.

宋文玲,杨义文.2003.长江三峡地区夏季旱涝特征及气候预测[J].气象,**29**(7):13-18.

苏东玉,李跃清,蒋兴文.2006.南亚高压的研究进展及展望[J].干旱气象,**24**(3):68-74.

孙东亚,董哲仁,赵进勇.2007.河流生态修复的适应性管理方法[J].水利水电技术,**38**(2):57-59.

孙士型,秦承平,居至刚.2002.三峡坝区气候特征分析[J].中国三峡建设,(5):22-24.

孙淑清,马淑杰.2001.西太平洋副热带高压异常及其与1998年长江流域洪涝过程关系的研究[J].气象学报,**59**(6):719-729.

孙淑清,马淑杰.2003.海温异常对东亚夏季风及长江流域降水影响的分析及数值试验[J].大气科学,**27**(1):36-52.

孙淑清,孙柏民. 1995. 东亚冬季风环流异常与中国江淮流域夏季旱涝天气的关系[J]. 气象学报,**53**(4):440-450.

谈广鸣,胡铁松.2009.变化环境下的涝渍灾害研究进展[J].武汉大学学报(工学版),**5**:565-571.

覃永良.2008.平原河网地区环境流量概念、方法及适应性管理研究[M].上海:华东师范大学.

谭桂容,孙照渤,朱伟军,等. 2009. 2007 年夏季降水异常的成因及预测[J]. 大气科学学报,**32**(3):436-442.

谭晶,杨辉,孙淑清,等. 2005. 夏季南亚高压东西振荡特征研究[J]. 南京气象学院学报,**28**(4):452-460.

汤懋苍,梁娟,邵明镜,等.1984.高原季风年际变化的初步分析[J].高原气象,**3**(3):75-82.

汤懋苍,沈志宝,陈有虞.1979.高原季风的平均气候特征[J].地理学报,**34**(1):33-41.

陶诗言,李吉顺,王昂生. 1997. 东亚季风与我国洪涝灾害[J].中国减灾,**7**(4):17-24.

陶诗言,张庆云,张顺利.2001.夏季北太平洋副热带高压系统的活动[J].气象学报,**59**(6):747-758.

万海斌. 2011.三峡工程防洪抗旱减灾效益显著[J].中国水利,(12):15.

王国庆,张建云,贺瑞敏,等. 2009. 三峡工程对区域气候影响有多大[J]. 中国三峡,**6**:30-35.

王杰,王宝畲,罗正齐.1997.长江大辞典[M].武汉:武汉出版社,5.

王俊,王善序,万汉生,等. 2002. 长江流域旱涝灾害[M].北京:中国水利水电出版社.

王黎娟,罗玲,张兴强,等. 2005. 西太平洋副热带高压东西位置变动特征分析[J]. 南京气象学院学报,**28**(5):577-585.

王梅华,刘莉红,张强.2002.三峡地区气候特征[J]. 气象,**31**(7):68-71.

王儒述. 2011.论三峡工程的综合效益[J].水电与新能源,**6**:74-78.

王善华. 1993. 长江三峡降水与有关海域海温、南方涛动的关联[J].南京气象学院学报,**16**(4):488-491.

王晓敏,周兵,周顺武. 2012. 2009/2010 年西南地区秋冬春持续干旱的成因分析[J]. 气象,**38**(11):1399-1407.

王正旭.2002.英国的水库安全管理[J].水利水电科技进展,**22**(4):65-68.

韦道明,李崇银,谭言科. 2011. 夏季西太平洋副热带高压南北位置变动特征及其影响[J]. 气候与环境研究,**16**(3):255-272.

魏凤英,宋巧云,韩雪. 2006. 近百年北半球海平面气压分布结构及其对长江中下游梅雨异常的影响[J].自然科学进展,**16**(2):215-222.

魏凤英,谢宇. 2005. 近百年长江中下游梅雨的年际及年代际振荡[J].应用气象学报,**16**(4):492-499.

魏凤英,张京江. 2004. 1885—2000年长江中下游梅雨特征量的统计分析[J].应用气象学报,**15**(3):313-321.

魏凤英,张先恭. 1992. 影响长江流域异常旱涝的因子分析[J]. 应用气象学报,**3**(3):321-327.

魏凤英. 2007.现代气候统计诊断与预测技术[M].北京:气象出版社,63-66.

温克刚. 2007.中国气象灾害大典(湖北卷)[M].北京:气象出版社.

汶林科,崔鹏,杨红娟,等.2011.ENSO与长江流域中游地区雨季极端降水的关系[J].山地学报,**29**(3):299-305.

翁笃鸣,陈万隆,等. 1981. 小气候和农田小气候[M]. 北京:气象出版社.

吴兑,邓雪娇,毛节泰,等.2007.南岭大瑶山高速公路浓雾的宏微观结构与能见度研究[J].气象学报,**65**(3):406-415.

吴佳,高学杰,张冬峰,等. 2011.三峡水库气候效应及2006年夏季川渝高温干旱事件的区域气候模拟[J].热带气象学报,**27**(1):44-52.

吴佳. 2009.区域气候模式对中国地区气候年际变率及三峡对局地气候影响的数值模拟[J].中国气象科学研究院硕士论文.

吴炯. 1950.海温异常与水旱问题[J].气象学报,**21**(1):1-15.

吴有训,王周青,李敬义. 2000. 1998年和1999年长江流域汛期降水及其季风流管特征[J]. 气象,**26**(9):47-50.

肖栋,李建平. 2007. 全球海表温度场中主要的年代际突变及其模态[J].大气科学,**31**(5):839-854.

徐明,马超德. 2009.长江流域气候变化脆弱性与适应性研究[M].北京:中国水利水电出版社,2-7.

徐之华,黄健民. 2002.长江三峡库区气候特征与生态环境[J]. **22**(3):22.

许武成,马劲松,王文. 2005. 关于ENSO事件及其对中国气候影响研究的综述[J].气象科学,**25**(1):212-220.

许银山,梅亚东,杨娜,等.2010.大规模混联水库群长期优化调度[J].水电自动化与大坝监测,**34**(4):58-63.

杨桂山,李恒鹏,于秀波. 2004. 流域综合管理导论[M]. 北京:科学出版社.

杨荆安,陈正洪. 2002.三峡坝区区域性气候特征[J].气象科技,**30**(5):292-299.

杨修群,谢倩,黄士松.1992.赤道中东太平洋海温和北极海冰与夏季长江流域旱涝的相关[J].热带气象学报,**8**(3):261-265.

杨义文,吴晓曦,艾婉秀.1998.El nino事件发生次年夏季西太平洋副高季节性北跳与中国夏季雨型预测[J].应用气象学报,**9**(增刊):90-99.

杨云芸,李跃清,蒋兴文,等. 2010. 夏季南亚高压移上高原时间特征的初步分析[J].高原山地气象研究,**30**(1):1-5.

叶殿秀,邹旭恺,张强,等. 2008. 长江三峡库区高温天气的气候特征分析[J]. 热带气象学报,**24**(2):200-204.

叶殿秀,张强,邹旭恺,等.2005.三峡库区雷暴气候变化特征分析[J].长江流域资源与环境,**14**(3):381-385.

叶殿秀,张强,邹旭恺,等. 2009. 近几十年三峡库区主要气象灾害变化趋势[J].长江流域资源与环境,**18**(3):296-300.

叶殿秀,邹旭恺,张强,等. 2008.长江三峡库区高温天气的气候特征分析[J]. 热带气象学报,**24**(2):200-204.

叶笃正,罗四维,朱抱真. 1957. 西藏高原及其周围的流场结构和对流层大气的热量平衡[J].气象学报,**28**(2):108-121.

叶笃正,陶诗言,李麦村. 1958. 在六月和十月大气环流的突变现象[J].气象学报,**29**(4):249-263.

叶愈源,赵文兰.1995.近百年长江中游旱涝变化[J].热带气象学报,**11**(2):181-186.

于淑秋. 1998.长江三峡坝区汛期降水的气候背景分析及其与北太平洋海温的关系[J].高原气象,**17**(3):

290-299.

虞俊,王遵娅,张强. 2010. 长江三峡库区大雾的变化特征分析及原因初探[J]. 气候与环境研究,15(1): 97-105.

袁超,陈永柏. 2010. 三峡水库生态调度的适应性管理研究[J]. 长江流域资源与环境,20(3):269-275.

袁晓宁. 2011. 温家宝考察南方旱情要求发挥三峡综合调蓄作用[J]. 中国翻译,(4):92.

曾先锋,周天军. 2012. 谱逼近方法对区域气候模式性能的改进:不同权重函数的影响[J]. 气象学报,70(5): 1084-1097.

翟盘茂,章国材. 2004. 气候变化与气象灾害[J]. 科技导报,7:11-14.

张博庭. 2010. 应对气候变化亟待加强水资源开发和管理[J]. 电网与清洁能源,26(3):3-8.

张冲,赵景波. 2011. 厄尔尼诺/拉尼娜事件对长江流域气候的影响研究[J]. 水土保持通报,31(3):1-6.

张海滨,屈艳萍. 2011. 长江中下游五省抗旱减灾对策初步探讨[J]. 中国水利,13:31-34.

张洪涛,祝昌汉,张强. 2004. 长江三峡水库气候效应数值模拟[J]. 长江流域资源与环境,13(2):133-136.

张建敏,黄朝迎,吴金栋. 2000. 气候变化对三峡水库运行风险的影响[J]. 地理学报,55:26-33.

张玲,智协飞. 2010. 南亚高压和西太副高位置与中国盛夏降水异常[J]. 气象科学,30(4):438-444.

张强,罗勇,廖要明,等. 2007. 06 三峡库区夏季高温干旱及成因分析[J]. 中国三峡建设,2:89-91.

张强,万素琴,毛以伟,等. 2005. 三峡库区复杂地形下的气温变化特征[J]. 气候变化研究进展,4(1): 164-167.

张强,邹旭恺,肖风劲,等. 2006. 气象干旱等级 GB/T 20481-2006 中华人民共和国国家标准[S]. 北京:中国标准出版社.

张琼,吴国雄. 2001. 长江流域大范围旱涝与南亚高压的关系[J]. 气象学报,59(5):569-577.

张尚印,王守荣,张永山,等. 2004. 我国东部主要城市夏季高温气候特征及预测[J]. 热带气象学报,20(6): 750-760.

张天宇,程炳岩,李永华,等. 2010. 1961—2008 年三峡库区极端高温的变化及其与区域性增暖的关系[J]. 气象,36(12):86-93.

张天宇,范莉,孙杰,等. 2010. 1961—2008 年三峡库区气候变化特征分析[J]. 长江流域资源与环境,19 (Z1):52-61.

张志华,黄刚. 2008. 不同类型 El Niño 事件及其与我国夏季气候异常的关系[J]. 南京气象学院学报,31(6): 782-789.

赵汉光,张先恭,丁一汇. 1988. 厄尔尼诺与我国气候异常[J]. 长期天气预报研究通讯,第 8805 号(43):21-24.

郑国光. 2011. 三峡工程对周边气候影响微不足道[J]. 中国三峡,(5):31-34.

中国长江三峡集团公司. 2010. 中国长江三峡集团公司环境保护年报(2009).

中国长江三峡集团公司. 2011. 中国长江三峡集团公司环境保护年报(2010).

中国长江三峡集团公司. 2012. 中国长江三峡集团公司环境保护年报(2011).

中国工程院三峡工程阶段评估项目组. 2010. 中国工程院重大咨询项目:三峡工程阶段评估报告(综合卷) [M]. 北京:中国水利水电出版社.

中国气象局气象科学院. 1981. 中国近五百年旱涝分布图集[M]. 北京:地图出版社.

中国水力发电工程学会. 2011. 2010 中国水力发电年鉴(第 15 卷)[M]. 北京:中国电力出版社.

中华人民共和国国家统计局. 2011. 中国统计年鉴 2011[M]. 北京:中国统计出版社.

仲志余,葛守西,谭培伦. 1997. 三峡工程对 1996 年型洪水的防洪作用[J]. 中国三峡建设,(3):21-22.

仲志余. 2003. 长江三峡工程防洪规划与防洪作用[J]. 人民长江,33(8):29-36.

重庆市发展与改革委员会. 2008 年 8 月 6 日. 重庆市三峡库区产业发展面临的主要问题及对策研究.

周长艳,李跃清. 长江上游地区水汽输送的气候特征[J]. 长江科学院院报,22(5):18-22.

周长艳,王顺久,徐捷,等. 2010. 长江上游和中下游地区空中水汽资源气候特征对比分析[J]. 长江流域资源与环境,**19**(Z2):58-66.

周浩,程炳岩,罗孳孳. 2011. 重庆春播期间降水特征及其与北太平洋海温的关系[J]. 气象,**37**(9):1134-1139.

周亚军,朱正义,朱姝. 1996. 近百年全球海温演变的特征[J]. 热带气象学报,**12**(1):85-90.

周毅,高阳华,段相洪. 2007. 三峡库区夏季降水基本气候特征[J]. 西南农业大学学报(自然科学版),**27**(2):
269-272.

周月华,王海军,高贤来. 2006. 近531年长江上中游与汉江流域水资源变化的初步研究[J]. 高原气象,**25**
(4):744-749.

朱玲,左洪超,李强等. 2010. 夏季南亚高压的气候变化特征及其对中国东部降水的影响[J]. 高原气象,**29**
(3):671-679.

朱益民,杨修群. 2003. 太平洋年代际振荡与中国气候变率的联系[J]. 气象学报,**61**(6):641-654.

朱玉祥,丁一汇. 2007. 青藏高原积雪对气候影响的研究进展和问题[J]. 气象科技,**35**(1):1-8.

宗海锋,张庆云,彭京备. 2005. 长江流域梅雨的多尺度特征及其与全球海温的关系[J]. 气候与环境研究,**10**
(1):101-114.

邹冰玉. 2011. 三峡水库运用对长江中下游干流水位影响分析——以2010年7月洪水为例[J]. 人民长江,
42(6):80-83.

邹旭恺,高辉. 2007. 2006年夏季川渝高温干旱分析[J]. 气候变化研究进展,**3**(3):149-153.

邹旭恺,张强,叶殿秀. 2005. 长江三峡库区连阴雨的气候特征分析[J]. 灾害学,**20**:84-89.

左振鲁,唐海华,陈森林,肖柯. 2010. 三峡水库正常运行期入库流量计算方案分析[J]. 水电自动化与大坝监
测,**34**(5):74-77.

Anderson J L, Hilborn R W, Lackey R T, *et al*. 2003. Watershed restoration: Adaptive decision making in
the face of uncertainty. In Wissmar R C, Bison P A (eds.). Strategies for Restoring River Ecosystems:
Sources of Variability and Uncertainty in Natural and Managed Systems. Bethesda, MD: American Fish-
eries Society.

Anthony S K, Stewart W F. 2004. Multi-decadal variability of drought risk, eastern Australia. *Hydrological
Processes*, **18**: 2039-2050.

Bates B C, Kundzewicz Z W, Wu S, *et al*. 2008. *Climate change and water*. Technical Paper of the Intergov-
ernmental Panel on Climate Change, IPCC Secretariat, Geneva.

Betts A. 1986. A new convective adjustment scheme. Part I: Observational and theoretical basis[J]. *Soc*,
112: 677-691.

Boi P, Marrocu M, Giachetti A. 2004. Rainfall estimation from infrared data using an improved version of the
auto-estimator technique[J]. *International Journal of Remote Sensing*, **25**(21): 4657-4673.

Boy J P, and Chao B F. 2002. Time-variable gravity signal during the water impailment of China's Three-
Gorges Reservoir, *Geophys. Res. Lett*., **29**(24): 2002, doi:10. 1029/2002GL016457.

Brekke L D, Maurer E P, *et al*. 2009. Assessing reservoir operations risk under climate change[J]. *Water Re-
sour. Res*., **45**(4):404-411.

Brett M J, Laurel S, *et al*. 2004. Effects of Climate and Dam Operations on Reservoir Thermal Structure[J].
Journal of Water Resources Planning and Management, **130**(2):112-122.

Brown J E M. 2006. An analysis of the performance of hybrid infrared and microwave satellite precipitation al-
gorithms over India and adjacent regions[J]. *Remote Sensing of Environment*, **101**(1): 63-81.

Bunn S E, Arthington A H. 2002. Basic principles and ecological consequences of altered flow regimes for a-
quatic biodiversity. *Environmental Management*, **30**(4):492-507. DOI:10. 1007/S00267-002-2737-0.

Carla R, Paul K, *et al*. 2009. From Management to Negotiation: Technical and Institutional Innovations for
Integrated Water Resource Management in the Upper Comoe River Basin, Burkina Faso[J]. *Environmen-*

tal Management,**44**(4):695-711.

Chang F J, Chang Y T. 2006. Adaptive neuro-fuzzy inference system for prediction of water level in reservoir [J]. *Advances in Water Resources*,**29**(1):1-10.

Chao B F, Wu Y H, Li Y S. 2008. Impact of artificial reservoir water impoundment on global sea level. *Science*, **320**: 212, doi: 10. 1126/science. 1154580.

Chen W, Graf H F. 1998. The interannual variability of East Asian winter monsoon and its relationship to the global circulation[R]. Mal-Plack-Institure fur Meteorologic,Report **250**:1-35.

Chen W,Graf H F. 2000. The interannual variability of East Asian winter monsoon and its relationship to the summer monsoon[J]. *Adv. Atmos. Sci.* ,**17**(1):48-60.

Chiew Francis H S. 2006. An overview of methods for estimation climate change impact on runoff [R]. Hydrology and Water Resources Symposium. 4-7 December, Launceston, TAS.

Christensen J H, Hewitson B, Busuioc A, *et al*. 2007. Regional climate projection. In: Climate Change 2007: The Physical Science Basis Contribution of Working Group I to the Fourth Assessment Report of the Intergovemmental Panel on Climate Change[Solomon S, Qin D, Manning M, Chen Z, Marquis M, Averyt K B, Tignor M, Mille H L(eds)]. Cambridge, United Kingdom and New York, USA: Cambridge University Press.

Christensen, *et al*. 2004. Effects of Climate Change on Hydrology and Water Resources Colorado River[J]. *Climatic Change* , **62**:337-363.

Committee on Grand Canyon Monitoring and Research, National Research Council. 1999. *Downstream: Adaptive Management of Glen Canyon Dam and the Colorado River Ecosystem*. Washington, D. C. : National Academy Press.

Dai X,Ding Y. 1994. A modeling study of climatic change and its implication for agriculture in China part I: Climatic change in China[J]. *Adv Atmos Sci* ,**11**(3): 343-352.

Daniel P L, John S G. 2003. 水资源系统的可持续性标准[M]. 王建龙译. 北京:清华大学出版社.

David Y, Hector G, *et al*. 2008. Climate warming, water storage, and Chinook salmon in California's Sacramento Valley[J]. *Climatic Change* ,**91**(3):335-350.

Davies H C. 1976. A laterul boundary formulation for multi-level prediction models[J]. *Q J R Meteorol Soc* , **102**(432): 405-418.

Deepashree R, Mujumdar P P. 2010. Reservoir performance under uncertainty in hydrologic impacts of climate change[J]. *Advances in Water Resources* ,**33**(3):312-326.

Dickinson R E, Kennedy P J, Giorgi F, *et al*. 1989. A regional climate model for the western United States [J]. *Clim Change* , **15**(3):383-422.

Dickinson R E, Kennedy P J, Henderson S A, *et al*. 1986. Biosphere-atmosphere transfer scheme (bats) for the ncar community climate model. Technical report, National Center for Atmospheric Research.

Dickinson R,Henderson S A,Kennedy P. 1993. Biosphere-atmosphere Transfer Scheme (BATS) Version 1e as coupled to the NCAR Community Climate Model. In: University Corporation for Atmospheric Research, 72.

Ding Y H, Sun Y, Wang Z Y. 2008. Inter-decadal variation of summer precipitation in East China and its association with decreasing Asian summer monsoon. Part I: Observed evidences[J]. *International Journal of Climatology* , **28**(9):1139-1161.

Ding Y H,Sun Y, Wang Z Y,Zhu Y X, Song Y F. 2009. Inter-decadal variation of the summer precipitation in East China and its association with decreasing Asian summer monsoon. Part II: possible causes[J]. *International Journal of Climatology* ,**29**(13):1926-1944.

Emanuel K A. 1991. A scheme for representing cumulus convection in large-scale models[J]. *Quart J Roy Meteor Soc*, **48**:2313-2335.

Eusebio I B,Daene C M. 2009. Hydrologic Modeling for Assessing Climate Change Impacts on the Water Resources of the Rio Conchos Basin. World Environmental and Water Resources Congress 2009 Great Rivers:4917-4926.

Frich P, Alexander L V, Della M P, *et al*. 2002. Observed coherent changes in climatic extremes during the second half of the twentieth century[J]. *Clim Res*, **19**(3):193-212.

Gao X,Shi Y,Song R,*et al*. 2008. Reduction of future monsoon precipitation over China: comparison between a high resolution RCM simulation and the driving GCM[J]. *Meteorol Atmos Phys*,**100**(1): 73-86.

Giorgi F, Bates G T. 1989. The climatological skill of a regional model complex terrain[J]. *Mon Wea Rev*, **117**:2325-2347.

Giorgi F, Marinucci M R, and Bates G T. 1993a. Development of a second-generation regional climate model (RegCM2). Part I: Boundary-layer and radiative transfer processes [J]. *Mon Weather Rev*, **121**: 2794-2813.

Giorgi F, Marinucci M R, Bates G T, *et al*.1993b. Development of a second-generation regional climate model (RegCM2). Part II: Convective processes and assimilation of lateral boundary conditions[J]. *Mon Weather Rev*, **121**:2814-2832.

Giorgi F. 1990. Simulation of regional climate using a limited area model nested in a general circulation model [J]. *J Climate*, **3**(9):941-964.

Grell G. 1993. Prognostic evaluation of assumptions used by cumulus parameterizations[J]. *Mon. Wea. Rev.*, **121**:764-787.

Gu H, Yu Z, Yang C, *et al*. 2010. Hydrological assessmen of TRMM rainfall data over Yangtze river basin [J]. *Water Science and Engineering*, **3**(4): 418-430.

Heather C, Juliet C S, Peter H Gleick,*et al*. 2009. Understanding and Reducing the Risks of Climate Change for Transboundary Waters. Pacific Institute: December.

Hessami M, Gachon P, Ouarda T, *et al*. 2008. Automated regression-based statistical downscaling tool[J]. *Environmental Modelling& Software*, **23**(6): 813-834.

Hirji R, Davis R. 2009a. Environmental flows in water resources policies, plans, and projects: findings and recommendations. World Bank, Washington DC.

Hirji R, Davis R. 2009b. Environmental flows in water resources policies, plans, and projects: case studies. World Bank, Washington DC.

Holtslag A A M,Boville B A. 1993. Local versus nonlocal boundary-layer diffusion in a global climate model [J]. *J Climate*,**6**(10): 1825-1842.

Huang R H, Wu Y F. 1989. The influence of ENSO on the summer climate change in China and its mechanism[J]. *Adv Atmos Sci*,**6**(1):21-32.

Huang R H, Zhou L T, Chen W. 2003. The progresses of recent studies on the variabilities of the East Asian monsoon and their causes[J]. *Adv. Atmos. Sci.*, **20**(1):55-69.

Huang R H,Gu L,Zhou L T,*et al*. 2006a. Impact of the thermal state of the tropical western Pacific on onset date and process of the South China Sea summer monsoon[J]. *Adv. Atmos. Sci*,**23**(6):909-924.

Huang R H,Wang L. 2006. Interdecadal variations of Asian winter monsoon and its association with the planetary wave activity. *Proc. Symposium on Asian Monsoon*,Kuala Lurepur,Malaysia,4-7 April 2006,126.

Huffman G J, Coauthors. 2007. The TRMM Multisatellite Precipitation Analysis (TMPA): Quasi-global, multiyear, combined-sensor precipitation estimates at fine scales[J]. *J. Hydrometeor*,**8**(1): 38-55.

IPCC. 2007. Summary for Policymakers of Climate Change 2007: *The Physical Science Basis*. Contribution of Working Group I to the Fourth Assessment Report of the Intergovernmental Panel on Climate Change. Cambridge. Cambridge University Press.

IPCC. 2012. *Managing the Risks of Extreme Events and Disasters to Advance Climate Change Adaptation*. A Special Report of Working Groups I and II of the Intergovernmental Panel on Climate Change. Cambridge University Press, Cambridge, UK, and New York, NY, USA, 582.

Joel B S, Stephanie S L. 1996. Climate change adaptation policy options[J]. *Climate Research*, **6**(2): 193-201.

Joyce L. 2010. Bringing climate change into natural resource management. Proceedings of a Workshop, Lasse Wallquist, et al. 2005. Impact of Knowledge and Misconceptions on Benefit and Risk Perception of CCS [J]. *Environ. Sci. Technol*, **44**(17):6557-6562.

Julie A V, Nathalie V, et al. 2010. Climate change impacts on water management in the Puget Sound region, Washington State, USA. [J]. *Climatic Change*, **102**(2):261-286.

Kalnay E, Kanamitsu M, Kistler R, et al. 1996. The NCEP/NCAR 40-Year Reanalysis Project[J]. *Bull Am Meteorol Soc*, **77**(3): 437-471.

Kanamitsu M, Ebisuzaki W, Woollen J, et al. 2002. NCEP-DOE AMIP-II Reanalysis (R-2)[J]. *Bull Am Meteorol Soc*, **83**(11): 1631-1644.

Kang B, Lee S J, et al. 2007. A flood risk projection for Yongdam dam against future climate change[J]. *Journal of Hydro-environment Research*, **1**(2):118-125.

Kelcy A, Richard N. Palmer, et al. 2010. Evaluation of Climate Change Impacts to reservoir Operations within the Connecticut River Basin. *World Environmental and Water Resources Congress* 2010 Challenges of Change:92-100.

Kenneth B, Alexander P, et al. 2007. Climate, stream flow prediction and water management in northeast Brazil: societal trends and forecast value[J]. *Climatic Change*, **84**(2):217-239.

Kiehl J, Hack J, Bonan G, et al. 1996. Description of the NCAR Community Climate Model (CCM3). NCAR Tech. Note, NCAR/TN-420 STR, 152.

Kiehl J, Hack J, Bonan G, et al. 1998. The National Center for Atmospheric Research Community Climate Model: CCM3[J]. *J Climate*, **11**(6): 1131-1149.

Kundzewicz A W, NoharaD, Jiang T, et al. 2009. Discharge of large Asian rivers-Observations and projections[J]. *Quaternary International Volume*, **208**(1):4-10.

L S Y, F H A, et al. 2009. Optimized Flood Control in the Columbia River Basin for a Global Warming Scenario[J]. *Journal of Water Resources Planning and Management*, **135**(6):440-450.

Lettenmaier, et al. 1999. Water resources implications of global warming: a U. S. regional perspective[J]. *Climatic Change*, **43**(3):537-579.

Li H, Dai A, Zhou T, Lu J. 2010. Responses of East Asian summer monsoon to historical SST and atmospheric forcing during 1950—2000. *Clim Dyn*, **34**: 501-514, DOI 10. 1007/s00382-008-0482-7.

Lorenzo-Lacruz J, Vicente-Serrano S M, López-Moreno J I, et al. 2010. The impact of droughts and water management on various hydrological systems in the headwaters of the Tagus River (central Spain) [J]. *Journal of Hydrology*, **386**(1):13-26.

Lotta A, Julie W, et al. 2006. Impact of climate change and development scenarios on flow patterns in the Okavango Riveral[J]. *Journal of Hydrology*, **331**(1):43-57.

Marie M, Francois B, et al. 2010. Impacts and uncertainty of climate change on water resource management of the Peribonka River system(Canada) [J]. *Journal of Water Resources Planning and Management*, **136**

(3):376-385.

Marie M, Francois B, Stéphane Krau, Robert Leconte. 2009. Adaptation to Climate Change in the Management of a Canadian Water-Resources System[J]. *Water Resour Manage*,**23**(14):2965-2986.

Mathews R, Richter B D. 2007. Application of the indicators of hydrologic alteration software in environmental flow setting[J]. *Journal of the American Water Resources Association*, **43**(6):1400-1413.

Michael K, Peter H G. 2003. Climate change and California water resources: a survey and summary of the literature[R]. Pacific institute: July 2003.

Miller N L, Jin J M, Tsang C F. 2005. Local climate sensitivity of the Three Gorges Dam. *Geophysical Research Letters*, **32**: L16704, DOI:10.1029/2005GL022821.

Miller W P, Piechota T C,et al. 2010. Development of streamflow projections under changing climate conditions over Colorado River Basin headwaters[J]. *Hydrol. Earth Syst. Sci. Discuss*,**7**(4):5577-5619.

Milly P C D, Betancourt J, et al. 2008. Stationarity is dead: Whither water management? *Science* **319**:573-574. doi:10.1126/SCIENCE.1151915.

Milly P C D, Dunn K A, Vecchia A V. 2005. Global patterns of trends in streamflow and water availability in a changing climate. *Nature* **438**:347-350. DOI:10.1038/NATURE04312.

Mimikou M A, Baltas E A. 1997. Climate change impacts on the reliability of hydroelectric energy production [J]. *Hydrological Sciences*,**42**(5):661-678.

Mirfenderesk C. 2009. The need for adaptive strategic planning: Sustainable management of risks associated with climate change[J]. *International Journal of Climate Change Strategies and Management*, **1**(2): 146-159.

Mohammed H I D,Ian B. 2000. The Costs of Adaptation to Climate Change in Canada: A Stratified Estimate by Sectors and Regions. November 15, 2000.

Nakicenovic N, Swart R, 2000. *Special Report on Emissions Scenarios*. Cambridge University Press, Cambridge, United Kingdom, 1-612.

Nicholson S. 2005. On the question of the "recovery" of the rains in the West African Sahel[J]. *Journal of Arid Environment*, **63**(3): 615-641.

Niu T,Chen L,Zhou Z. 2004. The characteristics of climate change over the Tibetan Plateau in the last 40 years and the detection of climatic jumps[J]. *Adv Atmos Sci*,**21**(2): 193-203.

Pahl-Wostl C. 2007. Transitions toward adaptive management of water facing climate and global change. *Water Resources Management*,**21**(1):49-62. DOI:10.1007/S11269-006-9040-4.

Pal J S, Giorgi F, Bi X Q, et al. 2007. Regional climate modeling for the developing world: The ICTP RegCM3 and RegCNET[J]. *Bull Am Meteorol Soc*,**88**(9):1395-1409.

Pal J S, Small E E, Eltahir E. 2005. Simulation of regional-scale water and energy budgets: Representation of subgrid cloud and precipitation processes within RegCM[J]. *J. Geophy. Res.*, 2000, **105**(D24): 29579-29594.

Palmer M A, et al. 2008. Climate change and the world's river basins: anticipating 326 Marine and Freshwater Research, R. J. Watts et al. management options. Frontiers in Ecology and the Environment,**6**:81-89. DOI:10.1890/060148.

Pan J H, Zheng Y, Markandya A. 2011. Adaptation approaches to climate change in China: an operational framework[J]. *Economia Agrariay Recursos Naturales*, **11**(1): 99-112.

Paul B, Kenneth S. 2010. Economic analysis of large-scale upstream river basin development on the Blue Nile in Ethiopia considering transient conditions, climate variability, and Climate Change[J]. *Water Resour. Plann. Manage*,**136**(2):156-166.

Payne J T，Wood A W，et al. 2004. Mitigating the effects of climate change on the water resources of the Columbia River basin[J]. *Climatic Change*，**62**(1):233-256.

Pearsall S H，McCrodden B J，Townsend P A. 2005. Adaptive management of flows in the lower Roanoke River，North Carolina，USA. *Environmental Management* **35**: 353-367. DOI:10.1007/S00267-003-0255-3.

Poff N L，et al. 1997. The natural flow regime: a paradigm for river conservation and restoration. *BioScience* **47**:769-784. DOI:10.2307/1313099.

Postel S，Richter B. 2003. Rivers for Life: Managing Water for People and Nature. Island Press: Washington，DC.

Prigent C. 2010. Precipitation retrieval from space: an overview[J]. *Comptes Rendus Geoscience*，**342**: 380-389.

Reynolds R W,Rayner N A,Smith T M,et al. 2002. An improved in situ and satellite SST analysis for climate [J]. *J Climate*,**15**(13): 1609-1625.

Rodwell M J，Hoskins B J. 1996. Subtropical anticyclones and summer monsoons[J]. *J. Climate*，**14**: 3192-3211.

Schlueter U. 1971. Ueberlegungen zum naturnahen Ausbau von Wasseerlaeufen[J]. *Landschaft und Stadt*，**9**(2): 72-83.

Seifert A. 1983. Naturmaeherer Wasserbau[J]. *Deutsche Wasserwirtschaft*，**33**(12): 361-366.

Slobodan P. Simonovic M，ASCE Lanhai. 2003. Methodology for Assessment of Climate Change Impacts on Large-Scale Flood Protection System[J]. *Journal of Water Resources Planning and Management*,**129**(5):361-371.

Steadman R G. 1979. The assessment of sultriness. Part I: A temperature-humidity index based on human physiology and clothing science[J]. *J Appl Meteorol*，**18**(7):861-873.

Sulzlman E W，Polani K A，Kittel T G. 1995. Modeling Human-induced climate change: a summary for environmental managers [J]. *Environmental Management*，**19**(2): 197-224.

Sun C,Yang S. 2012. Persistent severe drought in southern China during winter-spring 2011: Large-scale circulation patterns and possible impacting factors. *J Geophys Res*,**117**(D10): D10112.

Tanaka S K，et al. 2006. Climate Warming And Water Management Adaptation for California[J]. Climatic Change,**76**(3):361-387.

Tao S Y，Chen L X. 1987. A review of recent research on East Asian summer monsoon in China. Monsoon Meteorology. Oxford:Oxford University Press，60-92.

Tao S Y，Ding Y H.1981. Observational evidence of the influence of the Qinghai-Xizang Plateau on the occurrence of heavy rain and severe convective storms in China[J]. *Bull Am Met Soc*,**62**(1):23-30.

Todd M C，Kidd C，Kniveton D，Bellerby T J. 2001. A combined satellite infrared and passive microwave techniques for estimation of small-scale rainfall[J]. *Journal of Atmospheric and Oceanic Technology*，**18**(5): 742-755.

Von S H,Langenberg H,Feser F. 2000. A spectral nudging technique for dynamical downscaling purposes [J]. *Mon Wea Rev*,**128**(10): 3664-3673.

Wang H. 2000. Surface vertical displacements and level plane changes in the front reservoir area by filling the Three Gorges Reservoir[J]. *J. Geophys. Res.*，**105**: 13211-13220.

Wang X，Linage C R，Zender C S，Famiglietti J. 2011. GRACE detection of water storage changes in the Three Gorges Reservoir of China and comparison with in situ measurements. *Water Resource Research*，**47**: 1-13，DOI: 10.1029/2011WR010534.

Wang Y, Liao M, Sun G, Gong J. 2005. Analysis of the water volume, length, total area and inundated area of the Three Gorges Reservoir, China using the SRTM DEM data[J]. *International Journal of Remote Sensing*, **26**(18):4001-4012.

Wilby R L, Beven K J, Reynard N S. 2008. Climate change and fluvial flood risk in the UK: more of the same [J]. *Hydrol. Process.*, **22**:2511-2523.

Wilby R L, Dawson C W, Barrow E M. 2002. SDSM-a decision support tool for the assessment of regional climate change impacts[J]. *Environmental Modeling & Software*, **17**(2):147-159.

Williams B K. 2011. Adaptive management of natural resources: framework and issues [J]. *Journal of Environmental Management*, **92**(5):1346-1353.

Wu J, Gao X, Giorgi F, et al. 2012. Climate effects of the Three Gorges Reservoir as simulated by a high resolution double nested regional climate model. *Quaternary International.*, DOI:10.1016/j.quaint.2012.04.028.

Wu L G, Zhang Q, Jiang Z H. 2006. Three Gorges Dam affects regional precipitation. *Geophysical Research Letters*, **33**: L13806, DOI:10.1029/2006GL026780.

Xiao C, Yu R, Fu Y. 2010. Precipitation characteristic in the Three Gorges Dam vicinity[J]. *International Journal of Climatology*, **30**: 2012-2024.

Xie P P, Yatagai A, Chen M Y, et al. 2007. A gauge-based analysis of daily precipitation over East Asia[J]. *Journal of Hydrometeorology*, **8**(3):607-626.

Xu Y, Gao X J, Shen Y, et al. 2009. A daily temperature dataset over China and its application in validating a RCM simulation[J]. *Adv Atmos Sci*, **26**(4):763-772.

Yao H, Georgakakos A. 2001. Assessment of Folsom Lake response to historical and potential future climate scenarios :Reservoir management[J]. *Journal of Hydrology*, **249**: 176-196.

Yatagai A, Arakawa O, Kamiguchi K, et al. 2009. A 44-Year Daily Gridded Precipitation Dataset for Asia Based on a Dense Network of Rain Gauges[J]. *SOLA*, **5**: 137-140.

Yoon Lee, Taeyeon Yoon, Farhed Shah. 2009. Economics of Integrated Watershed and Reservoir Management. Paper prepared for presentation at the *Agricultural & Applied Economics Association AAEA & ACCI Joint Annual Meeting*, Milwaukee, Wisconsin, July 26-29, 2009.

Zbigniew W Kundzewicz, Daisuke Nohara, Jiang Tong, et al. 2009. Discharge of large Asian rivers - Observations and projections[J]. *Quaternary International*, **208**(1-2):4-10.

Zeng X, Zhao M, Dickinson R E. 1998. Intercomparison of bulk aerodynamic algorithms for the computation of sea surface fluxes using toga coare and tao data[J]. *J. Climate*, **11**(10):2628-2644.

Zhao F, Shepherd M. 2012. Precipitation changes near three gorges dam, China. Part I: a spatiotemporal validation analysis[J]. *J. of Hydrol*, **13**: 735-745.

Zhou T, Yu R, Zhang J, et al. 2009. Why the Western Pacific Subtropical High has Extended Westward since the Late 1970s[J]. *J Climate*, **22**(8): 2199-2215.

Zhu Q G, He J H, Wang P X. 1986. A study of circulation difference between East-Asian and Indian summer monsoon with their interactions[J]. *Adv Atmos Sci*, **3**(4):466-477.